Microsoft
CERTIFIED
*Application
Specialist*

Approved Courseware

Microsoft Business Certification
微 软 商 务 应 用 国 际 认 证 指 定 教 程

Microsoft Office **PowerPoint** 2007
专业级认证教程

CCI Learning Solutions Inc. 编著

张宁林 谷新胜 译

中国铁道出版社
CHINA RAILWAY PUBLISHING HOUSE

北京市版权局著作权合同登记号：01-2009-4150 号

版 权 声 明

图书在版编目（CIP）数据

Microsoft Office PowerPoint 2007 专业级认证教程 /
美国 CCI Learning Solutions Inc. 编著；张宁林，谷新
胜译. —北京：中国铁道出版社，2009.9
（微软办公软件国际认证）
书名原文：Microsoft Office PowerPoint 2007 MCAS
ISBN 978-7-113-10369-9

Ⅰ.M… Ⅱ.①美…②张…③谷… Ⅲ.图形软件，Powe-
rPoint 2007－工程技术人员－技术培训－教材 Ⅳ.
TP391.41

中国版本图书馆 **CIP** 数据核字（2009）第 161953 号

书　　名：Microsoft Office PowerPoint 2007 专业级认证教程
作　　者：CCI Learning Solutions Inc. 编著.
译　　者：张宁林　谷新胜

策划编辑：严晓舟
责任编辑：苏　茜　　　　　　　　编辑部电话：（010）63583215
编辑助理：郗霁江　　　　　　　　封面设计：付　巍
责任印制：李　佳　　　　　　　　封面制作：白　雪

出版发行：中国铁道出版社（北京市宣武区右安门西街 8 号　邮政编码：100054）
印　　刷：北京新魏印刷厂
版　　次：2009 年 10 月第 1 版　　　2009 年 10 月第 1 次印刷
开　　本：880 mm×1 230 mm　1/16　印张：22　字数：686 千
印　　数：3 500 册
书　　号：ISBN 978-7-113-10369-9/TP・3493
定　　价：45.00 元（附赠光盘）

前　言

欢迎参加微软商务应用国际认证（MBC）培训

本书旨在为用户提供最佳的 Microsoft Office PowerPoint 2007 培训解决方案。在编写本书的过程中，我们使用的是来自办公室以及课堂中的实际应用案例，因此请读者相信，书中将提供简明而实用的内容。

本课程得到了 Microsoft 的认可

本课程已获准被纳入"微软商务应用国际认证"项目，符合专业级考试要求，读者可参考本书附录中的考试要点了解该级别的技能要求。通过学习本书，用户将可以参加 Microsoft Office PowerPoint 2007 专业级认证考试。通过该考试将大大提升您的职场竞争力。该考试可通过北京计算机教育培训中心及其在各地的授权培训机构报名参加。关于 Microsoft Office 专业级认证项目的更多信息，可登录 Microsoft 网站 http://www.microsoft.com/officespecialist。

本套课程所包含的内容

Microsoft Office PowerPoint 2007 是本套课程"微软商务应用国际认证"中的一个组成部分，本套课程还包括：

Microsoft Office Excel 2007 专业级认证教程　　　Microsoft Office Access 2007 专业级认证教程
Microsoft Office Word 2007 专业级认证教程　　　Microsoft Windows Vista 专业级认证教程

课时长度

本套课程"微软商务应用国际认证"可以依据使用者的需求适当调整教学长度。本书提供了两种练习：技巧课堂和技巧演练。

如果由于客观条件导致教学长度有限，教师或者学生可以根据具体情况只学习技巧课堂部分的内容。如果课时较长，教师或者学生可以根据具体情况学习技巧课堂和技巧演练两部分的内容。

课程设计

本课程是为教师引导下的课堂教学而设计制作，旨在帮助教师更有效地组织课堂教学。本教材提供了详细的教学向导和学习目标设计，使用者可以很容易地按照本书的教学步骤掌握具体教学内容，并且了解教学用语。

本教材以以下方式组织内容：

Microsoft Office PowerPoint 2007

在日常学习和工作中，使用者可以通过本书有效地学习和练习使用该软件。本书的每一课都包含了小结和习题。通过总结和练习，使用者能更好地了解相关部分的知识和应用，但是学习该部分的内容无法确保使用者将通过微软认证考试。本书的附录提供了课后习题的答案及更多的练习和总结。

学习目标

本书学习目标是掌握 Microsoft Office PowerPoint 2007 的基本命令、功能和技能。本书学习对象是初学演示文稿管理程序的用户。学完本书内容后，应该能掌握以下内容：

- 识别 PowerPoint 界面的各部分
- 打开、保存、关闭以及各演示文稿间的切换
- 浏览 PowerPoint
- 在不同的视图中增加和编辑文本
- 使用模板、主题或空白幻灯片创建演示文稿
- 插入和删除幻灯片
- 修改幻灯片版式、主题和页面设置
- 改变视图选项
- 插入、修改和删除文本，设置文本格式

- 使用校对工具
- 插入、修改和删除艺术字，设置艺术字格式
- 添加和处理来自各种来源的图形
- 插入和修改形状和插图
- 创建和修改各种 SmartArt 图形
- 创建和修改图表
- 创建和增强表格，设置表格格式
- 创建、修改和处理幻灯片母版
- 设置幻灯片母版主题的格式、背景和颜色
- 添加、删除和修改动画

- 添加、删除和修改自定义动画
- 创建备注和讲义
- 打印演示文稿，使用各种打印选项
- 设置和播放幻灯片放映
- 使用幻灯片放映工具
- 确定幻灯片切换和设置
- 从大纲创建演示文稿
- 从其他演示文稿导入幻灯片

- 插入超链接、动作按钮、媒体剪辑和声音
- 查看和管理标记
- 插入、修改和删除批注
- 添加数字签名和密码保护演示文稿
- 从演示文稿中删除隐藏数据和个人信息
- 创建自运行演示文稿
- 将演示文稿发布到 Web 服务器
- 使用 CD 数据包功能

课程约定

所有 Microsoft Business Certification 教程都具有以下特点：

课程长度：Microsoft Business Certification 教程均设计为 15～30 课时。每课都采用模块化设计，以便教师选择最适合其课时要求的内容。

多模式练习：本教程在讲解每一知识点时都提供了多种模式的练习，这些练习的组织方式如下：

技巧课堂

实际操作，分步练习指导学生完成各个步骤。"技巧课堂"安排在主题讲解之后，就如何以最高效的方式使用某一功能提供指导。

技巧演练

实际操作，在"技巧课堂"练习之后提供的分步练习。"技巧演练"提供给读者更多的练习和强化机会，使读者能够熟练地完成相应的操作。

技巧应用

实际操作，在每章结尾提供的拓展练习。这些练习不再是分步练习，而要求学生独立操作，应用该课所学知识来完成特定任务。

该练习不是按步骤讲解的，通常为使用者提供基本要求和简单的指导，然后要求学生应用所学到的知识完成特定的任务。根据不同的功能种类，练习会有不同的难度级别。

提示使用者"微软商务应用国际认证"考试大纲中需要掌握的内容编号，具体考试内容请参考附录中考试大纲中的相关内容。

关于译者

本书由张宁林、谷新胜翻译，在本书的翻译过程中，大家丝毫不敢懈怠，但由于时间仓促，书中不足之处仍在所难免，期望广大读者不吝赐教。

中国铁道出版社

2009 年 5 月

目 录

Contents

PowerPoint 简介

Lesson 1

课程目标

本课的目标是介绍 Microsoft PowerPoint 的基本特征。成功地学完本课后，应能完成下面的操作：

- ☑ 认识 PowerPoint 界面的各部分
- ☑ 浏览演示文稿
- ☑ 使用模板新建演示文稿
- ☑ 使用主题新建演示文稿
- ☑ 使用空白幻灯片新建演示文稿
- ☑ 打开、保存、关闭和切换演示文稿
- ☑ 在不同的视图中添加和编辑文本
- ☑ 插入和删除幻灯片
- ☑ 更改幻灯片版式、主题和页面设置
- ☑ 改变视图方式

本课内容涉及下面的命令按钮：

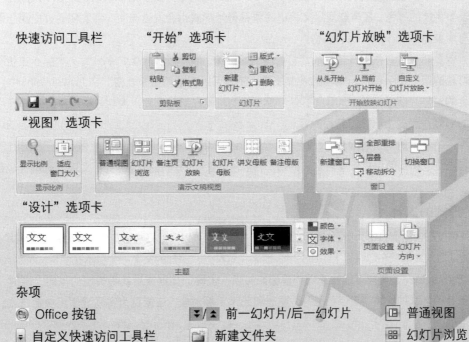

1.1　概述

1.1.1　演示文稿管理器是什么

演示文稿管理软件用于创建、编辑和处理幻灯片、胶片和演示文稿。该类型的软件能够使用户创建专业的演示文稿，其中包括演讲者的笔记和听众的讲义等。

这种软件还使用户能够在演示文稿中增加文本、绘制框图、创建图表、插入图形和图片、添加声音和视频之类的多媒体元素，并且使用多种特效增加用户演示文稿的影响力，吸引听众的注意力。

用户可以发布自己的演示文稿，可以通过 CD 或 DVD 等媒体传播将演示文稿投影到大屏幕上展示，也可以将它送到出版公司制成幻灯片，还可以在 Internet 上播放。

1.1.2　PowerPoint 是什么

Microsoft Office PowerPoint 2007（简称 PowerPoint）是一个演示文稿管理软件，它提供了许多工具和视图，这使用户可以方便快捷地创建专业的、超炫的、动态的演示文稿，同时，它还将易于共享信息的工作方式引入工作流程。

编写文本大纲

用户可以在位于软件界面左侧的大纲/幻灯片的大纲选项卡窗口中编写演示文稿的文字部分。每一张幻灯片展示大纲中的一个主题。通常，幻灯片包含以项目符号或编号的形式呈现关于该话题的标题和副标题。这些标题和副标题概括了话题的要点。编写文本大纲和使用项目符号和编号将在本课程稍后的第 2 课中介绍。

应用主题和幻灯片版式

主题将预设的诸如色彩、图形和文本样式等设计元素应用到用户的幻灯片中。文档主题帮助用户方便快捷地改变整篇演示文稿的外观和风格。主题的改变不仅使演示文稿的背景颜色发生变化，同时也会改变框图、表格、图表和字体的颜色，甚至连演示文稿中的项目符号样式也会发生改变。会发现通过应用主题，会使演示文稿具有专业的、统一的外观和风格。

用户可以重新设计包括多种信息的幻灯片版式。例如，标题幻灯片版式中只为文本插入占位符，而标题和内容幻灯片的版式中会包含标题和图表占位符，使之可以容纳插图和表格。在 PowerPoint 中，可以设定并保存适合的幻灯片版式。因此，用户不必浪费宝贵的时间在新幻灯片上剪切、粘贴自己的幻灯片版式或在自己喜爱的幻灯片版式上删除幻灯片内容。

如果用户的计算机可以访问 Microsoft Office SharePoint Server 2007 的服务器，就可以使用 PowerPoint 幻灯片库，方便地和其他用户分享自定义的幻灯片，从而使用户所在机构的演示文稿具有统一、专业的外观和风格。

增加各种形式的内容

用户既可以在大纲窗口中为自己的演示文稿增加内容，也可以在幻灯片窗口中为单独的幻灯片增加内容。用户还可以通过插入文本框在幻灯片上添加文字，而采用这种方式添加的文字不会显示在演示文稿的大纲中。

使用 PowerPoint，用户可以快速地创建诸如关系、流程、周期或层次等类型的框图。同时，用户能更方便地利用各种各样的图解说明，如图片、图表和艺术字等对象，还能更为容易地使用快捷样式，运用其丰富的格式选项。

运用母版

母版使用户能够在演示文稿的每一张幻灯片的相同位置增加用户要显示的内容。使用户不必在每一张幻灯片上手动添加重复的内容，如机构的徽标。母版也用来在演示文稿中置放图形和页脚。

格式化文本

用户在自己的演示文稿中输入文本以后，可以用各种方法设定这些文本的格式。用户可以改变这些文本的字体、字号，还可以给这些文本加上如粗体、斜体和下画线等效果。

组织幻灯片

在编辑许多幻灯片之后，用户可以重新组织其中的一些幻灯片，从而改进演示文稿的播放。用户可以在以缩略图形式显示幻灯片的幻灯片浏览视图中完成这项工作，还可以在幻灯片浏览视图中复制、移动、隐藏或删除演示文稿中的幻灯片。

设置幻灯片放映

除了加上文本和图形之外，用户还可以在幻灯片上加入动画和换片方式。动画可使幻灯片中的元素以运动的形式显示。例如，对象和文字可以在屏幕上飞过。而换片方式是指在从一张幻灯片切换到下一张时，用户如何控制切换以及切换的速度所产生的效果。例如，幻灯片可以从屏幕的中央很快地放大，或者从相对的两个方向缓慢地移入。

幻灯片放映

在输入了内容、设置了幻灯片样式以及加入了特效之后，就可以放映幻灯片了。可以在幻灯片放映视图中从头至尾地浏览整个幻灯片放映。有一组工具可以帮助用户控制演示过程。这些工具使用户能够在其演示文稿中具体的幻灯片之间浏览，为当前正显示的幻灯片加上备注。

共享演示文稿

压缩的 PowerPoint XML 格式能够使文件大小显著减小，同时在损坏文件的数据恢复方面也得到了提高。这种格式大大降低了对存储容量和带宽的要求，使用户更容易与其他人共享自己的演示文稿。

管理演示文稿

使用 PowerPoint，用户可在自己的演示文稿上加上权限，更方便地启动复核流程。例如，用户可以发送一个演示文稿，让自己的团队复审，或者创建一个正式的核定流程，并集中团队成员的签名，使协作过程流畅、简单。

使用文档检查器，用户可以准备与其他人共享的演示文稿，同时保护演示文稿中的私人信息。

通过增加数字签名，用户可以安全地共享自己的 PowerPoint 演示文稿，并能确保演示文稿不在手边时，其内容不会被修改，用户还可以将演示文稿标记为"最终版本"以防止无意地被修改。

1.1.3 什么是演示文稿

用户使用 PowerPoint 一张接一张地创建幻灯片。这些有序播放的幻灯片组成了演示文稿。在演示文稿中，不同类型的幻灯片发挥不同的作用。

标题幻灯片

标题幻灯片

标题幻灯片是第一张或起始幻灯片，它强调演示文稿的主题。一个演示文稿通常只有一张标题幻灯片。标题幻灯片包括演示文稿的标题或主题，以及一个副标题。副标题可以是演示者的姓名或演示机构的名称，也可以是演示的日期和地点。

目录幻灯片

目录幻灯片

用户可创建一张议程幻灯片，列出演示文稿中所有幻灯片的标题。议程幻灯片通常紧随标题幻灯片，作为演示文稿的第二张幻灯片。该幻灯片对演示内容进行概要介绍，帮助观众把握演示流程。

标题和内容幻灯片

幻灯片 1

标题和内容幻灯片或许是使用最为频繁的幻灯片版式。版式决定了幻灯片上出现的占位符。由于其包含一个标题和一个项目列表，所以常常也被称为项目列表幻灯片。其列表由具体话题讨论的要点组成。项目要点应该简明、扼要和清晰，以引导观众了解演示内容。

幻灯片 2

支持幻灯片

幻灯片 3

用户可使用包括两栏内容、比较、内容与标题在内的不同内容版式在演示文稿中增加各种各样的内容。例如，用户可以添加表格、图表、剪贴画、图片、图形或媒体剪辑（声音或图像）。这些内容通常作为设计元素提供给对话题要点进行说明的支持幻灯片。用户可以插入图形或视频强调要点或使其更为生动。用户还可以用有趣、直观的方式添加表格和图表以展出数据。

...

总结幻灯片

总结幻灯片

总结幻灯片是演示文稿的最后一张幻灯片，是对用户演示文稿的总结。总之，加强了演示文稿的信息。

1.2 查看 PowerPoint 界面

当用户第一次启动 PowerPoint，界面显示如图 1-1 所示。

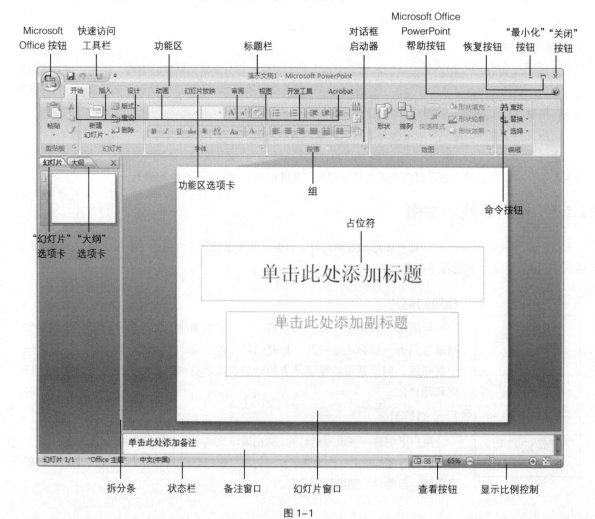

图 1-1

PowerPoint 窗口的各选项功能如表 1-1 所示。

表 1-1

Microsoft Office 按钮	Microsoft Office 按钮位于 PowerPoint 窗口顶部左边。单击该按钮会显示一个菜单，用户可以从该菜单选择重要的命令（例如：新建、打开、保存等）。该菜单中显示的每一条命令都包含一组操作演示文稿的子命令。用户还可以双击 Office 按钮关闭 PowerPoint
快速访问工具栏	快速访问工具栏位于"Office 按钮"的右侧，用于快速访问常用命令。用户可以很容易地自定义该工具栏，使其包含自己常用的命令
标题栏	标题栏位于窗口的顶部，它指出窗口的内容（例如：演示文稿 1-Microsoft PowerPoint）。如果屏幕上打开了多个窗口，那么活动窗口标题栏的颜色和亮度与其他窗口不同
功能区	功能区中有很多选项卡（例如：开始、插入、设计、动画等），它位于标题栏的正下方，使用户可以快速访问完成任务所必须使用的命令
功能区选项卡	每一个功能区选项卡都涉及一类工作，例如在演示文稿中插入对象，或者修改演示文稿的设计。当额外选项卡可用时，用户将看见这些额外选项卡，例如选择一张图片，用户将看见"图片工具"选项卡 功能区选项卡将自己的命令按钮分为若干个组。组名标在功能区选项卡中一组命令按钮的下方
命令按钮	功能区选项卡中的命令按钮成组排列。用户单击一个命令按钮，则完成一个操作，例如，单击"剪切"命令按钮，被选择的文本就会被从演示文稿中移除
对话框启动器	选项卡中的某些命令组包含对话框启动器。对话框启动器可快速访问带有许多命令或选项的对话框
最小化/最大化/恢复/关闭按钮	这些按钮位于 PowerPoint 窗口的右上角。它们使用户能够将程序最小化（ − ）成任务栏上的按钮，恢复（ ▫ ）程序以前的窗口大小，将程序窗口最大化（ ▫ ）到全屏，关闭（ ✕ ）演示文稿
Microsoft Office PowerPoint 帮助按钮	Microsoft Office PowerPoint 帮助按钮位于"关闭"按钮的正下方，它用于访问关于程序功能的信息和提示。用户可以使用自己的话提出问题，也可以在搜索字段中加上关键字，以便显示帮助中详细信息的主题
"幻灯片"选项卡	"幻灯片"选项卡显示幻灯片窗口中幻灯片的缩略图，使用户快速了解演示文稿中所有幻灯片的内容以及幻灯片的顺序，另外，用户可以使用缩略图快速移动指定的幻灯片
"大纲"选项卡	"大纲"选项卡位于幻灯片窗口的左侧。它用于显示用户幻灯片的文本大纲。用户可将它作为快速输入演示文稿中全部文本的方法使用
占位符	幻灯片中包含有虚线框。占位符含有关于使用占位符的对象的提示和确定某种类型的占位符可以输入什么内容
状态栏	状态栏位于界面的底部，它显示用户当前正在查看的幻灯片的页数、用户已应用的模板和选择的校对语言。用户可以右击状态栏以显示或隐藏状态栏中的命令，或者自定义状态栏中的命令
拆分条	拖动拆分条可增大或减小大纲/幻灯片选项卡窗口的尺寸，同时增大或减小幻灯片和注释窗口的尺寸
备注窗口	备注窗口位于幻灯片窗口的下方。用户可在其中输入如演讲人笔记、动作提示等演示文稿备注，这些内容仅供演示者使用，而观众看不见
幻灯片窗口	该窗口主要用于编辑和查看幻灯片的内容。它显示幻灯片的所有内容，而"大纲"选项卡只显示文本，"幻灯片"选项卡只显示其缩略图

"查看"按钮	"查看"按钮位于状态栏的右边,使用户可在屏幕上切换演示文稿的可选视图
"显示比例"按钮	"显示比例"按钮位于"查看"按钮的右边,缩放按钮和滑块提供缩小或放大演示文稿的方法

上述介绍的界面显示的是 PowerPoint 界面的一部分,是一些常用的元素。用户可以自定义界面,但不会所有的元素都在界面上出现。用户常用的一些元素会始终出现在界面上,而对于另一些元素,除非用户激活了相应的功能,否则,PowerPoint 会自动隐藏它们。

1.2.1 使用屏幕提示

使用屏幕提示可以容易地识别按钮以及其他界面元素。将鼠标指针指向某个对象并稍等一会儿,提示就会弹出,显示按钮或界面元素的名称及其用途简介,如图 1-2 所示。

屏幕提示可根据要求开启或关闭。在学习使用 PowerPoint 时,屏幕提示对用户非常有帮助。当用户非常熟悉 PowerPoint 界面时,可选择关闭屏幕提示。

用户如果需要设置屏幕提示的类型,可单击"Office 按钮",然后单击"PowerPoint 选项"按钮。在"常用"类别中,单击"屏幕提示样式"下三角按钮,在其下拉列表中选择适当的选项。

图 1-2

用户会发现在这一部分展示的许多界面元素可以自定义,使其显示或隐藏。在大多数情况下,用户可以通过单击"PowerPoint 选项"设置各项。

1.2.2 使用功能区

功能区用来帮助用户快速找到其所要完成操作的命令。选项卡中的命令按功能分组,每个选项卡都涉及一种类型的操作,例如将设计主题应用到幻灯片。为使界面简洁,一些选项卡只在其可用时才显示出来。

使功能区最小化

用户不能删除或替换功能区,但可以将其最小化,以增大屏幕上的可用空间,最小化功能区后的窗口如图 1-3 所示。

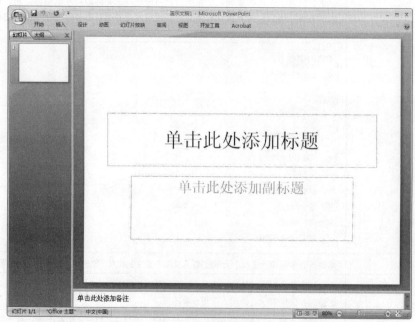

图 1-3

功能区最小化之后，用户通过单击可用的选项卡仍可使用功能区中的命令。在用户单击需要使用的选项或命令之后，功能区会再次自动最小化。

要最小化功能区，可单击快速访问工具栏上的"自定义快速访问工具栏"按钮，然后选择"功能区最小化"命令。

恢复功能区

使用下述方法之一即可恢复功能区：

- 双击选项卡以恢复功能区。
- 按 Ctrl + F1 组合键。
- 单击快速访问工具栏上的"自定义快速访问工具栏"按钮，然后单击"功能区最小化"命令。

使用键盘操作功能区

如果用户更喜欢使用键盘而不是鼠标，PowerPoint 提供了快捷键，使用户快速执行操作。

使用键盘访问功能区，可按下 Alt 键或 F10 键。在当前视图中的每一项可用功能上会显示按键提示，如图 1-4 所示。

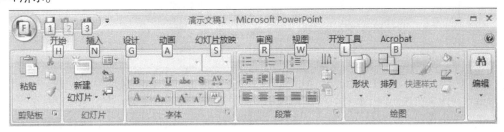

图 1-4

用户可根据按键提示所显示的字符选择需要使用的功能。

根据按下的字符，用户可显示下一级按键提示。例如，当前显示"开始"选项卡，如果用户此时按下 N 键，那么将显示"插入"选项卡以及该选项卡中各组功能的按键提示。连续按下选择的快捷键，最后按下用户需要使用的具体命令或选项的快捷键。在某些情况下，用户必须先按下包含所用命令组的快捷键。有一些命令和组需要用户按下两个键才能激活，每项的按键提示如图 1-5 所示。

图 1-5

要取消执行的活动，隐藏按键提示，用户可按下并释放 Alt 键。

1.2.3 使用快速访问工具栏

快速访问工具栏可快速访问频繁使用的命令。默认情况下，PowerPoint 快速访问工具栏包含保存、撤销和恢复命令。用户可以方便地自己义该工具栏，使其包含常用的命令和宏。

自定义快速访问工具栏

可自定义的工具栏中包含的命令与选项卡中当前显示的命令无关。用户可在"PowerPoint 选项"对话框的命令列表中将命令添加到快速访问工具栏。需要自定义快速访问工具栏，可使用下述方法之一：

- 单击"Office 按钮" | "PowerPoint 选项"按钮，打开其对话框。在左窗格中选择"自定义"类别，如图 1-6 所示。

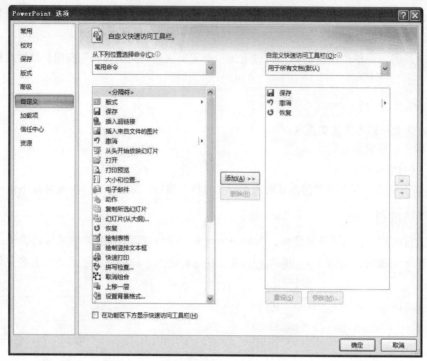

图 1-6

- 单击"自定义快速访问工具栏"下三角按钮，然后选择"其他命令"命令。单击"从下列位置选择命令"下拉按钮，然后从下拉列表中选择一个命令类别（如果必要的话），单击需要加入快速访问工具栏的命令，然后单击"添加"按钮。
- 可将功能区中的命令直接添加到快速访问工具栏。单击适当的选项卡以显示需要添加的命令，右击该命令，然后在弹出的快捷菜单中选择"添加到快速访问工具栏"命令。

只有命令可添加到快速访问工具栏。大多数列表的内容，例如缩进和间距的值以及单个样式在功能区中显示，但却不能添加到快速访问工具栏。

要删除一个命令，可从"自定义快速访问工具栏"列表框中选择该命令，然后单击"删除"按钮。

要整理命令的排列顺序，可在"自定义快速访问工具栏"列表中选择一个命令，然后单击"上移"或"下移"按钮。

移动快速访问工具栏

有两个位置可显示快速访问工具栏，用户可以将其移至其中之一。如果用户不想让快速访问工具栏显示在默认位置，即功能区上方紧邻"Office 按钮"，可将其移至功能区下方显示。

改变快速访问工具栏的位置可单击"自定义快速访问工具栏"下三角按钮，然后选择"在功能区下方显示"或"在功能区上方显示"选项。

技巧课堂

本次课堂练习使用屏幕提示、功能区和快速访问工具栏。

1. 启动 Microsoft Office PowerPoint 2007。
2. 在"开始"选项卡的"幻灯片"组中，将鼠标指针指向"新建幻灯片"，看屏幕提示，如图 1-7 所示。
   注：当用户用鼠标指针指向该按钮时，屏幕提示即可出现。
3. 单击"Office 按钮"|"PowerPoint 选项"按钮。
4. 在弹出的"PowerPoint 选项"对话框中左窗格的"常用"类别中，单击"屏幕提示样式"下拉按钮，在下拉列表中选择"不显示屏幕提示"选项。

5. 单击"确定"按钮。

    注：当用户现在用鼠标指针指向功能区中的按钮时，屏幕提示不再出现。

6. 在快速访问工具栏上，单击"自定义快速访问工具栏"下三角按钮。

7. 在下拉菜单中，选择"功能区最小化"命令，功能区最小化后，如图 1-8 所示。

图 1-7   图 1-8

8. 在快速访问工具栏上，单击"自定义快速访问工具栏"下三角按钮。

9. 在下拉菜单中选择"在功能区下方显示"命令，则快速访问工具栏将会在功能区下方显示，如图 1-9 所示。

图 1-9

10. 在"开始"选项卡的"幻灯片"组中，右击"新建幻灯片"按钮，在弹出的快捷菜单中选择"添加到快速访问工具栏"命令，此时该命令按钮出现在快速访问工具栏的右边。

11. 在"幻灯片放映"选项卡的"开始放映幻灯片"组中，右击"从头开始"，在弹出的快捷菜单中选择"添加到快速访问工具栏"命令，此时，"新建幻灯片"和"从头开始"命令按钮均会显示在快速访问工具栏的右边，如图 1-10 所示。

图 1-10

12. 在快速访问工具栏上，单击"自定义快速访问工具栏"下三角按钮，在下拉菜单中选择"其他命令"命令。

13. 在"从下列位置选择命令"列表框中，选择"新建"选项。

14. 单击"添加"按钮。

15. 在"自定义快速访问工具栏"列表框中，选择"恢复"选项。

16. 单击"删除"按钮。

17. 在"自定义快速访问工具栏"列表框中，选择"保存"选项。

18. 不断单击"下移"按钮，直到"保存"选项是"自定义快速访问工具栏"列表框中的最后一条命令，如图 1-11 所示。

    注："新建幻灯片"和"从头开始放映幻灯片"命令已被加入，并且"保存"命令也被移到了"自定义快速访问工具栏"列表框的底部。

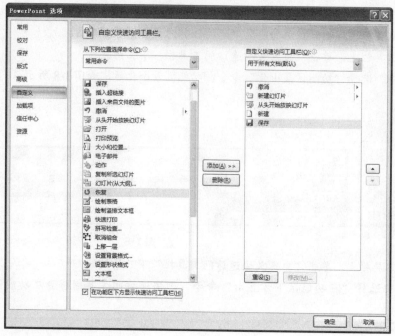

图 1-11

19. 在"自定义快速访问工具栏"下拉列表框中，选择"用于'演示文稿1'"选项。

如果用户没有保存这篇新的演示文稿，这些命令只在本次演示文稿1中显示。如果这篇演示文稿有文件名，例如 Product Strategy Nov09，这些命令将对 Product Strategy Nov09 显示。

20. 单击"从下列位置选择命令"下拉按钮，然后选择"所有命令"选项。

21. 在"从下列位置选择命令"下拉列表框中，选择"2 张幻灯片"选项，单击"添加"按钮。

22. 在"从下列位置选择命令"下拉列表框中，选择"4 张幻灯片"选项，单击"添加"按钮。

注："2 张幻灯片"和"4 张幻灯片"已被加入用户演示文稿1的"自定义快速访问工具栏"列表中，如图 1-12 所示。

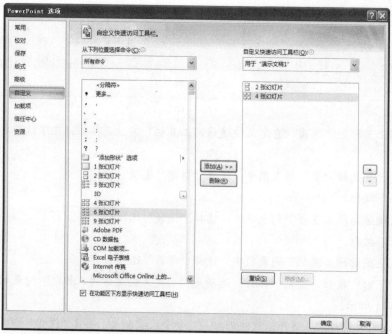

图 1-12

23. 单击"确定"按钮，快速访问工具栏已经自定义，如图 1-13 所示。

图 1-13

24. 单击快速访问工具栏上的"自定义快速访问工具栏"下三角按钮。在弹出的下拉菜单中，选择"在功能区上方显示"命令。

注：此时，快速访问工具栏出现在功能区上方。

25. 单击"开始"选项卡，恢复功能区。

注：功能区恢复并且最大化显示，如图 1-14 所示。

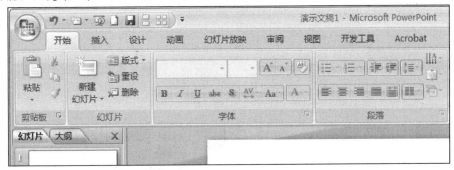

图 1-14

26. 单击"Office 按钮" | "PowerPoint 选项"按钮。

27. 在"屏幕提示样式"下拉列表框中选择"在显示屏幕提示中显示功能说明"选项，然后单击"确定"按钮。

注：当用户用鼠标指针指向功能区中的任何一个按钮时，功能说明就会出现在屏幕提示中，如图 1-15 所示。

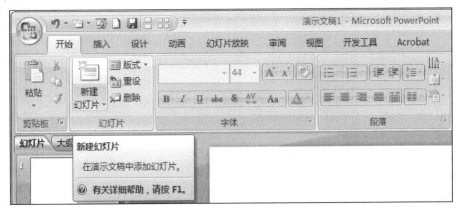

图 1-15

28. 单击"自定义快速访问工具栏"下三角按钮，在弹出的下拉菜单中选择"其他命令"命令。

29. 单击"重设"按钮，弹出"重置自定义"对话框，如图 1-16 所示。

图 1-16

30. 单击 "是" 按钮。

31. 单击 "自定义快速访问工具栏" 下拉按钮，在弹出的下拉列表中，选择 "用于演示文稿 1" 选项。

32. 单击 "重设" 按钮，然后单击 "是" 按钮，最后单击 "确定" 按钮。

注：快速访问工具栏已重设为其默认设置，如图 1-17 所示。

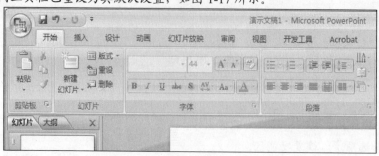

图 1-17

技巧演练

本次练习图 1-18 中的有关知识。

运用界面元素的知识，将给出的选项标注在图 1-18 中。

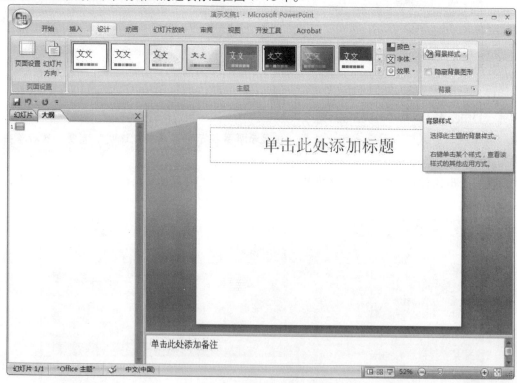

图 1-18

a. 快速访问工具栏

b. "设计" 选项卡

c. 标题栏

d. 屏幕提示

e. Office 按钮

f. "大纲" 选项卡

g. 显示比例控制

h. 幻灯片窗口

1.2.4 识别屏幕符号

在执行一个操作或发出一个命令之后，用户偶尔会看见不同类型的符号出现。这些 PowerPoint 提供的符号是形象的暗示，帮助用户识别命令的详细状态或确定命令中用户可用的其他选项。这些符号如表 1-2 所示。

表 1-2

Sometimes I mak mistakes.	PowerPoint 会用红色的波浪线标出拼写错误的词以便用户容易看见它们。如示例表明，单词下面的红色波浪线指出 PowerPoint 在词典中没有找到这个单词
或 校对错误工具	如果 PowerPoint 发现单词不在所选的词典或语言中，用户会在状态栏看见第一个符号。第二个符号表明演示文稿中没有拼写错误
  "粘贴"选项	"粘贴"选项按钮出现在用户粘贴文本的旁边。使用该选项，用户可在保留源格式或只粘贴文本之间快速做出选择。当用户用鼠标指针指向这个符号，它旁边出现一个下拉按钮。单击下三角按钮会显示该条目的选项
  智能标记选项	在 PowerPoint 标识了智能标记并且向用户提供该条目的选项或动作时，该动作按钮就会出现。当用户用鼠标指针指向这个符号，它旁边出现一个下拉按钮。单击下三角按钮会显示该条目的选项
Mary Baker 自动更正选项	PowerPoint 将其标识为存在于自动更正列表中的条目并且向用户提供该条目的选项。当用户用鼠标指针指向这个符号，它旁边出现一个下拉按钮。单击下三角按钮会显示该条目的选项
  自动调整选项	在 PowerPoint 检测到占位符不够大时，显示不下所有输入的文本时，PowerPoint 会向用户提供选项以便使文本调整到适合占位符的大小。当用户用鼠标指针指向这个符号，它旁边出现一个下三角按钮。单击它会显示该条目的选项

上述的许多符号和选项将稍后讨论。如果用户想了解更多的信息，请使用 Microsoft Office PowerPoint 中的帮助功能。

1.3　构建演示文稿

在构建演示文稿时，需要考虑以下问题：

进行何种类型的演讲？

- 演讲是否是一个提供给观众的信息介绍。例如，雇员简介、训练过程或政策讲解？
- 演讲是否是一个需要具有说服力的演讲，需要设法说服观众采取某种行动。例如，购买某种产品或服务？
- 用户的演讲是否两者兼而有之，前半部分提供信息，后半部分说服观众？

演讲的目的是什么？

- 演讲的目的必须清晰，可用一句话表达出来。例如，演讲之后，销售团队能够了解新产品，或者委员会批准自己的建议。
- 标题幻灯片应该清晰地申明自己的目标。

观众是谁？

- 越了解观众的组成、知识背景、信仰和偏好，就越有可能达到目的。
- 谁会在观众中？
- 观众对演讲主题有什么看法？
- 观众了解多少或需要了解多少？
- 观众的期望是什么？

调查和收集资料

搜集相关的资料，例如，公开发布的研究成果、事实和统计数据。如果找不到事实和统计数据，则可自己完成调查和问卷收集，取得原始数据或寻找和引用该领域内的专家意见。

组织资料

一旦搜集到了足够的资料，即可在目录幻灯片中组织资料的大纲。然后创建支持幻灯片，说明目录幻灯片中的所有要点。

要注重演示文稿的内容及内容的逻辑流程,确保每张支持幻灯片都增强了标题幻灯片中申明的目标和目录幻灯片中大纲的要点。

- 简要、清晰地说明要点。
- 要点条数要尽可能少,每张幻灯片不超过 6 条以吸引观众的注意力。
- 保持较高的情绪;不要向观众阅读幻灯片。
- 在目录幻灯片和支持幻灯片配合下,创建给人印象深刻的开场和结束。
- 记住时间的限制。
- 记住观众的注意广度。

修饰演示文稿大纲

不正确或过度使用格式功能可能损害演示文稿。修饰演示文稿时须考虑下面几点:

- 统一文本的格式。不要使用大量各种不同的字体、字体大小和颜色,这些会分散观众的注意力。
- 在选择字体、字体大小和颜色时,要考虑观众人数的规模和观众离演示文稿的距离。
- 限制使用颜色的数量,太多的颜色会分散观众的注意力。
- 在幻灯片中加入统一、简单的特效,以此增强信息的表现效果。
- 使用图标、表格和框图插入复杂、详细的数据和流程。

准备交付演示文稿

演讲的成功体现了编写人员大量的准备工作。

- 检查演示文稿中的错误。
- 排练几次演讲,确保演讲的语速和仪态适合演讲者和观众。
- 在幻灯片中做备注以说明简短的要点。
- 为观众准备好讲义,说明演讲的信息。
- 调整幻灯片放映设置,了解演讲的场合。

1.4 创建新演示文稿

PowerPoint 提供了五种不同创建演示文稿的方法如表 1-3 所示。

表 1-3

已安装的模板	该方式根据预设于幻灯片上的文本的建议和颜色、背景、图片等的应用新建演示文稿。用户可输入文本和改变设计
已安装的主题	有许多预先设计好的带有特别背景和颜色的主题。用户只需在演示文稿中加入幻灯片和文本
我的模板	使用已存在的模板创建幻灯片。这些预设的模板可以包括幻灯片上的文本的建议和颜色、背景、图片等的应用。用户可在演示文稿中输入自己想要的文本
根据现有内容新建	使用已做好和设计好的演示文稿的版式,再加上用户需要的内容和设计元素创建新的演示文稿
空白演示文稿	这种方式创建的演示文稿只包含没有颜色和设计元素的标题幻灯片,为用户输入文本做好准备。该方式使用用户可输入自己的全部内容,并且应用自己选择的颜色、背景和图片等

1.4.1 使用已安装的模板创建演示文稿

已安装的模板提供了所有信息的显示方式,包括文本,只要求用户输入最少的信息。用户可从已安装的为不同目的而设计的模板中选择一个演示文稿模板。

使用已安装的模板新建演示文稿,可单击"Office 按钮"丨"新建"命令。在"模板"列表框中选择"已安装的模板"选项,如图 1-19 所示。

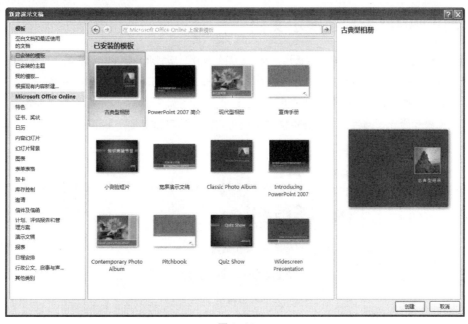

图 1-19

1.4.2 使用已安装的主题新建演示文稿

1.1

主题是一组统一的设计元素，使含有颜色、字体和图像的演示文稿具有一致的外观。基于主题创建的演示文稿，由于用户不必为自己的表格、图表和图像单独挑选颜色和样式，因而可以节约用户的时间，并且这些设计元素相互匹配。

主题使创建统一的、专业的演示文稿的过程变得简单。只需选择想使用的主题，则背景、文本、图像、图表、快速样式，SmartArt 图形、艺术字、表格和用户输入演示文稿的所有文本都应用了所选主题的样式，确保演示文稿中的所有元素相互协调。

使用已安装的主题新建演示文稿，可单击"Office 按钮"|"新建"命令。在"模板"列表框中选择"已安装的主题"选项，如图 1-20 所示。

图 1-20

1.4.3 使用我的模板新建演示文稿

模板是用户创建的模板文件。创建的模板自定义了幻灯片母版、版式和主题的组合。用户可将模板作为以后创建相似的演示文稿的基础，也可作为记录设计信息的模板，用于将所有幻灯片上内容的格式统一。

在图 1-21 所示的示例中，模板包含了诸如 Student Name 和 School Name 占位符内容。它也包含了格式、颜色、背景和版式等属性，这些属性使其成为可定制的、可重复使用的证书。

图 1-21

当用户将演示文稿另存为模板时，模板文件默认保存为.potx 文件类型，存储在 Microsoft 规定的目录位置。这个目录是 C:\Documents and Settings\[user name]\Application Data\Microsoft\ Templates，如果用户使用 Vista 系统，该目录是 C:\Users\[user name]\AppData\Roaming\Microsoft Templates。用户也可存储由 PowerPoint 的早期版本创建的模板，还可存储由其他用户为了方便访问在此处创建的模板。

1.4.4 根据现有内容新建演示文稿

用户可根据由自己或其他用户创建的已经存在的模板或演示文稿文件新建一个演示文稿。用户可将这些文件作为以后创建相似的、要求具有同样外观的演示文稿的基础。

根据现有演示文稿创建新的演示文稿，可单击"Office 按钮"|"新建"命令。在"模板"列表框中选择"根据现有内容新建"选项。浏览存放现有演示文稿的位置，从文件列表框中选择演示文稿文件，然后单击"新建"按钮，效果如图 1-22 所示。

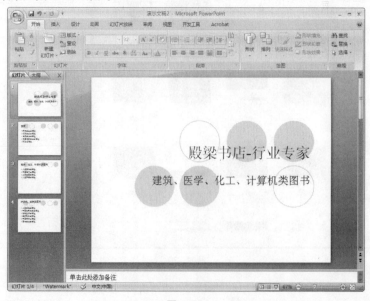

图 1-22

技巧课堂

本次课堂将学习怎样根据已安装的模板新建演示文稿。

1. 单击"Office 按钮"|"新建"命令。

2. 在"模板"列表框中选择"已安装的模板"选项。

3. 选择"现代型相册"。

4. 单击"创建"按钮，效果如图 1-23 所示。

图 1-23

1.4.5 在幻灯片窗口浏览幻灯片

当演示文稿中包含多张幻灯片时，用户可以用下列方法之一在幻灯片中浏览：

- 单击"上一张幻灯片"按钮，或者按 PgUp 键移动到演示文稿的上一张幻灯片。
- 单击"下一张幻灯片"按钮，或者按 PgDn 键移动到演示文稿的下一张幻灯片。
- 在"大纲"或"幻灯片"选项卡中，单击演示文稿中的目标幻灯片，或者使用 ↑ 和 ↓ 键移动。

技巧课堂

本次课堂练习如何浏览现代型相册演示文稿中的幻灯片。

1. 单击"下一张幻灯片"按钮，或者按下 PgDn 键向下移动，浏览演示文稿中的每一张幻灯片。

2. 单击"上一张幻灯片"按钮，或者按下 PgUp 键向上移动，浏览演示文稿中的每一张幻灯片。

3. 选择"大纲"选项卡，单击每一张幻灯片，前移浏览整个演示文稿。

4. 选择"幻灯片"选项卡，选中第一张幻灯片，然后连续按下 ↓ 键，浏览演示文稿中的每一张幻灯片。

5. 单击"幻灯片"选项卡中的第一张幻灯片。

1.4.6 新建空白演示文稿

在创建新的演示文稿时，如果确定不了设计方案，则可先新建一个空白演示文稿，输入基本信息，稍后考虑将设计方案应用到该演示文稿。PowerPoint 提供了将设计元素加入演示文稿的灵活性，创建演示文稿时加入或稍后再应用它们。

使用下面的方法之一新建空白演示文稿：

- 单击"Office 按钮" | "新建"命令。选择"空白演示文稿"选项，然后单击"创建"按钮。
- 按下 Ctrl + N 组合键。

注：只能看见一张标题幻灯片，如图 1-24 所示。

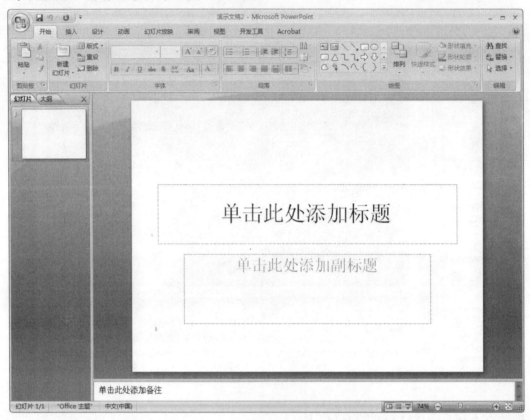

图 1-24

用户可以使用占位符在幻灯片上输入文本。空白演示文稿中有三种类型的占位符：标题、文本和副标题。用户单击占位符即可进行输入。用户也可以编辑已经输入的文本。要在标题幻灯片上输入文本，单击相应的占位符，然后开始输入。

 技巧课堂

在本次课堂中，练习如何创建一个新的空白演示文稿并且在标题幻灯片中加入文本。

1. 单击 "Office 按钮" | "新建"命令。
2. 选择"空白演示文稿"选项。
3. 单击"创建"按钮。
4. 单击"单击此处添加标题"占位符。
5. 输入"设计艺术"。
6. 单击"单击此处添加副标题"占位符。
7. 输入"基本原理"，效果如图 1-25 所示。

图 1-25

 技巧演练

在本次演练中，学习如何基于已安装的主题和我的模板新建演示文稿，输入文本并浏览幻灯片。

1. 单击"Office 按钮"|"新建"命令。
2. 在"模板"列表框中选择"已安装的主题"选项，如图 1-26 所示。

图 1-26

3. 选择"顶峰"主题。
4. 单击"创建"按钮。
5. 单击"单击此处添加标题"占位符。输入"颁奖典礼"。

6. 单击"单击此处添加副标题"占位符。输入"本年度体育人物"效果如图 1-27 所示。

图 1-27

7. 单击"Office 按钮" | "新建"命令。

8. 在"模板"列表框中选择"我的模板"选项。

 下面的练习部分假定模板已经下载到用户的系统中，或者数据文件中提供的文件已被复制到正确的位置。如果在完成第 10 步后没有看见"颁奖"模板，可选择"根据现有内容新建"选项，然后通过文件浏览的方式打开该模板文件，即可继续下面的练习。

9. 选择"颁奖"模板。

10. 单击"确定"按钮，效果如图 1-28 所示。

图 1-28

11. 选择"体育人物姓名"文本，输入"杨威"。

12. 移至下一张幻灯片。

13. 选择"体育人物姓名"文本，输入"杨威"。

14. 移至上一张幻灯片，如图 1-29 所示。

图 1-29

1.5   组织文件

在创建演示文稿后，用户必须知道如何保存、关闭和打开自己的演示文稿，并且在多个演示文稿之间进行切换。

1.5.1   在演示文稿之间切换

在任何特定的时间都有可能打开多个演示文稿。对某一时刻用户打开演示文稿数目的唯一限制是显示每一个演示文稿所必需的计算机内存容量。

在打开的演示文稿之间切换，可使用下列方法之一：

* 在"视图"选项卡的"窗口"组中，单击"切换窗口"下拉按钮。在"切换窗口"下拉列表中（见图 1-30）选择想切换到的演示文稿。
* 当打开多个演示文稿时，PowerPoint 会在下面的任务栏中显示每个演示文稿，单击任一个，即可在不同的演示文稿间进行切换，如图 1-31 所示。

图 1-30

图 1-31

* 按 Alt + Tab 组合键。
* 按 Ctrl + F6 组合键。
* 按 Ctrl + Tab 组合键。

技巧课堂

在本次课堂中，将练习如何在已打开的演示文稿间切换。

1. 在"视图"选项卡的"窗口"组中，选择"切换窗口"|"演示文稿 3"命令。
2. 在"视图"选项卡的"窗口"组中，选择"切换窗口"|"演示文稿 5"命令。

3. 单击任务栏上的"演示文稿4"。

4. 多次按 Alt + Tab 组合键，直至切换到"演示文稿2"。

1.5.2　保存演示文稿

在创建演示文稿后，以后会再次访问它，为了尽可能降低由于计算机故障导致丢失工作成果的风险，定时保存演示文稿非常重要。

保存一个新建的演示文稿，可使用下述方法之一：

- 单击"Office 按钮"|"保存"命令。
- 单击快速访问工具栏上的"保存"按钮。
- 按 Ctrl + S 组合键。

第一次保存文件时，PowerPoint 总是会显示"另存为"对话框（见图 1-32），以便对演示文稿进行命名。

图 1-32

保存文件的默认位置（由 Windows 设置）是"我的文档"文件夹。要改变默认位置，可单击"Office 按钮"，然后单击"PowerPoint 选项"按钮。在"PowerPoint 选项"对话框的左侧列表框中，选择"保存"类别，然后在"默认文件位置"文本框中输入用户选择的位置。

用户也可以使用文件夹列表框转移到用户想保存演示文稿的文件夹（如 C:\Ppt-6 Student, C:\Users\Student\Ppt-6 Student\Documents, G:\Presentations 等）。

另一个方法是单击"另存为"对话框中的"新建文件夹"按钮，为保存演示文稿创建一个新文件夹。如果用户创建或编辑了许多相似的演示文稿，可将它们归类放入相应的文件夹。将演示文稿文件归入与众不同的文件夹对快速找到演示文稿很有帮助。

正如上例所示，当文件名高亮显示时，用户可开始输入新的文件名。当文本高亮显示时，可用新输入的文本替换高亮文本。用户输入的文件名最长为 255 个字符。如果在相同位置存在具有相同文件名的文件，将会出现一条消息，询问是否用正在保存的文件替换已存在的文件。单击"是"按钮，已存在的文件将被覆盖；如果单击"否"按钮，用户可输入不同的文件名，然后保存。

使用不同的文件名保存当前演示文稿，可使用下述方法之一：

- 单击"Office 按钮"|"另存为"|"PowerPoint 演示文稿"命令。
- 按 F12 键。

技巧课堂

本次课堂中，将练习如何将正在编辑的名为"演示文稿 2"的演示文稿保存在新文件夹中。

1. 单击"Office 按钮"|"保存"命令，弹出"另存为"对话框，如图 1-33 所示。

图 1-33

注：默认选择"我的文档"文件夹。

2. 转移到本书保存的学生数据文件位置，单击"新建文件夹"按钮，弹出"新建文件夹"对话框，如图 1-34 所示。

3. 输入"PPT2007 演示文稿"，单击"确定"按钮，效果如图 1-35 所示。

图 1-34

也可按 ⟨Enter⟩键创建同样名称的新文件夹。

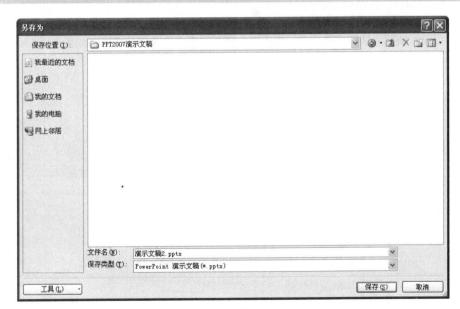

图 1-35

注：演示文稿文件已经自动进入"PPT2007 演示文稿"文件夹。

4. 在"文件名"文本框中输入"相册-学生"。

5. 单击"保存"按钮。

注：标题栏显示出新文件名"相册-学生"。

1.5.3 关闭演示文稿

当完成了演示文稿的处理并且保存了该文件之后，用户可关闭该演示文稿，但 PowerPoint 仍然打开着，从而可以处理其他演示文稿。

当最后一个演示文稿关闭后，除"插入"选项卡中的"相册"外，功能区中所有命令按钮将变暗而无法操作。

如果关闭更改后未保存的演示文稿，显示的消息将会询问关闭前是否保存这些更改。单击"是"按钮，则保存后关闭演示文稿。单击"否"按钮，关闭演示文稿，但最后一次保存更改之后的所有更改将会丢失。

关闭演示文稿可使用下列方法之一：

- 单击"Office 按钮"|"关闭"命令。
- 单击位于 PowerPoint 窗口右上角的"关闭"按钮。
- 右击任务栏上该演示文稿的按钮，在弹出的快捷菜单上选择"关闭"命令。
- 按 Ctrl + W 或 Ctrl + F4 组合键。

> 如果在最后一个演示文稿中使用"关闭"按钮，演示文稿和 PowerPoint 都会关闭。

技巧课堂

本次课堂将学习如何关闭演示文稿。

单击"Office 按钮"|"关闭"命令。

1.5.4 打开演示文稿

在保存并关闭演示文稿后，可随时查找并打开该演示文稿，使用、查看、编辑或打印它。打开演示文稿可使用下述方法之一：

- 单击"Office 按钮"|"打开"命令。
- 单击"Office 按钮"按钮，在"最近使用的文档"列表中选择演示文稿，如图 1-36 所示。

图 1-36

- 按 Ctrl + O 组合键。

技巧课堂

本次练习将学习打开已保存的演示文稿。

1. 单击"Office 按钮"。

2. 从"最近使用的文档"列表中选择"学生相册"演示文稿。

现在转移到学生数据文件所在的位置。

3. 按 Ctrl + O 组合键，弹出"打开"对话框。

4. 单击位于"打开"对话框上部右边的"向上一级"按钮。

注：此时，用户可以看见所显示的本课程的文件，如图 1-37 所示。如果用户在此位置打开或保存了一个文件，以后 PowerPoint 将首先定位至此位置。

图 1-37

5. 单击"取消"按钮，关闭该对话框。

技巧演练

本次演练中，将练习切换、保存、关闭、打开已保存的演示文稿。

1. 在"视图"选项卡的"窗口"组中，选择"切换窗口"|"演示文稿4"命令。

2. 单击快速访问工具栏上的"保存"按钮。

3. 在"文件名"文本框中输入"体育奖-学生"，按 Enter 键。

4. 单击"Office 按钮"|"关闭"命令。

5. 单击任务栏上的"演示文稿5"按钮。

6. 单击"Office 按钮"|"保存"命令。

7. 在"文件名"文本框中输入"证书-学生"，单击"保存"按钮。

8. 按 Alt + Tab 组合键，切换至"演示文稿3"。

9. 按 Ctrl + S 组合键，弹出"另存为"对话框。

10. 在"文件名"文本框中输入"艺术-学生"，按 Enter 键。

11. 按 Ctrl + W 组合键，关闭"艺术-学生"演示文稿。

12. 按 Ctrl + F4 组合键，关闭"证书-学生"演示文稿。

13. 单击"关闭"按钮，关闭"相册-学生"演示文稿。

14. 单击"Office 按钮"|"关闭"命令，关闭"演示文稿 1"演示文稿。

   注：所有演示文稿关闭后，除"插入"选项卡中的"相册"按钮外，功能区中的所有命令按钮都变暗。

15. 单击"Office 按钮"，然后在"最近使用的文档"列表中选择"艺术 – 学生"演示文稿。

   注：所有功能区中的按钮被激活。

1.6　更改页面设置

页面设置是指改变幻灯片的大小（包括幻灯片的长度和宽度）、样式、备注、讲义或大纲的方向样式。通过幻灯片大小下拉列表中的选项可以改变所有幻灯片版式的大小，使其适合屏幕或特定纸张的要求。

改变演示文稿的页面设置，可单击"设计"选项卡上"页面设置"组中的"页面设置"按钮，弹出"页面设置"对话框，如图 1-38 所示。

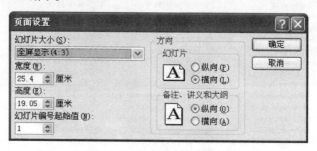

图 1-38

默认的幻灯片版式是横向页面方向，如图 1-39（a）所示。在需要的情况下，也可将其改为纵向页面方向，如图 1-39（b）所示为纵向页面方向。

（a）横向页面方向　　　　　　　　　　（b）纵向页面方向

图 1-39

改变演示文稿中幻灯片方向可使用下列方法之一：

- 单击"设计"选项卡上"页面设置"组中的"页面设置"按钮。然后可在"页面设置"对话框中（见图 1-40）改变幻灯片方向。
- 在"设计"选项卡上"页面设置"组中，单击"幻灯片方向"按钮，如图 1-41 所示。

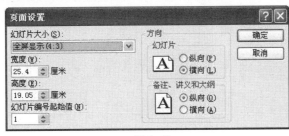

图 1-40　　　　　　　　　　　　　图 1-41

 技巧课堂

本次课堂中，将学习改变新建演示文稿中幻灯片的方向和大小。

> 如果还存在打开的演示文稿，在开始练习前需将它们关闭。

1. 单击"Office 按钮"|"新建"命令。
2. 选择"空白演示文稿"，单击"创建"按钮。
3. 在"设计"选项卡上"页面设置"组中，选择"幻灯片方向"|"纵向"命令。
4. 单击"设计"选项卡上"页面设置"组中的"页面设置"按钮，弹出"页面设置"对话框。
5. 单击"幻灯片大小"下拉按钮，选择"信纸"选项，如图 1-42 所示。

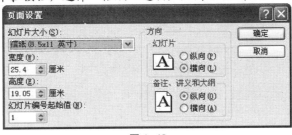

图 1-42

6. 单击"确定"按钮。
7. 单击快速访问工具栏中的"保存"按钮。
8. 在"文件名"文本框中输入"礼物 1 – 学生"，然后按 Enter 键。
9. 单击"Office 按钮"|"关闭"命令。

1.7　组织幻灯片

1.7.1　插入新幻灯片

通常，演示文稿含有多张幻灯片，用户可根据个人需要在演示文稿中插入多张幻灯片。演示文稿包含的内容越多，用户插入的幻灯片也就越多。用户可在演示文稿的任意位置插入幻灯片，而不只是仅仅局限于演示文稿的末尾。

插入标题和内容幻灯片版式的新幻灯片，可使用下述方法之一：

- 在"开始"选项卡的"幻灯片"组中，单击"新建幻灯片"按钮。
- 按 Ctrl + M 组合键。
- 在"幻灯片"选项卡中右击，在弹出的快捷菜单中选择"新建幻灯片"命令。
- 在"大纲"选项卡中右击，在弹出的快捷菜单中选择"新建幻灯片"命令。
- 在幻灯片的最后一个占位符中，按 Ctrl + Enter 组合键。

插入其他版式的幻灯片，可在"开始"选项卡的"幻灯片"组中，单击"新建幻灯片"下拉按钮，然后选择合适的幻灯片版式，如图 1-43 所示。

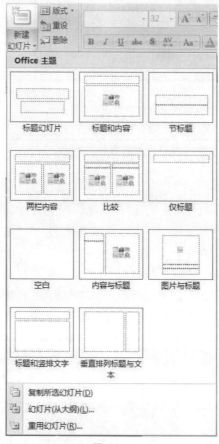

图 1-43

1.7.2　复制幻灯片

用户可将已存在幻灯片的副本作为新幻灯片插入。这样可节约用户花在添加文本和对象、格式化新幻灯片上的时间。

复制一张幻灯片，可先定位至想要复制的幻灯片，然后使用下述方法之一：

- 在"开始"选项卡的"幻灯片"组中，选择"新建幻灯片"|"复制所选幻灯片"命令。
- 在"幻灯片"选项卡中的所选幻灯片上右击，在弹出的快捷菜单中选择"复制幻灯片"命令。
- 单击"幻灯片"选项卡中的所选幻灯片，然后按 Ctrl + D 组合键。

1.7.3　删除幻灯片

在编写演示文稿时，如果用户决定要删除幻灯片，可先定位至想要删除的幻灯片，然后使用下述方法之一：

- 在"开始"选项卡的"幻灯片"组中，单击"删除"按钮。
- 单击"幻灯片"选项卡中的幻灯片，然后按 Delete 键。
- 右击"幻灯片"选项卡中的幻灯片，然后选择"删除幻灯片"命令。
- 单击"大纲"选项卡中的幻灯片图标，然后按 Delete 键。
- 右击"大纲"选项卡中的幻灯片，然后选择"删除幻灯片"命令。

1.7.4　更改幻灯片版式

为了插入一张幻灯片而单击"新建幻灯片"下拉按钮将会显示幻灯片版式列表，用户可从各式各样的幻灯片版式中选择适合幻灯片内容的版式。用户可使用版式排列幻灯片中的文本和对象。版式定义了幻灯片中内容的位置和格式，它包含支持标题和正文文本以及诸如图表、表格和图片的对象的占位符。

改变已存在幻灯片的版式，可使用下述方法之一：

- 在"开始"选项卡的"幻灯片"组中，单击"版式"下拉按钮，然后选择一个幻灯片版式，如图 1-44 所示。

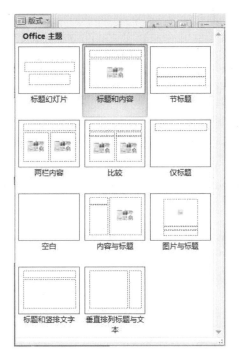

图 1-44

- 右击幻灯片窗口中的幻灯片，在弹出的快捷菜单中选择"版式"命令，然后选择一个幻灯片版式。
- 右击"幻灯片"选项卡中的幻灯片，在弹出的快捷菜单中选择"版式"命令，然后选择一个幻灯片版式。

1.7.5　应用主题

通过应用文档主题，可以对整篇演示文稿快速设定格式，使之具有专业的、现代的外观。主题是一组统一的设计元素，这些设计元素通过颜色、字体和图像赋予演示文稿外观。主题是一组精心选择的格式，这些格式包括一组主题、一组字体和一组特效。

应用主题可在"设计"选项卡的"主题"组中，单击合适的主题，如图 1-45 所示。

图 1-45

在应用主题之前应先观察主题的效果，可将鼠标指针指向主题的缩略图，幻灯片窗口中将显示其应用主题后的外观。

技巧课堂

本次课堂中，将学习如何在当前"艺术–学生"演示文稿中插入和删除幻灯片、更改幻灯片版式以及对幻灯片应用主题。

1. 确定"艺术–学生"演示文稿已经打开。

2. 在"开始"选项卡的"幻灯片"组中，单击"新建幻灯片"按钮。

3. 单击"单击此处添加标题"占位符，然后输入"基本原理"。

4. 按 Ctrl + M 组合键。

5. 单击"单击此处添加标题"占位符，然后输入"灵感"。

6. 在"开始"选项卡的"幻灯片"组中，单击"新建幻灯片"下拉按钮，选择"两栏内容"幻灯片版式。

7. 单击"单击此处添加标题"占位符，然后输入"创造力"，效果如图 1-46 所示。

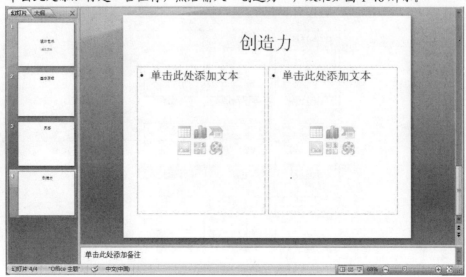

图 1-46

注：在"幻灯片"选项卡中有 4 张幻灯片，幻灯片窗口中的当前幻灯片已经应用了"两栏内容"幻灯片版式，并且标题是"创造力"。

8. 右击"幻灯片"选项卡中的幻灯片 4，然后选择"新建幻灯片"命令。

9. 在"开始"选项卡的"幻灯片"组中，选择"版式"|"标题和内容"命令。

10. 单击"单击此处添加标题"占位符，然后输入"激励"。

11. 单击"单击此处添加文本"占位符，按 Ctrl + Enter 组合键。

12. 右击"幻灯片"选项卡中的幻灯片 6，选择"版式"|"比较"命令。

13. 单击"单击此处添加标题"占位符，然后输入"想象力"。

14. 单击"幻灯片"选项卡中的幻灯片 5，然后在"开始"选项卡的"幻灯片"组中，单击"新建幻灯片"下拉按钮，选择"内容与标题"幻灯片版式。

15. 单击"单击此处添加标题"占位符，然后输入"创意"，效果如图 1-47 所示。

图 1-47

16. 右击"幻灯片"选项卡中的幻灯片 6，然后选择"新建幻灯片"命令。

　　注：新幻灯片被插入且具有与前一幻灯片同样的版式。

17. 单击"单击此处添加标题"占位符，然后输入"创新"。

18. 单击"幻灯片"选项卡中的幻灯片 8，然后在"开始"选项卡的"幻灯片"组中，单击"新建幻灯片"按钮。

19. 在幻灯片 9 中，在占位符之外的任意位置右击，然后选择"版式"|"仅标题"命令。

20. 单击"单击此处添加标题"占位符，然后输入"总结"。

21. 在"设计"选项卡的"主题"组中，选择"其他"|"跋涉"命令，效果如图 1-48 所示。

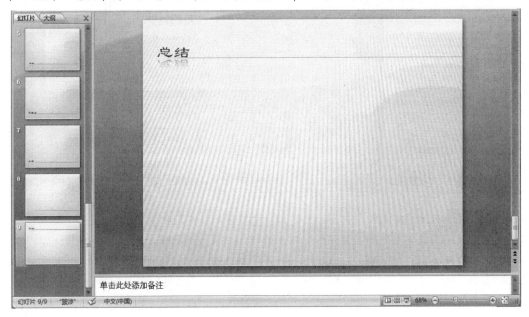

图 1-48

22. 单击"幻灯片"选项卡中的幻灯片 7，然后在"开始"选项卡的"幻灯片"组中，单击"删除"按钮。

23. 单击"幻灯片"选项卡中的幻灯片 6，然后按 Delete 键。

24. 右击"幻灯片"选项卡中的幻灯片 6，然后选择"删除幻灯片"命令。

25. 单击"Office 按钮"|"另存为"命令。

26. 在"文件名"文本框中输入"艺术 2-学生"，然后单击"保存"按钮。

27. 单击"Office 按钮"|"关闭"命令。

 技巧演练

在本次演练中，将练习创建新演示文稿、复制幻灯片、删除一组幻灯片、更改一组幻灯片的版式，对整个演示文稿或演示文稿中的一组幻灯片应用主题。

1. 单击"Office 按钮"|"新建"命令。

2. 单击左窗格中"模板"列表中的"已安装的模板"类别。

3. 选择"小测验短片"，单击"创建"按钮。

4. 在"设计"选项卡的"主题"组中，单击"聚合"，效果如图 1-49 所示。

　　注：此时"聚合"主题已应用到演示文稿中的所有幻灯片。

5. 在"幻灯片"选项卡中，定位至幻灯片 4，然后在"开始"选项卡的"幻灯片"组中，选择"新建幻灯片"|"复制所选幻灯片"命令。

6. 删除文本"太阳是一颗恒星"，然后输入"月亮是一颗行星"。

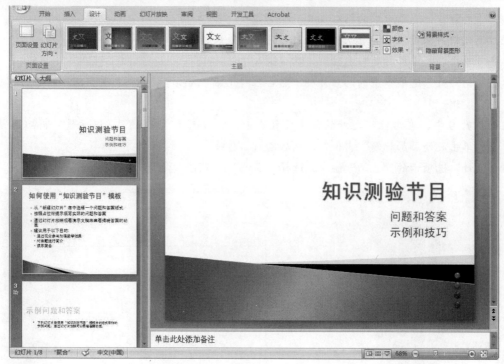

图 1-49

7. 右击"幻灯片"选项卡中的幻灯片 6，然后选择"复制幻灯片"命令。

8. 删除文本"我们所在星系叫什么名字？"，然后输入"最大的行星叫什么名字？"。

9. 删除文本"银河系"，然后输入"木星"，效果如图 1-50 所示。

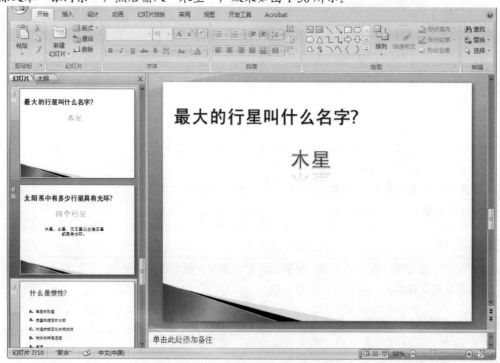

图 1-50

10. 单击"幻灯片"选项卡中的幻灯片 2，按住 Ctrl 键不放，然后单击幻灯片 3、9 和 10。

11. 按 Delete 键。现在演示文稿中只有 6 张幻灯片。

12. 单击"幻灯片"选项卡中的幻灯片 4，按住 Ctrl 键不放，然后单击幻灯片 5。

13. 在"开始"选项卡的"幻灯片"组中，选择"版式"|"答题及其答案"命令，效果如图 1-51 所示。

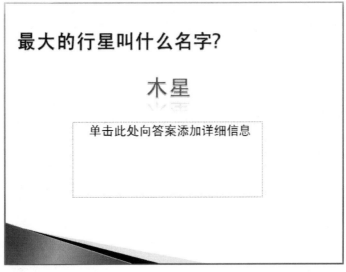

图 1-51

注：现在已对幻灯片 4、5 应用了"答题及其答案"幻灯片版式。

14. 单击"幻灯片"选项卡中的幻灯片 2，按住 Ctrl 键不放，然后单击幻灯片 3、4、5 和 6。

15. 在"设计"选项卡的"主题"组中，单击"平衡"，效果如图 1-52 所示。

图 1-52

注：现在"平衡"主题已应用到幻灯片 2、3、4、5 和 6 中。幻灯片 1 仍保持"聚合"主题。

16. 单击"Office 按钮"|"保存"命令。

17. 在"文件名"文本框中输入"测验-学生"，然后单击"保存"按钮。

18. 单击"Office 按钮"|"关闭"命令。

1.8　改变视图

PowerPoint 提供了几种视图，用户可切换视图以便处理演示文稿。一般情况下，用户可以在最常用的普通视图下设计每张幻灯片上对象的版式，在"大纲"选项卡中输入演示文稿内容，为每张幻灯片输入演讲者备注。

1.8.1　使用普通视图

普通视图是主要的编辑视图，是用户输入和设计演示文稿的主要位置。查看普通视图可使用下述方法之一：

- 在"视图"选项卡的"演示文稿视图"组中，单击"普通视图"。
- 单击状态栏上的"普通视图"按钮。

普通视图的四个工作区，如图 1-53 所示。

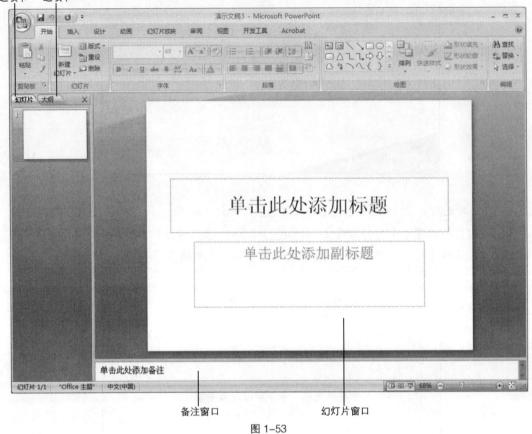

图 1-53

四个工作区的功能如表 1-4 所示。

表 1-4

"大纲"选项卡	用户可以将自己的创意与想法编写于此。用户还可在此浏览幻灯片的文本。"大纲"选项卡以大纲的形式显示幻灯片文本
"幻灯片"选项卡	用户在此通过缩略图查看演示文稿的幻灯片。缩略图使用户很容易就能浏览整个演示文稿及设计更改后的效果。在这里用户还能容易地重新排列、增加、删除幻灯片
幻灯片窗口	幻灯片窗口在 PowerPoint 窗口的右上区，显示当前幻灯片较大的视图。在以该视图显示的当前幻灯片中，用户可添加文本，插入图像、表格、图表、文本框、视频、声音和动画
备注窗口	备注窗口在幻灯片窗口的下方，用户可在其中输入当前幻灯片的备注。在随后的演讲中，用户可能会显示并谈到这些内容。用户可打印这些备注并分发给观众，也可包含在送给观众的或在 Web 页上发布的演示文稿中

　　由于工作需要，将默认视图更改为另一个视图时，PowerPoint 将总是使用那个视图。在这些视图中可以设置为默认视图的有"幻灯片浏览"视图、"只使用大纲"视图、"备注"视图和"普通"视图的变体。

　　默认情况下，在普通视图中，PowerPoint 显示包含"幻灯片"和"大纲"选项卡的窗口。对视图中窗口的大小或对视图自身做出的更改将会被保存，并随做出更改的演示文稿显示。在该演示文稿之外不会保存更改。

　　要改变所有演示文稿的默认视图，可单击"Office 按钮"|"PowerPoint 选项"命令。在"PowerPoint 选项"对话框中，在左窗格中单击"高级"类别。在"显示"选项组下的"用此视图打开全部文档"下拉列表框中，选择要设置为默认视图的视图，如图 1-54 所示。

图 1-54

1.8.2 使用备注页

用户可以在备注窗口中输入备注。在使用普通视图时，备注窗口位于幻灯片窗口的下方。要在整页格式下查看并处理备注或要查看备注页，均可在"视图"选项卡的"演示文稿视图"组中，单击"备注页"按钮。

1.8.3 使用幻灯片放映

幻灯片放映视图占据全部计算机屏幕，如同实际演示。用户会看见图像、计时、视频动画和切换特效实际演示过程中的效果如何。

要查看幻灯片放映视图，可使用下述方法之一：

- 在"视图"选项卡的"演示文稿视图"组中，单击"幻灯片放映"按钮，会从第一张幻灯片开始放映，而以用户当前正在查看的那一张幻灯片为准。
- 在"幻灯片放映"选项卡的"开始放映幻灯片"组中，单击"从头开始"按钮，将会从第一张幻灯片开始放映，而不以用户当前正在查看的幻灯片为准。
- 在"幻灯片放映"选项卡的"开始放映幻灯片"组中，单击"从当前幻灯片开始"按钮，会从用户当前正在查看的幻灯片开始放映。
- 单击状态栏上的"幻灯片放映"按钮，会从用户当前正在查看的幻灯片开始放映。
- 按 F5 键，这将会从第一张幻灯片开始放映，而不以用户正在查看的幻灯片为准。

幻灯片放映视图是用户进行幻灯片进行全屏放映的视图模式。幻灯片全屏显示时，会出现一个工具面板。用户可使用该工具面板对幻灯片进行操作。利用鼠标单击可以在放映的幻灯片之间切换或退出幻灯片放映。

1.8.4 使用显示比例

在 PowerPoint 中，用户看见的演示文稿中幻灯片的数目随着显示比例的改变而或多或少。例如，在幻灯片浏览视图中，将缩略图缩小，使演示文稿中的全部或大多数幻灯片在一页中显示，这对用户在其中查找一张幻灯片非常有帮助。为了在一页中查看更多的幻灯片，用户可以选择较小的缩放百分比。如果用户绘制复杂的图表，选择较大的缩放百分比非常有用，它使得绘制和连接图形更容易。

更改显示比例可使用下述方法之一：

- 在"视图"选项卡的"显示比例"组中，单击"显示比例"按钮。选择一个百分比选项，或者在"百分比"微调框中选择或输入一个百分比。

- 单击状态栏上的"缩放级别"按钮，选择一个百分比选项，或者在"百分比"微调框中选择或输入一个百分比。
- 单击状态栏上的"放大"或"缩小"按钮。
- 拖动状态栏上的"显示比例"滑块。

1.8.5 使用适应窗口大小

如果按照上述介绍改变了显示比例，用户可快速返回查看适合窗口大小的整张幻灯片。要适应窗口大小，可使用下述方法之一：

- 在"视图"选项卡的"显示比例"组中，单击"适应窗口大小"按钮。
- 单击状态栏上的"使幻灯片适应当前窗口"按钮。
- 在"视图"选项卡的"显示比例"组中，单击"显示比例"按钮。

技巧课堂

在本次课堂中，使用相册演示文稿，学习如何使用普通视图、幻灯片浏览视图和幻灯片放映视图。

1. 单击"Office 按钮" | "打开"命令。
2. 单击名为"相册-学生"的演示文稿，然后按 Enter 键。
3. 在"视图"选项卡的"演示文稿视图"组中，单击"幻灯片浏览"按钮。
4. 单击幻灯片 4，然后按 Delete 键。
5. 在"幻灯片放映"选项卡的"开始放映幻灯片"组中，单击"从当前幻灯片开始"按钮。
6. 利用鼠标单击，浏览所有幻灯片，最后退出幻灯片放映。
7. 单击第一张幻灯片。
8. 在"视图"选项卡的"演示文稿视图"组中，单击"幻灯片放映"按钮。
9. 利用鼠标单击，浏览所有幻灯片，最后退出幻灯片放映。
10. 在"视图"选项卡的"演示文稿视图"组中，单击"普通视图"按钮。
11. 定位至最后一张幻灯片。
12. 调整大小并在备注窗口中单击。
13. 输入"感谢主办者"。

    注：在普通视图中查看最后一张幻灯片，并且"感谢主办者"文本已插入备注窗口中，效果如图 1-55 所示。

图 1-55

技巧演练

在本次演练中，将通过操作"相册 – 学生"演示文稿，练习使用普通视图、适应窗口大小、显示比例和备注页视图。

1. 在"视图"选项卡的"显示比例"组中，单击"显示比例"按钮。

2. 选择 33%，单击"确定"按钮。

　　注："幻灯片"选项卡上的缩略图已经变小，用户可在其中查看更多的幻灯片。

3. 单击状态栏上的"缩放级别"按钮。选择 100%，然后单击"确定"按钮。

　　注：幻灯片窗口中的幻灯片已经变大，用户可查看幻灯片上更多的细节。

4. 在"幻灯片"选项卡上定位至第一张幻灯片。

5. 在"视图"选项卡的"演示文稿视图"组中，单击"备注页"按钮。

　　注：此时显示幻灯片 1 的备注页，效果如图 1-56 所示。

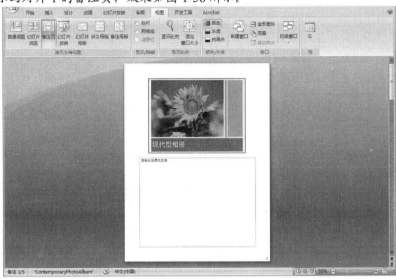

图 1-56

6. 单击状态栏上的"放大"按钮，然后选择 150%。

7. 输入"欢迎观众"。

　　注：此时以 150%的显示比例查看备注页，从而可容易地查看在备注页视图中输入的备注，效果如图 1-57 所示。

图 1-57

8. 在"视图"选项卡的"显示比例"组中，单击"适应窗口大小"按钮。

9. 单击"Office 按钮"|"另存为"命令。

10. 在"文件名"文本框中输入"相册2-学生"，然后按 Enter 键。

11. 单击"Office 按钮"|"关闭"命令。

1.8.6 使用幻灯片浏览视图组织幻灯片

在创建几张幻灯片之后，必须确保演示文稿的整个流程有意义。组织幻灯片最好的地方就是在幻灯片浏览视图中。该视图能够展示所有幻灯片的缩略图，用户可方便地通过移动、删除或复制来组织幻灯片。

如果在幻灯片浏览视图中双击其中一张幻灯片，就将切换到普通视图，并在幻灯片窗口中显示该幻灯片。

要查看幻灯片浏览视图，可使用下述方法之一：
- 在"视图"选项卡的"演示文稿视图"组中，单击"幻灯片浏览"按钮。
- 单击状态栏上的"幻灯片浏览"按钮。

重新排列幻灯片

构建演示文稿，用户必须构思一系列的想法，从而在逻辑上引导观众。在创建演示文稿时，经常会重新排列幻灯片，使其顺序保持正确。

要调整演示文稿中的幻灯片，可选中并拖动幻灯片到新位置。当拖动幻灯片时，会出现一条竖线指明幻灯片的新位置，如图 1-58 所示。

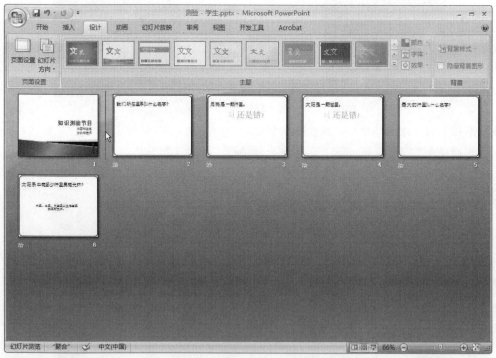

图 1-58

在普通视图中，可以使用"幻灯片"选项卡重排幻灯片。当幻灯片以小型视图显示时，可以使用与下面提到的相同方法重排幻灯片，如将幻灯片拖动到演示文稿的新位置，复制并在另一个位置粘贴新幻灯片等。

剪切、复制和粘贴幻灯片

在编辑演示文稿时，有时可能需要移动幻灯片或复制幻灯片。用户可使用"剪切"、"复制"和"粘贴"

功能进行操作。"剪切"是从一个地方删除幻灯片；"复制"是产生幻灯片的副本；"粘贴"是将剪切和复制的幻灯片放置在另外一个地方。

剪切幻灯片是将幻灯片从演示文稿中的当前位置删除。定位至要剪切的幻灯片，然后使用下述方法之一：
- 在"开始"选项卡的"剪贴板"组中，单击"剪切"按钮。
- 按 Ctrl + X 组合键。
- 右击，然后在快捷菜单中选择"剪切"命令。

复制幻灯片是产生幻灯片的副本。定位至要复制的幻灯片，然后使用下述方法之一：
- 在"开始"选项卡的"剪贴板"组中，单击"复制"按钮。
- 按 Ctrl + C 组合键。
- 右击，然后在快捷菜单中选择"复制"命令。

粘贴幻灯片是将剪切和复制的幻灯片放置在另外一个地方。定位至想要粘贴的位置，然后使用下述方法之一：
- 在"开始"选项卡的"剪贴板"组中，单击"粘贴"按钮。
- 按 Ctrl + V 组合键。
- 右击，然后在快捷菜单中选择"粘贴"命令。

技巧课堂

本次课堂中，将练习在幻灯片浏览视图中复制和重排"测验 – 学生"演示文稿中的幻灯片。

1. 单击"Office 按钮" | "打开"命令。
2. 选择"测验–学生"演示文稿，然后单击"打开"按钮。
3. 在"视图"选项卡的"演示文稿视图"组中，单击"幻灯片浏览"，界面如图 1-59 所示。

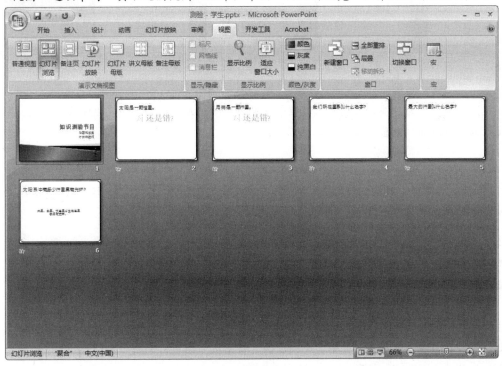

图 1-59

注：在幻灯片浏览视图中可看见 6 张幻灯片。

4. 单击幻灯片 6，然后在"开始"选项卡的"幻灯片"组中，选择"新建幻灯片" | "复制所选幻灯片"命令。
5. 单击幻灯片 5，然后按 Ctrl + D 组合键。

注：由于复制了幻灯片5和6，现在幻灯片浏览视图中可看见8张幻灯片，如图1-60所示。

图1-60

6. 单击幻灯片2，按 Ctrl 键并将其拖动至幻灯片3和4之间。

7. 将幻灯片5拖动至幻灯片2和3之间。

注：由于复制了幻灯片2，现在幻灯片浏览视图中可看见9张幻灯片，如图1-61所示。

图1-61

8. 在"视图"选项卡的"演示文稿视图"组中，单击"幻灯片浏览"按钮，返回普通视图。

9. 将演示文稿另存为"测验2-学生"，然后关闭。

 技巧演练

在本次演练中，将利用"相册-学生"演示文稿练习在幻灯片浏览视图中使用拖动、拖放、剪切、复制和粘贴等功能重新排列幻灯片。

1. 单击"Office 按钮" | "打开"命令。

2. 单击"相册-学生"，然后单击"打开"按钮。

3. 单击状态栏上的"幻灯片浏览"。

注：在幻灯片浏览视图中可看见6张幻灯片，效果如图1-62所示。

4. 单击幻灯片1，在"开始"选项卡的"剪贴板"组中，单击"复制"按钮。

5. 在幻灯片6后单击，然后在"开始"选项卡的"剪贴板"组中，单击"粘贴"按钮。

6. 单击幻灯片6，按 Ctrl 键并将幻灯片6拖至幻灯片4和5之间。

注：现在幻灯片浏览视图中有8张幻灯片，效果如图1-63所示。

7. 单击幻灯片5，然后在"开始"选项卡的"剪贴板"组中，单击"剪切"按钮。

8. 单击幻灯片3，然后在"开始"选项卡的"剪贴板"组中，单击"粘贴"按钮。

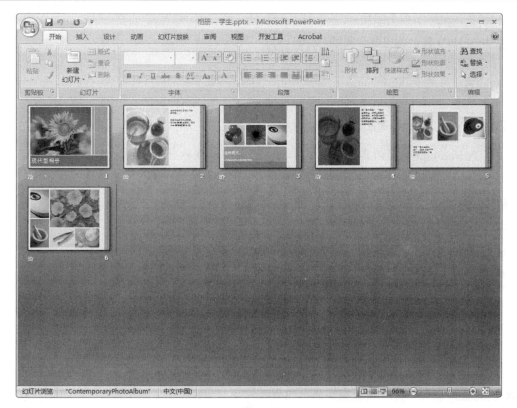

图 1-62

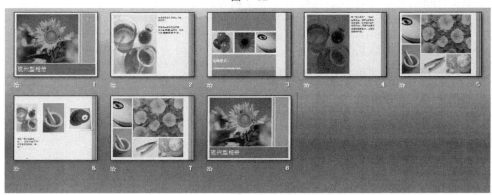

图 1-63

注：由于将剪切了的幻灯片 5 在幻灯片 3 的位置粘贴，所以现在 8 张幻灯片被重新排列，效果如图 1-64 所示。

图 1-64

9. 单击"Office 按钮" | "另存为"命令。

10. 在"文件名"文本框中输入"相册 3-学生"。

11. 然后按 Enter 键。

12. 按 Ctrl + W 组合键，关闭演示文稿。

1.9 小结

完成本课之后，应该熟练掌握下面概念：

☑ 认识 PowerPoint 界面的各部分   ☑ 打开、保存、关闭和切换演示文稿

☑ 在 PowerPoint 中浏览   ☑ 在不同的视图中添加和编辑文本

☑ 使用模板新建演示文稿   ☑ 插入和删除幻灯片

☑ 使用主题新建演示文稿   ☑ 更改幻灯片版式、主题和页面设置

☑ 使用空白幻灯片新建演示文稿   ☑ 改变视图方式

1.10 习题

1. PowerPoint 2007 是什么？

2. "幻灯片"选项卡的功能是什么？

3. 快速访问工具栏可以放置在哪两个位置？

4. 在 PowerPoint 中，创建演示文稿的五种不同方法是什么？

5. 为什么创建演示文稿常用到模板？

6. 如何修改幻灯片的默认方向？

7. 插入一张新幻灯片使用什么快捷键？

8. 如何改变幻灯片的版式？

9. 什么是主题？

10. 通常使用什么视图调整演示文稿中幻灯片的顺序？

11. 普通视图中有哪四个工作区？

12. 在幻灯片窗口中如何查看整张幻灯片？

文 本 处 理

2 Lesson

课程目标

本课的目标是学习创建、修改演示文稿中的幻灯片文本，并对其设置格式等功能。成功地学完本课后，应能完成下面的操作：

☑ 插入、修改和删除文本　　　　☑ 设置文本格式
☑ 设置缩进　　　　　　　　　　☑ 创建项目符号列表和编号列表并设置其格式
☑ 剪切、复制和粘贴文本　　　　☑ 使用校对工具

本课内容涉及下面的命令按钮：

"开始"选项卡

"审阅"选项卡　　　　　　"视图"选项卡

杂项

☑ 校对工具状态
⊞/⊟ 展开/折叠

2.1　处理演示文稿中的文本

用户可以使用占位符在幻灯片上输入文本。占位符有三种文本类型：标题占位符、文本占位符和副标题占位符。用户只需单击占位符，即可开始输入文本。用户还可以删除和修改已输入的文本。

对于文本框，当该占位符的边框是虚线时，表示已处于编辑模式下。该占位符中包含一个闪动的光标，用户可以在该占位符中进行插入、修改或删除等操作，如图 2-1（a）所示。

当该占位符的边框是实线时，表示处于选择模式下。用户的操作将会决定该占位符中的文本输入，如图 2-1（b）所示。

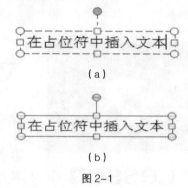

（a）

（b）

图 2-1

如果没有单击占位符，则在幻灯片播放时，占位符和文本"单击此处添加文本"均不会显示。占位符文本只是一个简单的说明，使用用户能够明确是否已有文本输入。

2.1.1　使用幻灯片窗口插入文本

要在幻灯片上插入文本，可在文本占位符中单击，当出现闪烁的光标时，输入文本。插入文本完成后，在该占位符外面单击即可。

可按 Ctrl + Enter 组合键移动到同一张幻灯片中的下一个占位符。如果在幻灯片的最后一个占位符上按 Ctrl + Enter 组合键，将新建一张幻灯片。

2.1.2　使用幻灯片窗口删除文本

要删除幻灯片上的文本，可在文本占位符中单击，当出现闪烁的光标时，将光标移动到要删除文本的位置，然后按 Backspace 或 Delete 键删除文本。

也可以单击并拖动鼠标选择要删除的文本，然后按 Backspace 或 Delete 键。

要删除文本占位符中的全部文本，单击该占位符边框，然后按 Delete 键。

2.1.3　使用幻灯片窗口修改文本

要修改幻灯片上的文本，可在文本占位符中单击，当显示闪烁的光标时，选择要修改的文本，然后输入新文本替换选择的文本。

要选择占位符中的所有文本以进行删除和修改，可在文本占位符中单击，当显示闪烁的光标时，按 Ctrl + A 组合键选择所有文本。

技巧课堂

在本次课堂中，将学习如何在幻灯片窗口中插入文本。

1. *启动* Microsoft Office PowerPoint 2007，*并新建一个空白演示文稿。*

2. *单击"单击此处添加标题"占位符，显示闪烁的光标。*

3. 输入"订货系统（Ordering System）"。

4. 按 Ctrl + Enter 组合键移至下一个文本占位符。

5. 输入"交流规则（Communication Policy）"，然后在该占位符外单击，如图 2-2 所示。

图 2-2

6. 在快速访问工具栏上，单击"保存"按钮。

7. 定位到"学生"文件夹。

8. 在"文件名"文本框中，输入"系统–学生"，按 Enter 键。

9. 单击"Office 按钮" | "关闭"命令。

2.1.4　使用拼写检查

在演示文稿中输入文本时，应该检查文本是否拼写正确。PowerPoint 提供的拼写检查功能使这项工作变得较为轻松。尽管拼写检查可帮助用户避免常见错误，但用户还是应通篇阅读自己的演示文稿，确保文本中的拼写、语法、时态和语气使用正确。如果有可能，让其他人也审阅自己的演示文稿，对其中的信息流程发表客观的看法并查出漏掉的错误。

可使用拼写检查对整篇演示文稿的所有单词拼写进行检查。要运行拼写检查，可使用下述方法之一：

* 在"审阅"选项卡的"校对"组中，单击"拼写检查"按钮。
* 按 F7 键。
* 右击拼写错误的单词，然后选择"拼写检查"命令。
* 单击状态栏上的"拼写检查"按钮。如果在状态栏上看不见"拼写检查"按钮，那么右击状态栏，然后在快捷菜单上选择"拼写检查"命令。

当拼写检查在演示文稿中查到词典中没有的词时，PowerPoint 将弹出"拼写检查"对话框，如图 2-3 所示。

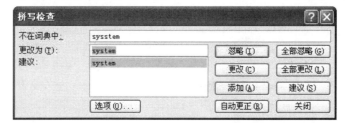

图 2-3

"拼写检查"对话框中的各按钮如表 2-1 所示。

表 2-1

忽略	保持该拼写错误词的现状不变
全部忽略	保持演示文稿中所有拼写错误词的现状不变

续表

更改	用在"建议"列表中选择的词替换该拼写错误的词，或用在"更改为"文本框中输入的文本替换该拼写错误的词
全部更改I	用在"建议"列表中选择的词替换演示文稿中所有拼写错误的词，或用在"更改为"文本框中输入的文本替换
添加	将拼写错误的词加入词典，使其不再是拼写错误的词
建议	更新"建议"列表
自动更正	自动将拼写错误的词更正为在"建议"列表中的选择，或更正为在"更改为"文本框中输入的文本
关闭	关闭"拼写检查"对话框

在输入文本时，PowerPoint 会自动进行拼写检查，并将拼写错误的词用红色波浪线标识，如下所示，用户可以很容易识别。这项功能的使用使用户在审阅演示文稿时，不必亲自更正大量的拼写错误。

Ordering Sysstem

右击拼写错误的单词，在弹出的快捷菜单的顶部可看见更正建议（见图 2-4），选择该选项则可使用该建议，替换拼写错误的词。

图 2-4

右击错误的单词还会提供其他选项，诸如"添加到词典"。

如果所用单词的拼写正确，自动拼写检查不会检查语法。例如，如果在幻灯片上用了"its"，用户可能将它用做"it"这个词的所有格形式"its'"，或用做"it is"的缩写"it's"。这些类型的错误被看做是上下文拼写错误，在 PowerPoint 选项中激活相应的选项即可在拼写检查的过程中查出这类错误。

要使用上下文拼写检查，可更改 PowerPoint 为拼写检查功能预备的默认选项。单击"Office 按钮"I "PowerPoint 选项"按钮，在左窗格中单击"校对"类别，然后在右窗格中选择适当的复选框，如图 2-5 所示。

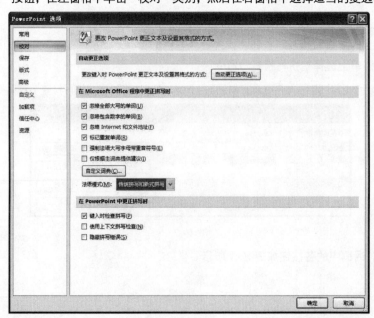

图 2-5

在拼写检查中，使用的语言设置对每一个演示文稿文件均有效。如果演示文稿由美国观众观看，将语言设置为英语（美国），而演示文稿由中国观众观看的话，那么应将语言设置为中文（中国），这很重要。语言对拼写检查和拼写错误单词的识别很有影响。演示文稿所用的语言在状态栏的左边显示。

要改变演示文稿的语言，可使用下述方法之一：

- 单击状态栏上显示的"语言"按钮。如果在状态栏上看不见"语言"按钮，右击状态栏，在快捷菜单中选择"语言"命令。
- 在"审阅"选项卡的"校对"组中，单击"语言"按钮。

2.1.5 使用词典

在 PowerPoint 中，可使用词典快速查找单词；还可在词典中查找同义词（相同含义的不同单词）和反义词（相反含义的词）。

使用词典可使用下述方法之一：

- 单击演示文稿中的词、短语或占位符，然后在"审阅"选项卡的"校对"组中，单击"同义词库"按钮。
- 单击演示文稿中的词、短语或占位符，然后在"审阅"选项卡的"校对"组中，单击"信息检索"按钮。
- 单击演示文稿中的词、短语或占位符，然后按 Shift + F7 组合键。
- 右击演示文稿中的词、短语或占位符，在弹出的快捷菜单中选择"同义词"命令，如图 2-6 所示。
- 在"审阅"选项卡的"校对"组中，单击"信息检索"按钮，在"信息检索"任务窗格中的"搜索"文本框中输入一个词或短语，然后按 Enter 键或单击"开始搜索"按钮，结果如图 2-7 所示。
- 要使用"信息检索"任务窗格搜索结果列表中的单词或搜索更多的词，可执行如下操作：

a. 单击同义词库中单词右侧的下拉按钮，在弹出的下拉菜单中选择"插入"或"复制"命令。

b. 要查找另外相关的词，单击结果列表中的词。

图 2-6   图 2-7

技巧课堂

在本次课堂中，将利用学生文件中的"顾问"演示文稿，学习如何使用拼写和语法检查工具。

1. 单击"Office 按钮"|"打开"命令。

2. 选择"顾问"文件，单击"打开"按钮。

3. 右击标题占位符中的文本 Recrutment，在弹出的快捷菜单中选择 Recruitment 建议项。

4. 在"审阅"选项卡的"校对"组中，单击"拼写检查"按钮。

5. 在弹出的"拼写检查"对话框中，单击"更改"按钮，将 calibra 改为 calibre。

6. 再次单击"更改"按钮，将 chosing 改为 choosing，效果如图 2-8 所示。

7. 在"拼写检查"对话框中单击"添加"按钮，将 McLaren 加入词典。

8. 再次单击"添加"按钮，将 Valadez 加入词典。

9. 再次单击"添加"按钮，将 Moya 加入词典。

图 2-8

10. 单击"确定"按钮。

11. 右击第一项目段中的词 knowledge，在弹出的快捷菜单中选择"同义词"命令，选择 familiarity，即可用 familiarity 替换 knowledge，如图 2-9 所示。

图 2-9

12. 在第二项目段中，选择词 present。

13. 在"审阅"选项卡的"校对"组中，单击"信息检索"按钮。

注：注意 PowerPoint 如何在将选择的词插入搜索字段。

14. 单击"开始搜索"按钮，PowerPoint 显示该词定义的完整列表。结果如图 2-10 所示。

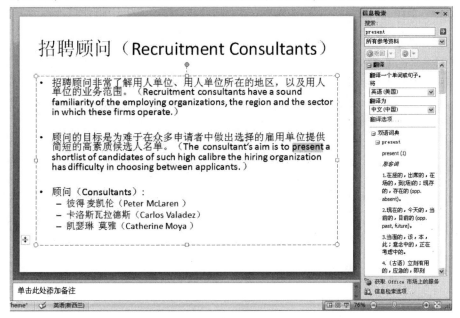

图 2-10

15. 向下滚动该列表直至出现"同义词库：英语（美国）"后，单击该文本左边的加号展开列表。

符号⊞用于展开一个组，查看其下属子项。符号⊞紧靠着窗口中的一个组，表明该组可被展开，并可显示更多的选项。

符号⊟用于折叠一个组，隐藏其子项。

16. 单击词 offer 的下拉按钮，在弹出的下拉菜单中选择"插入"命令以替换词 present，如图 2-11 所示。

图 2-11

17. 关闭"信息检索"任务窗格。

18. 用文件名"顾问 – 学生"保存该演示文稿后，关闭它。

技巧演练

本次演练将进一步练习在幻灯片窗口中插入、修改、删除文本以及使用拼写和词典工具。

1. 单击"Office 按钮"|"打开"命令。

2. 选择"招聘"演示文稿，单击"打开"按钮。

3. 选择幻灯片 1 上的文本 BENEFITS，然后输入 RETURN ON INVESTMENT。

4. 单击"单击此处添加副标题"占位符，输入"顾问（CONSULTANT）"。

5. 选择文本 PROCESS，在"审阅"选项卡的"校对"组中，单击"同义词库"按钮。单击"开始搜索"按钮，然后插入同义词 PRACTICE，效果如图 2-12 所示。

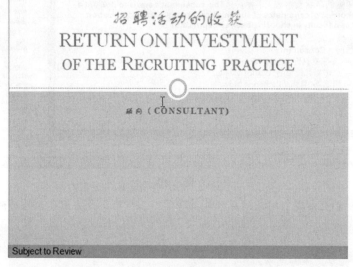

图 2-12

注：现在已可以插入文本，通过词典用相似含义的词替换原词。

6. 删除幻灯片 2（见图 2-13）上的文本"流程及要求（The Process and its Restrictions）"。

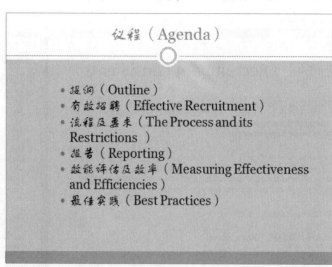

图 2-13

7. 单击幻灯片 4 上的"单击此处添加标题"占位符，输入"结束（End）"，效果如图 2-14 所示。

8. 在"审阅"选项卡的"校对"组中，单击"拼写检查"按钮。校正所有拼写错误的文本，校正后的效果如图 2-15 所示。

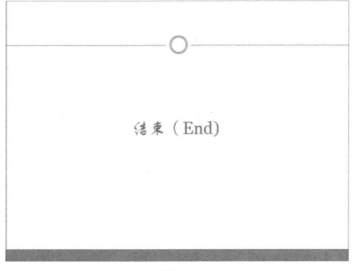

图 2-14

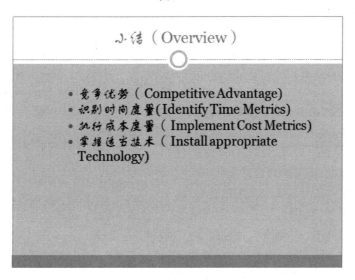

图 2-15

9. 单击 "Office 按钮" | "另存为" 命令。

10. 在 "文件名" 文本框中输入 "招聘–学生"，然后按 Enter 键。

11. 关闭 "信息检索" 任务窗格，单击 "Office 按钮" | "关闭" 命令。

2.2 使用项目符号和编号

2.2

项目符号和编号列表是演示文稿的重点，它们包含演讲者要表达的要点。在列表中的要点存在先后顺序时，往往使用编号列表。如果没有特别的顺序要求，则使用项目符号列表。在列表中可使用各种不同样式的项目符号和编号。例如，在园艺事务中详细说明花卉和树木的演示文稿可以使用项目符号，而在工程时间表中的活动步骤可以使用编号列表。

2.2.1 添加项目符号

项目符号是组织演示文稿中列表快捷、方便的方法。要创建项目符号列表，可使用下述方法之一：

- 在 "开始" 选项卡的 "段落" 组中，直接单击 "项目符号" 按钮。
- 在 "开始" 选项卡的 "段落" 组中，单击 "项目符号" 的下拉按钮，如图 2-16 所示。然后选择一个项目符号样式。

- 单击浮动工具栏上的"项目符号"按钮，如图 2-17 所示。

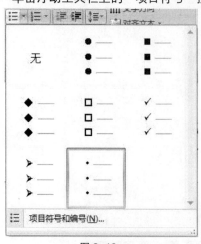

图 2-16

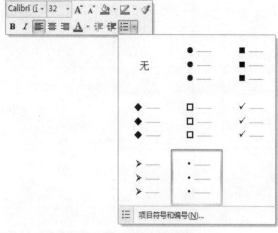

图 2-17

- 右击幻灯片上的任意位置，在弹出的快捷菜单中选择"项目符号"命令。
- 使用"标题和内容"幻灯片版式。项目符号已经预先设置，在段落末尾按 Enter 键，下一个项目符号将自动出现。
- 在"大纲"选项卡中输入幻灯片标题后按 Ctrl + Enter 组合键。在第一个项目符号后输入文本，完成后按 Enter 键。项目符号已经预先设置，每次按 Enter 键就产生一个新的项目符号。

> 也可在输入文本之后，选择该文本并使用上面列出的方法添加项目符号。另外，如果要使占位符中的每一段落都显示项目符号，可单击该占位符，然后使用列出的方法添加所需的项目符号。

要删除或关闭列表中某一项的项目符号，可使用下述方法之一：
- 将光标定位到该项的开始处，按 Backspace 键。
- 单击带有项目符号的段落，在"开始"选项卡的"段落"组中，单击"项目符号"按钮。
- 选择该项中的文本后，单击浮动工具栏上的"项目符号"按钮。
- 右击该项中被选择的文本，在弹出的快捷菜单中选择"项目符号"命令。

要删除或关闭列表中若干项的项目符号，可选择列表中的一项或几项，然后使用下述方法之一：
- 在"开始"选项卡的"段落"组中，单击"项目符号"按钮。
- 在"开始"选项卡的"段落"组中，单击"项目符号"下拉按钮。在下拉列表框中选择"无"选项，如图 2-18 所示。
- 单击浮动工具栏上的"项目符号"按钮，或单击浮动工具栏上的"项目符号"下拉按钮，然后选择"无"选项，如图 2-19 所示。

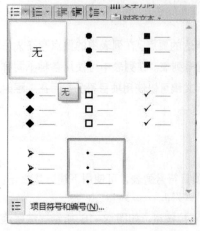

图 2-18

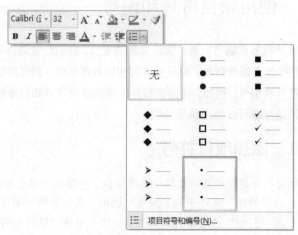

图 2-19

• 右击，在弹出的快捷菜单中选择"项目符号"|"无"命令。

项目符号出现在每个段落的最前面，而不是段落中每一行的最前面。

2.2.2 提高和降低项目列表级别

项目列表级别可提高或降低。用户可以使用项目和子项目的级别多达 9 级，如图 2-20 所示。

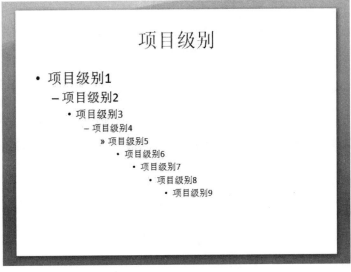

图 2-20

要提高项目符号级别，可使用下述方法之一：

• 在"开始"选项卡的"段落"组中，单击"提高列表级别"按钮。
• 将光标定位到该项目段的开始处，按 Tab 键。
• 将光标定位到该项目段的开始处，按 Alt + Shift + → 组合键。

要降低项目符号级别，可使用下述方法之一：

• 在"开始"选项卡的"段落"组中，单击"降低列表级别"按钮。
• 将光标定位到该项目段的开始处，按 Shift + Tab 组合键。
• 将光标定位到该项目段的开始处，按 Alt + Shift + ← 组合键。

技巧课堂

在本次课堂中，将学习如何添加项目符号以及提高和降低项目列表级别。

1. 按 Ctrl + N 组合键创建一个新演示文稿。
2. 在"开始"选项卡的"幻灯片"组中，单击"版式"按钮，然后选择"标题和内容"版式。
3. 单击"单击此处添加标题"占位符，并输入"设想"。
4. 单击"单击此处添加文本"占位符，并输入"以其他客户所测量的结果为基础"，按 Enter 键。
5. 按 Tab 键，输入"出现 10%的收入增长"，按 Enter 键。
6. 输入"实行以下策略之后"，按 Enter 键。
7. 按 Tab 键，输入"电子商务解决方案"，按 Enter 键。
8. 输入"内部物流解决方案"，然后按 Enter 键，效果如图 2-21 所示。

    注：现在已经输入了一个有三级项目符号的项目列表。

9. 在"开始"选项卡的"段落"组中，单击"降低列表级别"按钮两次。
10. 输入"一次性投资"，按 Enter 键。

11. 在"开始"选项卡的"段落"组中，单击"提高列表级别"按钮。

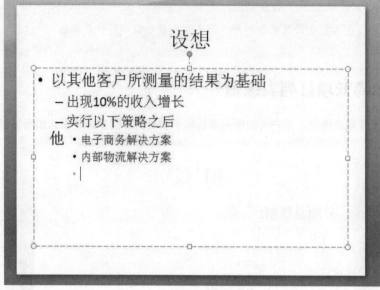

图 2-21

12. 输入"对于这种规模的公司应投资 750 000"，按 Enter 键。

13. 在"开始"选项卡的"段落"组中，单击"提高列表级别"按钮。

14. 输入"每年持续投资 75 000"，按 Enter 键。

15. 输入"投资 10%"，然后按 Enter 键，效果如图 2-22 所示。

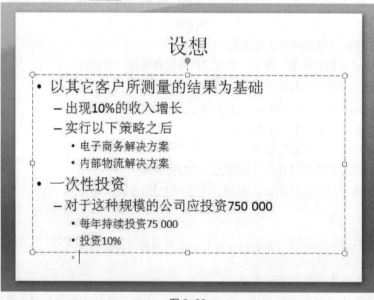

图 2-22

16. 按 Alt + Shift + ← 组合键两次。

17. 输入"调查总利润额"后，按 Enter 键。

18. 按 Alt + Shift + → 组合键，输入"达到 32%"后，按 Enter 键。

19. 按 Alt + Shift + ← 组合键。输入"调查年收入"后，按 Enter 键。

20. 按 Alt + Shift + → 组合键，输入"达到 10 000 000"，效果如图 2-23 所示。

21. 保存该演示文稿为"设想 1-学生"。

图 2-23

2.2.3 设定项目符号格式

一旦在文本中加入了项目符号，即可使用不同的效果，例如，大小、颜色和样式等设定项目符号的格式并可对演示文稿中的所有文本占位符、单个文本占位符或指定段落等的项目符号应用样式。

要设置项目符号格式，可选择一个或几个段落，然后使用下述方法之一：

- 在"开始"选项卡的"段落"组中，单击"项目符号"下拉按钮，在下拉列表中选择"项目符号和编号"选项。
- 在浮动工具栏中，单击"项目符号"下拉按钮，在下拉列表中选择"项目符号和编号"选项。
- 右击，在弹出的快捷菜单中选择"项目符号"|"项目符号和编号"命令，弹出"项目符号和编号"对话框，如图 2-24 所示。

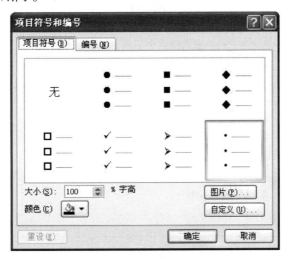

图 2-24

"项目符号和编号"对话框出现后，用户可在其中设置项目符号的格式，其中的各按钮选项介绍如表 2-2 所示。

表 2-2

大小	输入一个数字或单击微调按钮，设置项目符号相对于后续文本的大小。数字越大，项目符号也越大，反之亦然
颜色	单击该下拉按钮，可以为项目符号选定颜色
图片	用于将标准项目符号改变为图片
自定义	用于另外挑选字符作为项目符号

技巧课堂

本次课堂中，将学习设置"设想 1-学生"演示文稿中项目符号的格式。

1. 按 Ctrl 键并且拖动鼠标，选择所有的一级标题，如图 2-25 所示。

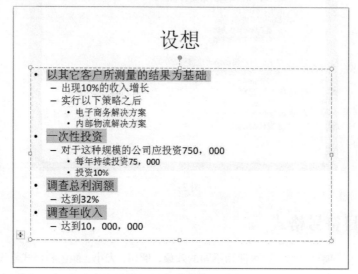

图 2-25

2. 在"开始"选项卡的"段落"组中，选择"项目符号"|"项目符号和编号"命令。

3. 单击"图片"按钮。

4. 选中一张图片后，单击"确定"按钮。

5. 按 Ctrl 键并且拖动鼠标，选择所有的二级标题，如图 2-26 所示。

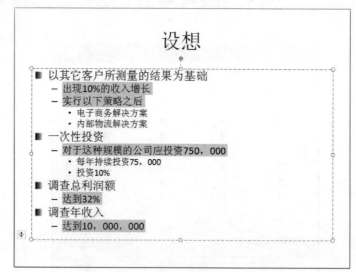

图 2-26

6. 右击所选文本，在弹出的快捷菜单中选择"项目符号"|"项目符号和编号"命令。

7. 在弹出的"项目符号和编号"对话框中，单击"自定义"按钮。

8. 在弹出的"符号"对话框中，在"字体"下拉列表框中选择 Wingdings 选项，如图 2-27 所示。

 按 W 键可以在"字体"下拉列表框中快速移动到以 W 字符开头的第一个字体。

符号
字体(F): Wingdings
近期使用过的符号(R):
Wingdings: 32
字符代码(C): 32
来自(M): 符号(十进制)
确定
取消

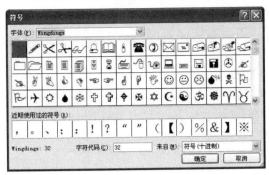

图 2-27

9. 任选一个符号，然后单击“确定”按钮。
10. 单击“颜色”下拉按钮，任选一种颜色，然后单击“确定”按钮。
11. 按Ctrl键并且拖动鼠标，选择所有的三级标题，如图 2-28 所示。

设想
以其它客户所测量的结果为基础
出现10%的收入增长
实行以下策略之后
电子商务解决方案
内部物流解决方案
一次性投资
对于这种规模的公司应投资750，000
每年持续投资75，000
投资10%
调查总利润额
达到32%
调查年收入
达到10，000，000

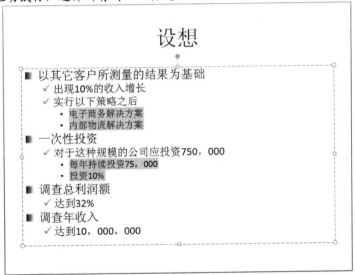

图 2-28

12. 在“开始”选项卡的“段落”组中，选择“项目符号”|“项目符号和编号”命令。
13. 在弹出的“项目符号和编号”对话框中，在“大小”微调框中输入 125。
14. 在该对话框中单击“颜色”下拉按钮，任选一种颜色，效果如图 2-29 所示。

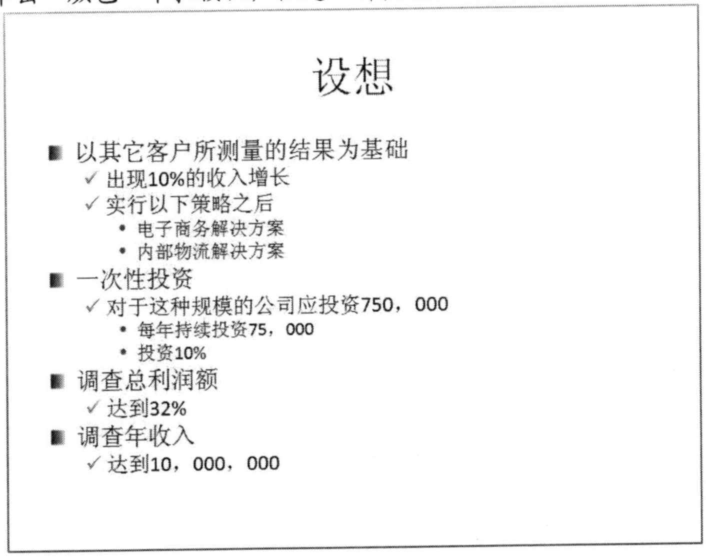

设想
以其它客户所测量的结果为基础
出现10%的收入增长
实行以下策略之后
电子商务解决方案
内部物流解决方案
一次性投资
对于这种规模的公司应投资750，000
每年持续投资75，000
投资10%
调查总利润额
达到32%
调查年收入
达到10，000，000

图 2-29

15. 另存文件为“设想 2-学生”。

技巧演练

本次演练中，将练习添加项目符号，提高或降低项目符号级别和设置项目符号格式。

1. 创建一个新的空白演示文稿。

2. 在"开始"选项卡的"幻灯片"组中，选择"版式"|"两栏内容"命令。

3. 输入标题"装备"，然后按 [Ctrl]+[Enter] 组合键移动到下一个内容框。

4. 输入项目文本，如图 2-30 所示。

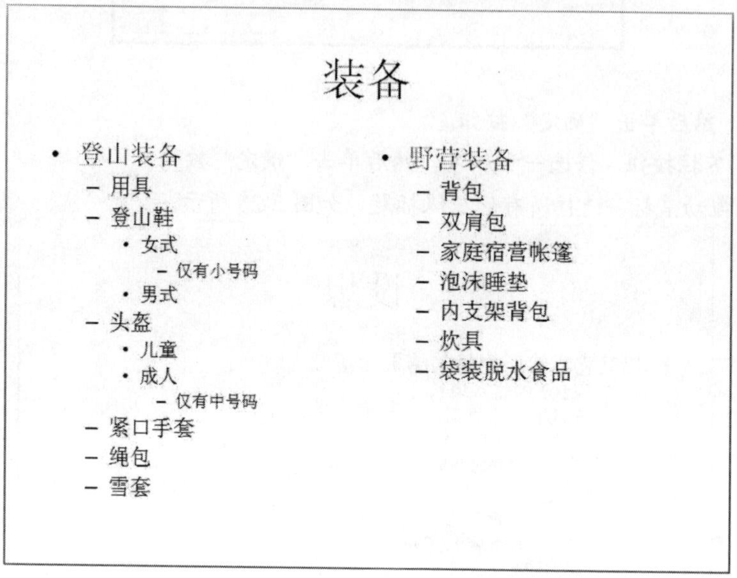

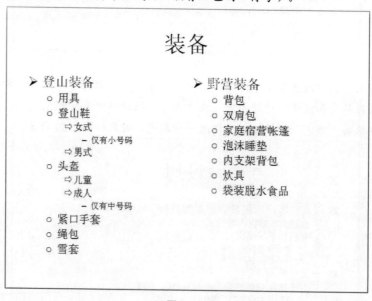

图 2-30

5. 按图 2-31 要求，设定各级项目符号格式（必须有红色的⇨符号）。

图 2-31

6. 删除第四级标题的项目符号，如图 2-32 所示。

7. 用"装备-学生"文件名保存该演示文稿。

8. 单击"Office 按钮"|"关闭"命令。

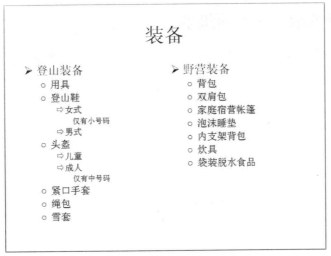

图 2-32

2.2.4 添加编号

编号列表是一种用数字组织演示文稿中列表的快速、简便的方法。

要添加编号，可选择一个或几个段落，然后使用下述方法之一：

- 在"开始"选项卡的"段落"组中，单击"编号"按钮。
- 在"开始"选项卡的"段落"组中，单击"编号"下拉按钮，在弹出的下拉列表中选择一种编号样式如图 2-33 所示。
- 右击，在弹出的快捷菜单中选择"编号"命令。

 如果要将项目符号变为编号，使用上述方法之一可激活编号功能，然后输入文本即可。

要删除或关闭列表中的编号，可选择一个或几个段落，然后使用下述方法之一：

- 在"开始"选项卡的"段落"组中，单击"编号"按钮。
- 在"开始"选项卡的"段落"组中，选择"编号"|"无"命令，如图 2-34 所示。

图 2-33

图 2-34

- 右击，在弹出的快捷菜单中选择"编号"|"无"命令。
- 将光标定位到该段落的开始处，按 Backspace 键。
- 按 Enter 键两次。

2.2.5 提高或降低编号文本的级别

可提高或降低编号文本的级别。用户可使用的编号级别高达九级，如图 2-35 所示。

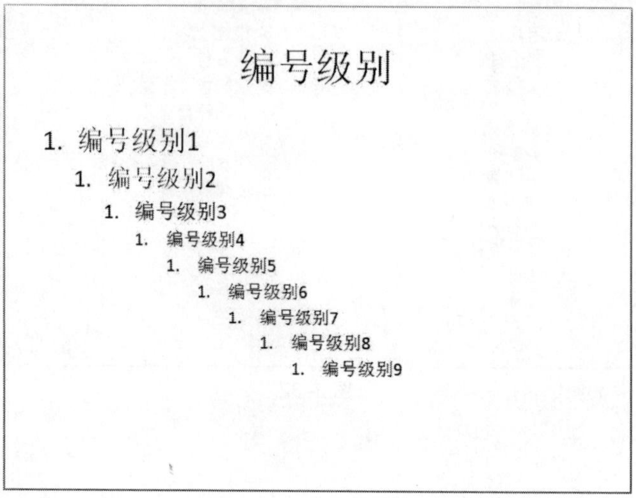

编号级别

1. 编号级别1
   1. 编号级别2
      1. 编号级别3
         1. 编号级别4
            1. 编号级别5
               1. 编号级别6
                  1. 编号级别7
                     1. 编号级别8
                        1. 编号级别9

图 2-35

要提高编号级别，可使用下述方法之一：
- 在"开始"选项卡的"段落"组中，单击"提高列表级别"按钮。
- 将光标定位到该编号段的开始处，按 Tab 键。
- 将光标定位到该编号段的开始处，按 Alt + Shift + → 组合键。

要降低编号级别，可使用下述方法之一：
- 在"开始"选项卡的"段落"组中，单击"降低列表级别"按钮。
- 将光标定位到该编号段的开始处，按 Shift + Tab 组合键。
- 将光标定位到该编号段的开始处，按 Alt + Shift + ← 组合键。

 技巧课堂

本次课堂中，将学习如何添加编号，以及提高和降低编号文本的级别。

1. 创建一个新的空白演示文稿。

2. 在"开始"选项卡的"幻灯片"组中，单击"版式"按钮，然后选择"标题和内容"版式。

3. 单击"单击此处添加标题"占位符，然后输入"设备"。

4. 单击"单击此处添加文本"占位符，在"开始"选项卡的"段落"组中，单击"编号"按钮。

5. 输入"救生设备"，然后按 Enter 键。

6. 输入"服装"，然后按 Enter 键。

7. 按 Tab 键，输入"体育服装"，然后按 Enter 键。

8. 按 Tab 键，输入"成年人体育服装"，然后按 Enter 键，输入"儿童体育服装"，按 Enter 键。

9. 按 Shift + Tab 组合键。输入"外套"，然后按 Enter 键。

10. 按 Tab 键。输入"成年人外套"，然后按 Enter 键，输入"儿童外套"，然后按 Enter 键。

11. 按 Shift + Tab 组合键两次，输入"山地车"，然后按 Enter 键。

12. 输入"渔饵和渔具"，然后按 Enter 键。

13. 在"开始"选项卡的"段落"组中，单击"提高列表级别"按钮。

14. 输入"鱼饵"，然后按 Enter 键。

15. 在"开始"选项卡的"段落"组中，单击"提高列表级别"按钮。

16. 输入"昆虫"，然后按 Enter 键，输入"蚯蚓"。

17. 在"开始"选项卡的"段落"组中，单击"降低列表级别"按钮。

18. 输入"鱼竿"，然后按 [Enter] 键。

19. 在"开始"选项卡的"段落"组中，单击"降低列表级别"按钮。

20. 输入"皮划艇和单人赛艇"。

21. 在"开始"选项卡的"段落"组中，单击"编号"按钮，效果如图 2-36 所示。

图 2-36

22. 单击快速访问工具栏上的"保存"按钮。

23. 在"文件名"文本框中输入"设备-学生"，然后单击"保存"按钮。

2.2.6 设置编号格式

一旦将编号加入文本，即可使用各种编号样式和效果设置编号的格式，如设置罗马数字的大/小写、大小、颜色和样式等。可对演示文稿中的所有文本占位符、单个文本占位符或指定段落等的编号应用编号样式。

要设置编号格式，可选择一个或几个段落，然后使用下述方法之一：

• 在"开始"选项卡的"段落"组中，选择"编号"|"项目符号和编号"命令。

• 在浮动工具栏中，选择"项目符号"|"项目符号和编号"命令。在弹出的"项目符号和编号"对话框中选择"编号"选项卡，如图 2-37 所示。

• 右击，在弹出的快捷菜单中选择"编号"|"项目符号和编号"命令。

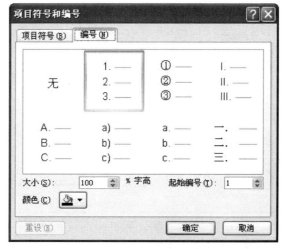

图 2-37

"项目符号和编号"对话框中"编号"选项卡中的选项功能如表2-3所示。

表2-3

大小	输入一个数字或使用微调按钮设置编号相对于文本的大小。数字越大，编号大小也越大，反之亦然
颜色	单击该下拉按钮，为编号选定颜色
起始编号	输入一个数字或使用递增按钮选定一个起始编号。例如，在为一组要点创建第三张幻灯片时，该幻灯片上从 7 而不是从 1 开始编号

技巧课堂

在本次课堂中，将学习设置编号的格式。

1. 按 Ctrl 键并且拖动鼠标，选择所有二级编号，如图 2-38 所示。

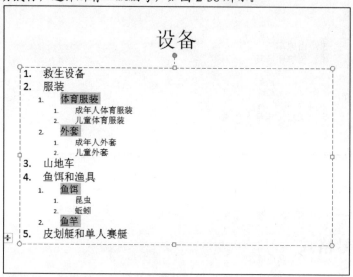

图 2-38

注：所有二级编号段落都被选中。

2. 在"开始"选项卡的"段落"组中，选择"编号"|"项目符号和编号"命令。

3. 在弹出的"项目符号和编号"对话框中的"大小"微调框中输入 75。

4. 选择"I, II, III"编号格式，然后单击"确定"按钮，效果如图 2-39 所示。

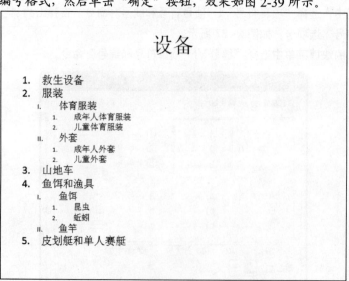

图 2-39

注：已将大小为 75% 的大写罗马数字编号应用到二级标题编号。

5. 按 Ctrl 键并且拖动鼠标，选择所有三级标题编号。

6. 右击所选文本，在弹出的快捷菜单中选择"编号"|"项目符号和编号"命令。

7. 在弹出的"项目符号和编号"对话框中，单击"颜色"下拉按钮，任选一种颜色。

8. 选择"a, b, c"编号格式。

9. 单击"确定"按钮，效果如图 2-40 所示。

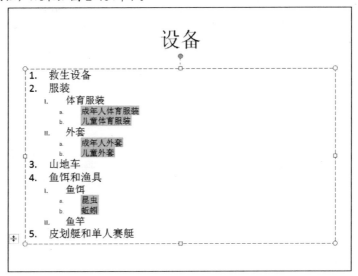

图 2-40

10. 以"设备 1-学生"文件名保存该演示文稿，然后关闭它。

 技巧演练

本次演练进一步练习添加编号、提高和降低编号的级别以及设置编号格式。

1. 创建一个新的空白演示文稿。

2. 在"开始"选项卡的"幻灯片"组中，选择"版式"|"两栏内容"版式。

3. 输入标题"调查"。

4. 输入如图 2-41 所示的编号文本。

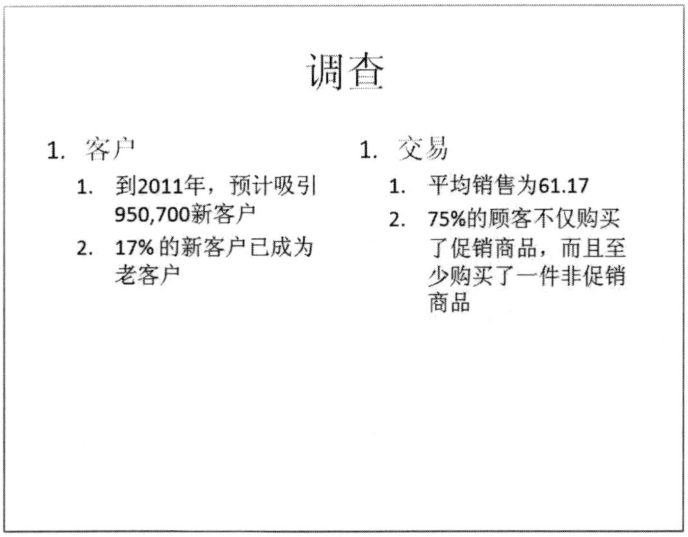

图 2-41

5. 按照图 2-42 所示，设置各级编号的格式，每一级编号使用不同的颜色。

6. 以"调查-学生"文件名保存该演示文稿，然后关闭它。

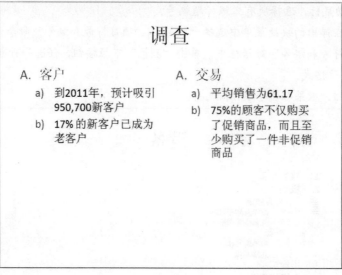

图 2-42

2.3 设置文本格式

文字构成了演示文稿的基础。花时间设置文本的格式可从各方面获得回报。格式化后的文本不仅更易阅读，而且使演示文稿中的幻灯片更具吸引力、更专业。PowerPoint 提供了很多可改变幻灯片中文本位置和外观的功能。

在输入文本中或输入文本后，用户都可应用格式特性。如果要在输入时设置格式，打开要使用的格式即可。例如启用加粗格式后，输入的文本就会成为加粗格式。当不再要求文本加粗时，关闭加粗格式即可。由于 PowerPoint 一直保持选择有效，可使用户随时应用或关闭一个或多个格式特性。因此，输入文本以后再设置其格式也很容易。例如，对选择的文本可设置其为加粗、斜体和下画线等格式。

2.3.1 设置文本字符格式

在幻灯片上输入文本时，字体、字号、颜色和效果等格式是由用户应用的主题所决定的。有多种方式可以方便地修改占位符中所选文本或全部文本的格式。在幻灯片的设计中，文本格式应具有视觉吸引力。

要应用文本格式功能，可使用下述方法之一：

- 在"开始"选项卡的"字体"组中（见图 2-43），包含着很多按钮。其中一些是切换按钮，即单击该按钮一次，打开它，再次单击则关闭它。
- 选择文本，然后单击浮动工具栏上的格式按钮，如图 2-44 所示。

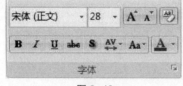

图 2-43

图 2-44

- 在"开始"选项卡的"字体"组中，单击"对话框启动器"按钮，弹出"字体"对话框，如图 2-45 所示。

> 也可按 Ctrl + T，Ctrl + Shift + F，Ctrl + Shift + P 等组合键，或右击文本，在弹出的快捷菜单中选择"字体"命令，弹出"字体"对话框。

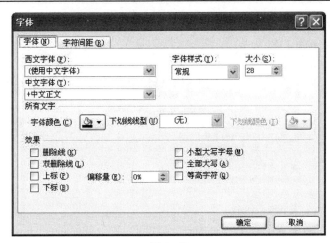

图 2-45

PowerPoint 提供了一些额外的格式工具以增强文本的外观。例如，改变字母的大/小写，可从全部大写变为标题大写或全部小写。

要改变文本的大/小写，可使用下述方法之一：

- 在"开始"选项卡的"字体"组中，单击"更改大小写"按钮。
- 按 (Shift)+(F3) 组合键。

用户可使用"字符间距"按钮调整字符之间的距离。当文本中字间距过小或大时，该功能非常有用。

要改变字符间距，可使用下述方法之一：

- 在"开始"选项卡的"字体"组中，单击"字符间距"按钮。
- 使用上面的方法显示"字体"对话框，然后选择"字符间距"选项卡，如图 2-46 所示。

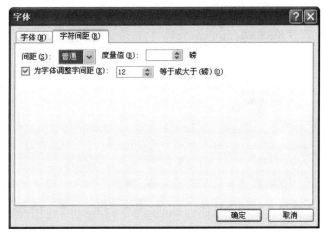

图 2-46

如果要删除指定文本中应用的所有格式，PowerPoint 提供了快速、方便的工具。要一次清除所有格式，可在"开始"选项卡的"字体"组中，单击"清除所有格式"按钮即可。

技巧课堂

本次课堂中，将学习如何设置演示文稿"设想 2-学生"中文本的格式。

1. 打开名为"设想 2-学生"的演示文稿。
2. 选择标题"设想"，在"开始"选项卡的"字体"组中，单击"字体"下拉按钮，然后选择"黑体"。

 也可单击文本占位符的边框，选择占位符中的全部内容。

3. 在"开始"选项卡的"字体"组中，选择"字号"为 60。选择"字体颜色"为"深蓝"，单击"文字阴影"按钮，效果如图 2-47 所示。

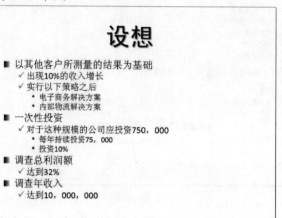

图 2-47

4. 选择项目符号列表占位符，然后在"开始"选项卡的"字体"组中，单击"减小字号"按钮两次。

5. 选择所有一级项目符号，然后在"开始"选项卡的"字体"组中，单击"加粗"按钮，单击"下画线"按钮，效果如图 2-48 所示。

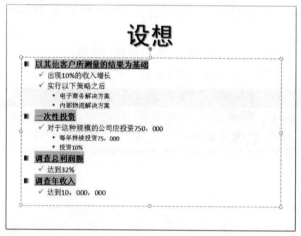

图 2-48

6. 选择所有二级项目符号，然后在"开始"选项卡的"字体"组中，单击"倾斜"按钮。

7. 选择文本"内部物流解决方案"，然后在"开始"选项卡的"字体"组中，单击"删除线"按钮，效果如图 2-49 所示。

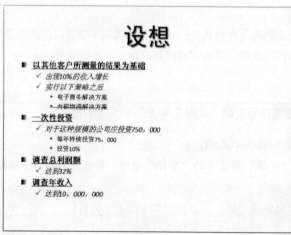

图 2-49

8. 选择所有一级项目符号，然后在"开始"选项卡的"字体"组中，单击"对话框启动器"按钮。

9. 选中"全部大写"复选框，然后单击"确定"按钮。

10. 选择所有二级项目符号，然后在"开始"选项卡的"字体"组中，单击"对话框启动器"按钮。

11. 选中"小型大写字母"复选框，然后单击"确定"按钮。

12. 选择文本"内部物流解决方案"，然后按 Ctrl + T 组合键。

13. 选中"双删除线"复选框，然后单击"确定"按钮，效果如图 2-50 所示。

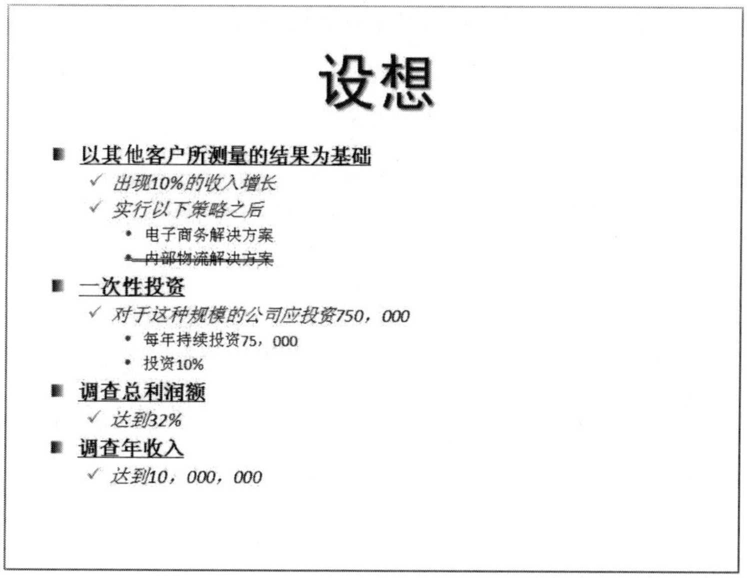

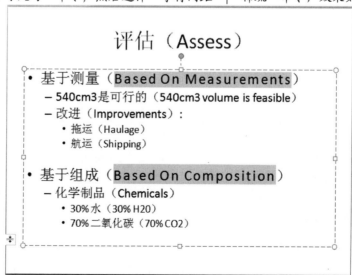

图 2-50

14. 以"设想 3-学生"文件名保存该演示文稿，然后关闭它。

 技巧演练

本次演练将使用"原理"演示文稿进一步练习设置文本格式。

1. 打开名为"原理"的演示文稿。

2. 单击项目符号列表占位符，然后在"开始"选项卡的"字体"组中，单击"清除所有格式"按钮。

3. 选择所有一级项目符号中的英文，然后在"开始"选项卡的"字体"组中，选择"更改大小写"|
"每个单词首字母大写"命令；然后选择"字符间距"|"稀疏"命令，效果如图 2-51 所示。

图 2-51

注：一级项目符号文本的各字符之间空白增大，使文本更易于阅读。

4. 在第二个项目符号文本中选择字符"3"，然后在"开始"选项卡的"字体"组中，单击"对话框启动器"按钮。

5. 在弹出的"字体"对话框中，选中"上标"复选框，单击"确定"按钮。

6. 在倒数第二个项目符号文本中选择字符"2"，然后按 Ctrl + T 组合键，在弹出的"字体"对话框中选中"下标"复选框，单击"确定"按钮。

7. 在最后一个项目符号文本中选择字符"2"，然后按 Ctrl + T 组合键，在弹出的"字体"对话框中选中"下标"复选框，单击"确定"按钮，效果如图 2-52 所示。

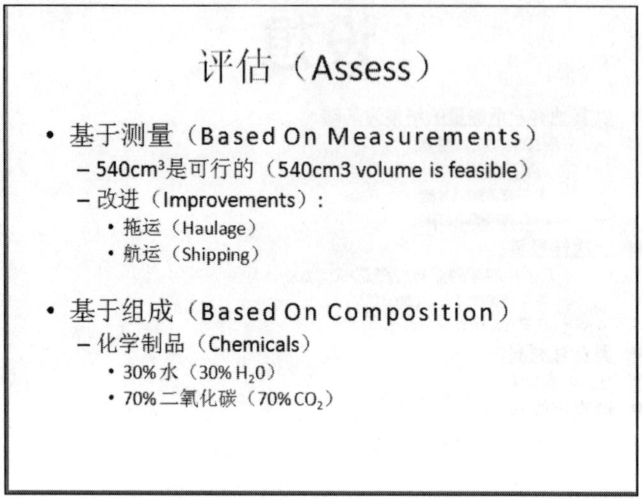

图 2-52

注：通过使用"上标"和"下标"功能，用户可对文本设置恰当的格式。

8. 选择标题"评估（Assess）"，然后按 Ctrl + T 组合键。

9. 在弹出的"字体"对话框中，选择"等高字符"复选框，单击"确定"按钮，效果如图 2-53 所示。

图 2-53

注："等高字符"将大写和小写字符转变为同一高度，从而突出了标题。

10. 将该演示文稿另存为"原理 2-学生"，然后关闭它。

2.3.2 设置段落格式

在幻灯片上输入段落时，用户利用对齐方式、行距、缩进和间距等设置其格式，而这些因素均由用户应用的主题和版式决定。有多种方式可以方便地改变所有段落的格式。在幻灯片的设计中，段落格式应该美观、易读。

要应用段落格式功能，可使用下述方法之一：

- 在"开始"选项卡的"段落"组中，单击适当的按钮，如图2-54所示。
- 选择文本，然后单击浮动工具栏上适当的格式按钮，如图2-55所示。

图 2-54

图 2-55

- 在"开始"选项卡的"段落"组中，单击"对话框启动器"按钮，弹出"段落"对话框，如图2-56所示。

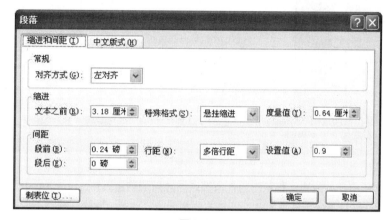
图 2-56

行距是指段落中每行文本之间的垂直间距。该功能可忽略文本中应用的字体和字号，使每行之间的间隔均匀。

要改变行距，可使用下述方法之一：

- 在"开始"选项卡的"段落"组中，单击"行距"按钮。
- 在"开始"选项卡的"段落"组中，单击"对话框启动器"按钮。
- 右击所选文本，在弹出的快捷菜单中选择"段落"命令。

段间距是指每段前后的间隔量。使各段之间的间隔相同可使段落具有一致的外观。

要改变段落前后的间隔，可使用下述方法之一：

- 在"开始"选项卡的"段落"组中，选择"行距"|"行距选项"命令。弹出"段落"对话框，单击"行距"下拉按钮后，设置行距值，如图2-57所示。

图 2-57

- 在"开始"选项卡的"段落"组中，单击"对话框启动器"按钮。弹出"段落"对话框，单击"行距"下拉按钮后，设置行距值。
- 右击所选文本，在弹出的快捷菜单中选择"段落"命令。弹出"段落"对话框，单击"行距"下拉按钮后，设置行距值。

当一种段落格式应用到所选文本时，功能区中对应的按钮会改变颜色。例如，以下显示出单击"文本左对齐"按钮后的效果。

2.3.3 缩进文本

在PowerPoint中可方便、快捷地设置和调节缩进，这对管理项目符号和编号列表尤其有用。缩进就是段落相对于正常页边空白的偏移。要有效地处理缩进，必须查看PowerPoint标尺。

要显示标尺，在"视图"选项卡的"显示/隐藏"组中，选中"标尺"复选框，如图2-58所示。

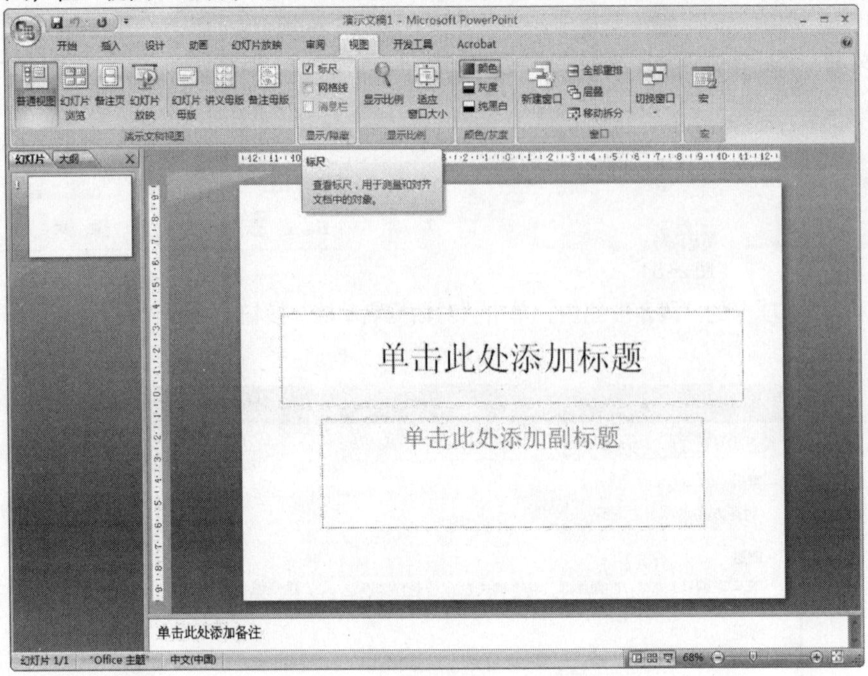

图 2-58

缩进标记位于水平标尺的左边，标示出当前所选段落应用的缩进。PowerPoint 中有三个缩进标记，提供了三种类型的缩进。标尺上缩进标记的第一个标示段落的第一行缩进多少，第二个标示段落中除第一行外的其他所有行的缩进位置，第三个标示段落相对于页面左边缩进位置。

水平标尺上的缩进标记只有在单击了文本占位符后才可用。

可使用下述方法之一设置缩进标记的位置：
- 在"段落"对话框（在"开始"选项卡的"段落"组中）中设置缩进选项，如图2-59所示。
- 在"开始"选项卡的"段落"组中，单击"降低列表级别"按钮或"提高列表级别"按钮。
- 向水平标尺上的左边或右边拖动缩进标记，如图2-60所示。

缩进
文本之前(R): 0 厘米 特殊格式(S): (无) 度量值(Y):

图 2-59

首行缩进 ——┐   ┌—— 悬挂缩进
                       └— 左缩进

图 2-60

各种缩进的介绍如表2-4所示。

表 2-4

首行缩进	段落的第一行到左页边空白的缩进
悬挂缩进	通过沿标尺移动左缩进至更远的位置实现落其他行到页边空白的缩进。常用于项目符号和编号列表
左缩进	到左页边空白的缩进

技巧课堂

本次课堂中，将在"议程"演示文稿中学习使用段落对齐方式和行间距。

1. 打开名为"议程"的演示文稿。

2. 单击"投资回报"占位符。

3. 在"开始"选项卡的"段落"组中，单击"文本左对齐"按钮。

4. 单击"议程"占位符。

5. 在"开始"选项卡的"段落"组中，单击"居中"按钮。

6. 单击项目符号列表占位符。

7. 在"开始"选项卡的"段落"组中，单击"两端对齐"按钮。

8. 单击"咨询"占位符。

9. 在"开始"选项卡的"段落"组中，单击"居中"按钮。

演示文稿的效果如图 2-61 所示。

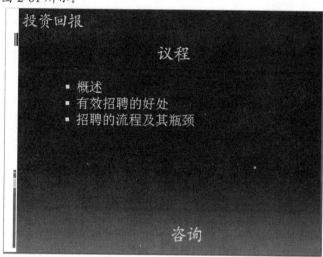

图 2-61

10. 单击项目符号列表占位符。

11. 在"开始"选项卡的"段落"组中，选择"行距"为 1.5，效果如图 2-62 所示。

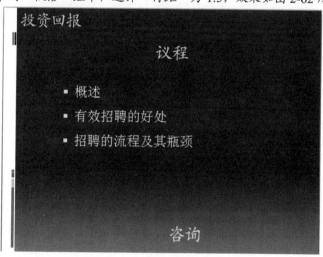

图 2-62

12. 将该演示文稿另存为"议程-学生"，然后关闭它。

 技巧演练

本次演练将在"状况"演示文稿中进一步练习段落格式的缩进和间距。

1. 打开名为"状况"的演示文稿。

2. 单击项目符号列表占位符。

3. 在"开始"选项卡的"段落"组中，单击"对话框启动器"按钮。

4. 在弹出的"段落"对话框中，在"段前"微调框中输入"0 磅"。在"段后"微调框中输入"12 磅"。

5. 在"特殊格式"下拉列表框中选择"首行缩进"选项。在"度量值"微调框中输入"2.5 厘米"。

6. 在"文本之前"微调框中输入"0 厘米"。然后单击"确定"按钮，效果如图 2-63 所示。

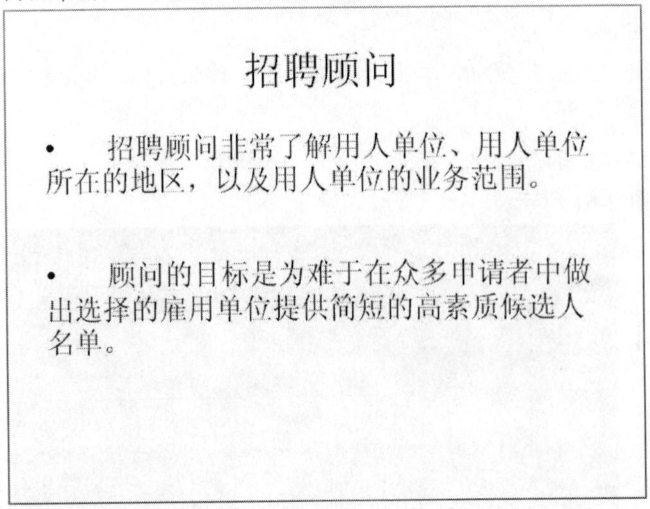

招聘顾问

- 　　招聘顾问非常了解用人单位、用人单位所在的地区，以及用人单位的业务范围。

- 　　顾问的目标是为难于在众多申请者中做出选择的雇用单位提供简短的高素质候选人名单。

图 2-63

7. 将该演示文稿另存为"状况-学生"，然后关闭它。

2.3.4 使用格式刷

　　使用格式刷可将一部分文本的格式复制到另一部分上，从而节省了手动设置各部分文本格式的时间。格式刷可用来将格式复制到一段或多段文本上。

　　要使用格式刷将一部分文本的格式复制到另一部分上，先选择带有要复制其格式的文本。在"开始"选项卡的"剪贴板"组中，单击"格式刷"按钮，然后选择要应用该格式的文本。

　　要将一部分文本的格式复制到多段文本上，可在"开始"选项卡的"剪贴板"组中，双击"格式刷"按钮，然后选择每一部分要应用该格式的文本。此过程中，鼠标指针将显示为 🖌I。完成后，再次单击"格式刷"按钮关闭该功能。

技巧课堂

本次课堂中，将在"摘要"演示文稿中学习使用格式刷。

1. 打开名为"摘要"的演示文稿。

2. 选择文本"以其他客户所测量的结果为基础"。

3. 在"开始"选项卡的"剪贴板"组中，单击"格式刷"按钮。

4. 选择文本"一次性投资"。

5. 在"开始"选项卡的"剪贴板"组中，单击"格式刷"按钮。

6. 选择文本"调查总利润额"。

7. 在"开始"选项卡的"剪贴板"组中，单击"格式刷"按钮。

8. 选择文本"调查年收入"。

9. 选择文本"出现 10%的收入增长"。

10. 在"开始"选项卡的"剪贴板"组中，双击"格式刷"按钮。

11. 拖动鼠标选择文本"实行以下策略之后"。

12. 拖动鼠标选择文本"对于这种规模的公司应投资 750 000"。

13. 拖动鼠标选择文本"达到 32%"。

14. 拖动鼠标选择文本"达到 10 000 000"。

15. 在"开始"选项卡的"剪贴板"组中，双击"格式刷"按钮，停止格式复制。

16. 选择文本"电子商务解决方案"。

17. 在"开始"选项卡的"剪贴板"组中，双击"格式刷"按钮。

18. 拖动鼠标选择文本"内部物流解决方案"。

19. 拖动鼠标选择文本"每年持续投资 75 000"。

20. 拖动鼠标选择文本"投资 10%"。

21. 在"开始"选项卡的"剪贴板"组中，单击"格式刷"按钮，停止格式复制，效果如图 2-64 所示。

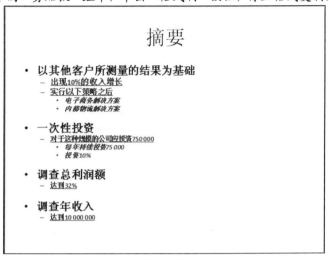

图 2-64

22. 将该演示文稿另存为"摘要 1-学生"，然后关闭它。

2.3.5　在文本上使用快速样式

快速样式合并了各种格式选项，并在快速样式库中显示其缩略图。当鼠标指针指向一个快速样式缩略图时，可看见该快速样式如何改变文本格式。

要在文本上应用快速样式，在"开始"选项卡的"绘图"组中，单击"快速样式"下拉按钮，弹出下拉列表，如图 2-65 所示。

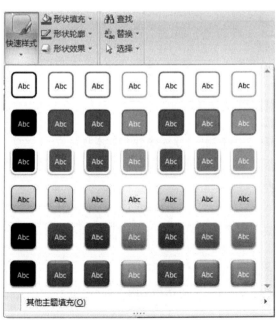

图 2-65

移动鼠标指针指向快速样式库中的选项，即可预览该快速样式应用在幻灯片中的效果。

可用的快速样式取决于用户选择的主题。

技巧课堂

本次课堂中，在名为"摘要"的当前演示文稿中学习如何将快速样式应用到文本中。

1. 打开"摘要 1-学生"演示文稿，单击标题占位符。

2. 在"开始"选项卡的"绘图"组中，选择"快速样式"|"强烈效果-强调颜色 1"命令。

3. 单击项目符号列表占位符。在"开始"选项卡的"绘图"组中，选择"快速样式"|"细微效果-强调颜色 1"命令，如图 2-66 所示。

图 2-66

4. 将该演示文稿另存为"摘要 2-学生"，然后关闭它。

2.4 操作文本内容

操作文本是指使用户能编辑、剪切、复制、粘贴所选的文本或文本占位符的功能。

2.4.1 剪切、复制和粘贴文本

在编辑演示文稿时，用户可能需要将一张幻灯片上的文本移至另一张幻灯片。可使用"剪切"、"复制"和"粘贴"功能完成这些工作。"剪切"是从一个地方删除文本，"复制"是产生文本的一个副本，"粘贴"是将剪切或复制的文本放在另外一个位置。

剪切文本是将文本从当前位置删除。选择要剪切的文本，然后使用下述方法之一：
- 在"开始"选项卡的"剪贴板"组中，单击"剪切"按钮。
- 按 Ctrl + X 组合键。
- 右击，在弹出的快捷菜单中选择"剪切"命令。

复制文本，首先要选择复制的文本，然后使用下述方法之一：
- 在"开始"选项卡的"剪贴板"组中，单击"复制"按钮。
- 按 Ctrl + C 组合键。
- 右击，在弹出的快捷菜单中选择"复制"命令。

要粘贴，首先要单击目标粘贴位置，然后使用下述方法之一：

- 在"开始"选项卡的"剪贴板"组中，单击"粘贴"按钮。
- 按Ctrl+V组合键。
- 右击，在弹出的快捷菜单中选择"粘贴"命令。

要粘贴特殊项目，单击目标位置，在"开始"选项卡的"剪贴板"组中，选择"粘贴"|"选择性粘贴"命令。当需要使粘贴的项目保持以前的格式或文件类型时，如图片或多格式文本，可使用该命令。

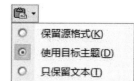

一旦在幻灯片上粘贴了一个项目，"粘贴选项"按钮出现。单击该按钮查看其他处理粘贴项的选项，如图 2-67 所示。

图 2-67

技巧课堂

本次课堂中，将在"招聘"演示文稿中练习剪切、复制和粘贴文本。

1. 打开"招聘"演示文稿。
2. 在"幻灯片"选项卡中单击幻灯片 1。
3. 单击"Subject to Review"占位符，选择该文本框。
4. 在"开始"选项卡的"剪贴板"组中，单击"剪切"按钮。
5. 单击"幻灯片"选项卡中的幻灯片 2。
6. 在"开始"选项卡的"剪贴板"组中，单击"粘贴"按钮，效果如图 2-68 所示。

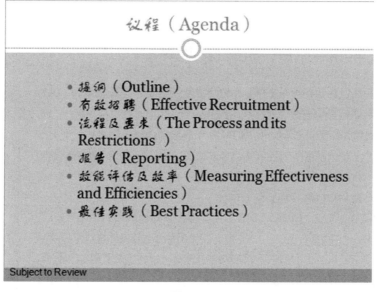

图 2-68

7. 单击"幻灯片"选项卡中的幻灯片 3。
8. 在"开始"选项卡的"剪贴板"组中，单击"粘贴"按钮。
9. 单击"幻灯片"选项卡中的幻灯片 1。
10. 单击"招聘活动的收获"占位符
11. 在"开始"选项卡的"剪贴板"组中，单击"复制"按钮。
12. 单击"幻灯片"选项卡中的幻灯片 4。
13. 在"开始"选项卡的"剪贴板"组中，单击"粘贴"按钮。
14. 向下拖动该占位符，效果如图 2-69 所示。
15. 将该演示文稿另存为"招聘 1-学生"，然后关闭它。

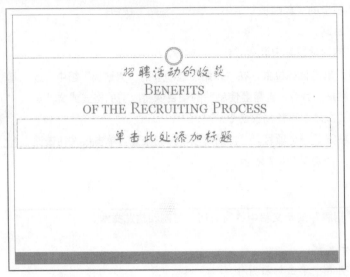

图 2-69

2.4.2　使用 Office 剪贴板

使用 Office 剪贴板可以剪切、复制多项内容。用户可以选择被剪切或复制的项，然后将其粘贴到剪贴板以便稍后使用。剪贴板上可保存多达 24 项剪贴内容，并自行安排其次序。

要查看 Office 剪贴板，在"开始"选项卡的"剪贴板"组中，单击"对话框启动器"按钮。

可以剪切或复制任何内容到剪贴板中。在剪切或复制内容到剪贴板中时，这些内容在剪贴板中的顺序与它们被剪切或复制的顺序一致。可将内容按照自己的想法粘贴到任何位置，例如，可复制演示文稿中幻灯片 4 的某项内容，然后粘贴到另一个演示文稿的幻灯片 7 中。还可复制演示文稿中幻灯片 4 的某项内容，然后粘贴到同一个演示文稿的幻灯片 12 中。

"剪贴板"任务窗格中的各按钮功能介绍如下：

- 剪贴板中存在项目时，可单击"全部清空"按钮立即清除所有的项目。
- 单击剪贴板中一个项目右边的下拉按钮，在弹出的下拉列表中选择"粘贴"命令（见图 2-70），即可将该项粘贴到当前位置。如果选择"删除"命令，将从剪贴板中删除该项。
- 单击"全部粘贴"按钮，能够按照列表中的顺序粘贴所有的项目。例如，可以按同一顺序同时粘贴剪贴板中的每个项目，以此为幻灯片添加内容。
- 单击"选项"下拉按钮可设置剪贴板的工作方式，例如，按 Ctrl + C 组合键两次后，自动显示剪贴板，复制时在任务栏附近显示状态等。

要关闭剪贴板，单击"剪贴板"窗格右上角的"关闭"按钮。

图 2-70

 技巧课堂

本次课堂中，将在"设想－学生"演示文稿中练习使用 Office 剪贴板。

1. 打开"设想－学生"演示文稿。在"开始"选项卡的"幻灯片"组中，单击"新建幻灯片"按钮三次。

2. 在"开始"选项卡的"剪贴板"组中，单击"对话框启动器"按钮。

注：剪贴板里已有了项目。这是因为 PowerPoint 保留剪切和复制到剪贴板的最近的项目。既然这样，那么前面练习中的步骤 7 ~ 13 就会产生这些项目。

3. 单击"全部清空"按钮，清除所有项目。

4. 单击"幻灯片"选项卡中的幻灯片 1。

5. 双击文本"设想"，选择该标题文本。

6. 在"开始"选项卡的"剪贴板"组中，单击"复制"按钮。

7. 单击第二个一级项目符号，选择该项目文本及其所属子项目文本。

8. 在"开始"选项卡的"剪贴板"组中，单击"剪切"按钮。

9. 单击第二个一级项目符号，选择该项目文本及其所属子项目文本。

10. 在"开始"选项卡的"剪贴板"组中，单击"剪切"按钮。

11. 单击第二个一级项目符号，选择该项目文本及其所属子项目文本。

12. 在"开始"选项卡的"剪贴板"组中，单击"剪切"按钮。

注："剪贴板"任务窗格中有四个项目，如图 2-71 所示。

13. 单击"幻灯片"选项卡中的幻灯片 2。单击"单击此处添加标题"占位符，然后单击"剪贴板"任务窗格中最后一项。

14. 单击"幻灯片"选项卡中的幻灯片 3。单击"单击此处添加标题"占位符，然后单击"剪贴板"任务窗格中最后一项。

15. 单击"幻灯片"选项卡中的幻灯片 4。单击"单击此处添加标题"占位符，然后单击"剪贴板"任务窗格中最后一项。

16. 单击"剪贴板"任务窗格中最后一项右边的下拉按钮，在弹出的下拉列表框中"删除"命令。

17. 单击"幻灯片"选项卡中的幻灯片 2。单击"单击此处添加文本"占位符，然后单击"剪贴板"任务窗格中最后一项。

18. 单击"幻灯片"选项卡中的幻灯片 3。单击"单击此处添加文本"占位符，然后单击"剪贴板"任务窗格中倒数第二项。

图 2-71

19. 单击"幻灯片"选项卡中的幻灯片 4。单击"单击此处添加文本"占位符，然后单击"剪贴板"任务窗格中倒数第三项，效果如图 2-72 所示。

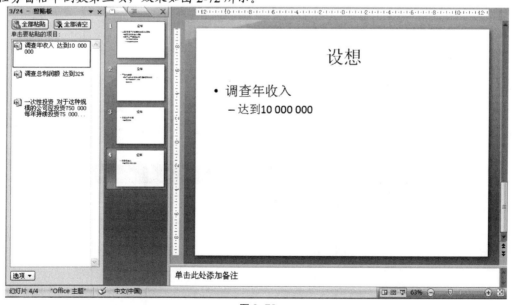

图 2-72

20. 单击"全部清空"按钮。

21. 单击"剪贴板"任务窗格右上角的"关闭"按钮。

22. 将该演示文稿另存为"设想 4-学生"，然后关闭它。

技巧演练

本次演练中，将在"装备 2－学生"演示文稿中进一步练习使用 Office 剪贴板进行剪切、复制和选择性粘贴。

1. 打开"设备 1–学生"演示文稿。在"开始"选项卡的"幻灯片"组中，单击"新建幻灯片"按钮四次。

2. 在"开始"选项卡的"剪贴板"组中，单击"对话框启动器"按钮。

3. 单击幻灯片选项卡中的幻灯片 1，双击文本"设备"，选择该标题文本。

4. 在"开始"选项卡的"剪贴板"组中，单击"复制"按钮。

5. 单击"幻灯片"选项卡中的幻灯片 2。单击"单击此处添加标题"占位符，然后单击"剪贴板"任务窗格中的"设备"选项。

6. 对幻灯片 3、4、5 重复步骤 5。

7. 单击"剪贴板"任务窗格上的"全部清空"按钮。

8. 单击"幻灯片"选项卡中的幻灯片 1。

9. 单击第二个一级项目符号，选择该项目文本及其所属子项目文本，如图 2-73 所示。

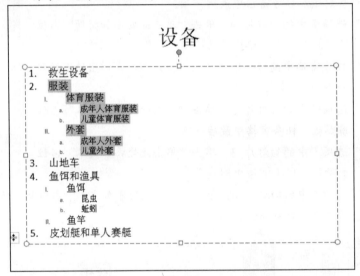

图 2-73

10. 在"开始"选项卡的"剪贴板"组中，单击"剪切"按钮。

11. 单击"幻灯片"选项卡中的幻灯片 2。单击"单击此处添加文本"占位符。

12. 在"开始"选项卡的"剪贴板"组中，选择"粘贴"|"选择性粘贴"命令，弹出"选择性粘贴"对话框，如图 2-74 所示。

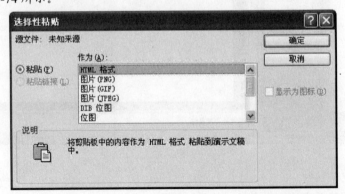

图 2-74

13. 在"作为"列表框中，选择"无格式文本"选项，然后单击"确定"按钮，如图 2-75 所示。

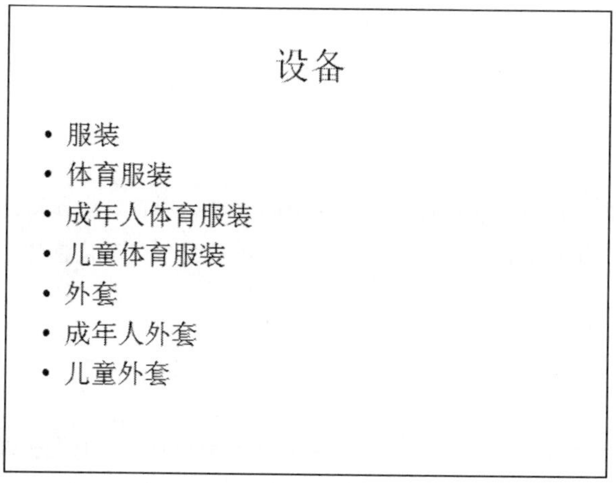

设备
• 服装
• 体育服装
• 成年人体育服装
• 儿童体育服装
• 外套
• 成年人外套
• 儿童外套

图 2–75

14. 单击“幻灯片”选项卡中的幻灯片 1。

15. 单击第三个一级项目符号，选择该项目文本及其所属子项目文本，如图 2-76 所示。

设备
1. 救生设备
2. 山地车
3. 鱼饵和渔具
I. 鱼饵
a. 昆虫
b. 蚯蚓
II. 鱼竿
4. 皮划艇和单人赛艇

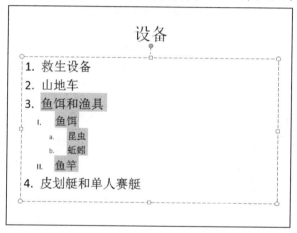

图 2–76

16. 在“开始”选项卡的“剪贴板”组中，单击“剪切”按钮。

17. 单击“幻灯片”选项卡中的幻灯片 3，然后单击“单击此处添加文本”占位符。

18. 在“开始”选项卡的“剪贴板”组中，选择“粘贴”|“选择性粘贴”命令。

19. 在弹出的“选择性粘贴”对话框中的“作为”列表框中，选择“无格式文本”选项，然后单击“确定”按钮，效果如图 2-77 所示。

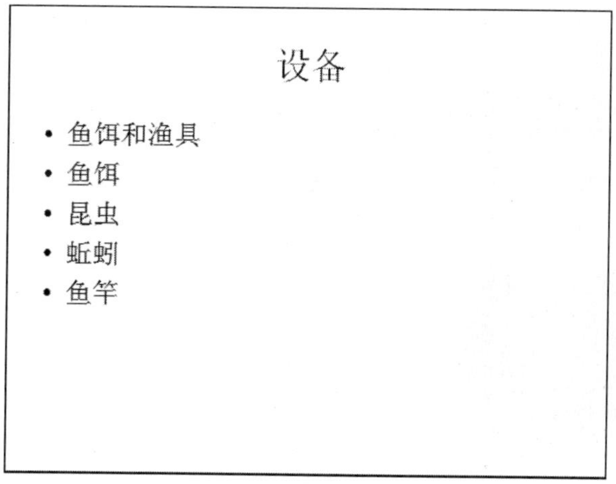

设备
• 鱼饵和渔具
• 鱼饵
• 昆虫
• 蚯蚓
• 鱼竿

图 2–77

20. 关闭“剪贴板”任务窗格。并将该演示文稿另存为“设备 2–学生”，然后关闭它。

2.4.3 使用拖放

使用拖放移动文本

使用拖放操作能够移动和重新排列幻灯片中的文本和项目，当拖动选择文本并将其移动到另外一个位置时，鼠标指针变为四向箭头，如左图所示。在新位置释放鼠标，即可将文本放置在该处。

使用拖放复制文本

可以使用拖放操作复制和重新排列幻灯片的文本和项目。按住 Ctrl 键，拖动所选的文本，此时鼠标指针如左图所示。拖动到新位置然后释放鼠标，即可将文本的副本放置在适当的位置。

 技巧课堂

本次课堂中，将学习使用拖放操作移动和复制演示文稿"装备–学生"中的占位符和文本。

1. 打开"装备–学生"演示文稿，并将幻灯片窗口缩减至 65%。

2. 将幻灯片窗口中左边的占位符向左拖出幻灯片，效果如图 2-78 所示。

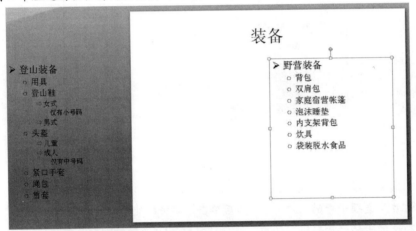

图 2-78

3. 拖动其右边的占位符到幻灯片左边，效果如图 2-79 所示。

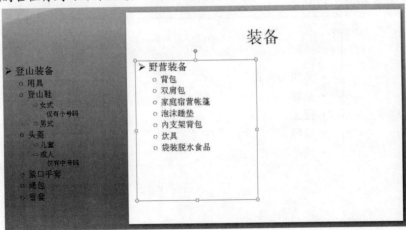

图 2-79

4. 拖动已在幻灯片窗口外的左边占位符到幻灯片右边，此时就完成了两个占拉符的交换，效果如图 2-80 所示。

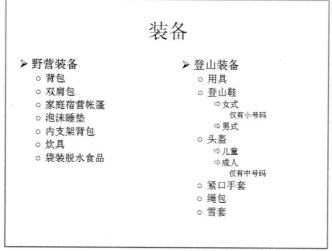

图 2-80

5. 选择项目符号文本"炊具"，向上拖动该文本至"野营装备"之下。

6. 继续向上或向下拖动其他项目符号文本，使其具有如图 2-81 所示的效果。

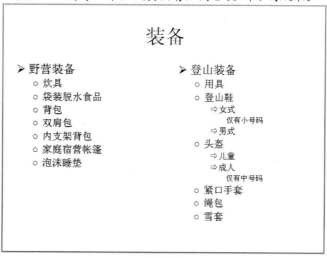

图 2-81

7. 按住 Ctrl 键，将文本"背包"拖动到右边占位符的"登山鞋"之上。

8. 按住 Ctrl 键，将文本"袋装脱水食品"拖动到右边占位符的"登山鞋"之上，效果如图 2-82 所示。

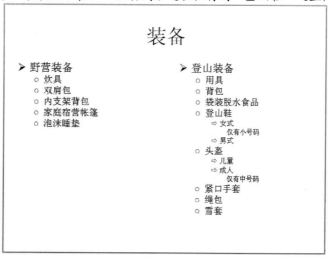

图 2-82

9. 将该演示文稿另存为"装备 1-学生"，然后关闭它。

2.5 小结

完成本课之后，应熟练掌握下面概念：

☑ 插入、修改和删除文本 ☑ 创建项目符号列表和编号列表并设置其格式

☑ 设置文本格式 ☑ 剪切、复制和粘贴文本

☑ 设置缩进 ☑ 使用校对工具

2.6 习题

1. 使用哪一个格式命令可以设置度数符号（如 360°）格式？

2. 如何改变演示文稿中拼写检查器所用的语言？

3. 如何用相似的词（同义词）替换一个词？

4. 在列表中，编号文本或项目符号最多有几级？

5. 要增大项目符号列表的字号，同时保持各级的字号的相对大小，单击哪一个按钮？

6. 列出 PowerPoint 中的四种文本对齐方式？

7. 什么是快速样式？

8. 列出 PowerPoint 中的三种文本缩进方式？

9. 如何将格式从一个段落复制到另一个段落？

10. 如何剪切多个项目，并在稍后同时粘贴它们？

11. 如何将项目从一张幻灯片移动到另一张幻灯片？

12. 如何紧缩标题上字符间的空隙？

3

Lesson

处理文本内容

课程目标

本课目标是检查用于设置演示文稿中文本框和艺术字格式的各种功能。成功地学完本课后，应能完成下面的操作：

☑ 插入、修改和删除文本框　　　　☑ 设置文本框格式

☑ 设置制表位　　　　　　　　　　☑ 创建、修改和删除艺术字

☑ 设置艺术字格式

本课内容涉及下面的命令按钮：

"开始"选项卡

"插入"选项卡　　　　　　　　　　"视图"选项卡

"绘图工具 | 格式"选项卡

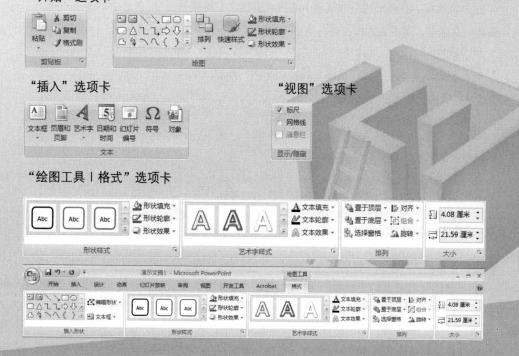

3.1 使用文本框

在幻灯片上输入文本可使用占位符，还可使用文本框。文本框是图形对象，它根据用户输入文本的数量自动放大和缩小，并且包含在连续行中放置文本的文字环绕功能。

使用文本框可将文本放置在幻灯片的任何位置，例如，文本占位符之外。插入文本框并放置在图片附近即可为图片加上标题，效果如图 3-1 所示。

图 3-1

 由于文本框是图形对象，所以在文本框中输入的文本不会在演示文稿大纲中出现。

3.1.1 插入和删除文本框

在幻灯片上可根据自己的需要插入多个文本框，不再需要时也可删除它们。要插入文本框，可使用下述方法之一：

- 在"插入"选项卡的"文本"组中，单击"文本框"按钮。
- 按 Ctrl + Shift + Enter 组合键。
- 右击文本框，在弹出的快捷菜单中选择"退出文字编辑"命令。

要删除文本框，单击文本框占位符边框，然后使用下述方法之一：

- 按 Delete 键。
- 在"开始"选项卡的"剪贴板"组中，单击"剪切"按钮。
- 按 Ctrl + X 组合键。
- 右击所选文本，在弹出的快捷菜单中选择"剪切"命令
- 右击文本框占位符，然后单击浮动工具栏上的"剪切"按钮。

要移动所选的文本框，可使用下述方法之一：

- 使用图 3-2 所示的鼠标指针拖动文本框占位符。
- 按箭头键或按住 Ctrl 键后再按箭头键进行小幅移动。

图 3-2

3.1.2 选择文本框

要选择文本框，可使用下述方法之一：

- 在"开始"选项卡的"编辑"组中，单击"选择"下拉按钮，在弹出的下拉菜单中选择"全选"命令。
- 按 Ctrl + A 组合键，选择幻灯片上的所有文本框。
- 拖动鼠标框选所有文本框。

- 按住 Shift 键或 Ctrl 键后，逐个单击文本框，即可选择多个文本框，如图 3-3 所示。

文本框被选择时，文本框的控制柄就显示出来。

使用选择窗格

可使用选择窗格，也称为"选择和可见性"任务窗格，如图 3-4 所示。选择包括文本框的单个对象，并且更改其次序、名称和可见性。

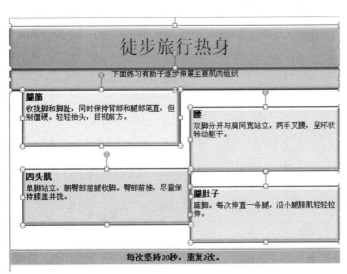

图 3-3   图 3-4

要打开选择窗格，可使用下述方法之一：
- 在"开始"选项卡的"编辑"组中，选择"选择"|"选择窗格"命令。
- 在"开始"选项卡的"绘图"组中，选择"排列"|"选择窗格"命令。
- 在"绘图工具 | 格式"选项卡的"排列"组中，单击"选择窗格"按钮。

在选择窗格中可进行如下操作：

要选择一个文本框，可单击该文本框。

要选择一组文本框，可按住 Ctrl 键，然后逐个单击文本框。

要在名称无意义的文本框上添加有帮助意义的名称，单击文本框两次，或按 F2 键，输入一个名称后按 Enter 键。

要避免文本框被选中或隐藏文本框，可单击该文本框名称右边的"眼睛"按钮。这使用户在处理许多其他的文本框时，可避免该文本框的干扰。再次单击该按钮将使该文本框可见。

要隐藏一张幻灯片上的所有文本框，单击"全部隐藏"按钮。

要显示一张幻灯片上的所有文本框，单击"全部显示"按钮。

要对文本框重新排序，单击一个文本框，然后单击"上移一层"或"下移一层"按钮。

单击"关闭"按钮关闭选择窗格。

技巧课堂

本次课堂中，将学习如何在新演示文稿中插入和删除文本框。

1. 单击"Office 按钮"|"新建"命令。
2. 单击"空白演示文稿"。
3. 单击"创建"按钮，并将新建的演示文稿保存为"快讯-学生"。
4. 在"开始"选项卡的"幻灯片"组中，单击"版式"下拉按钮，在弹出的下拉列表中选择"仅标题"选项。

5. 单击"单击此处添加标题"占位符，然后输入"快讯"。

6. 按 Ctrl + Shift + Enter 组合键。

7. 在"插入"选项卡的"文本"组中，单击"文本框"按钮。

8. 在幻灯片上单击，然后输入"六月份新的训练奖励"，效果如图3-5所示。

9. 右击该文本框，在弹出的快捷菜单中选择"退出文本编辑"命令。

10. 在"插入"选项卡的"文本"组中，单击"文本框"按钮。

11. 在上一文本框下面单击，然后输入"七月份新的奖金奖励"，效果如图3-6所示。

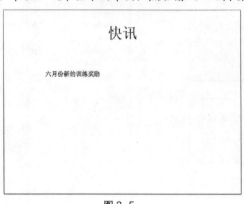

图 3-5　　　　　　　　　　　　　　　　　图 3-6

12. 按 Ctrl + Shift + Enter 组合键。

13. 在"插入"选项卡的"文本"组中，单击"文本框"按钮。

14. 在第二个文本框下面单击，然后输入"八月份新的车辆奖励"。

15. 在文本框之外任意处单击。

16. 在"插入"选项卡的"文本"组中，单击"文本框"按钮。

17. 在第三个文本框下面单击，然后输入"九月份新的服装奖励"。

18. 在文本框之外任意处单击。

19. 在"插入"选项卡的"文本"组中，单击"文本框"按钮。

20. 在第四个文本框下面单击，然后输入"十月份新的装备奖励"。

21. 在文本框之外任意处单击，效果如图3-7所示。

22. 在"开始"选项卡的"编辑"组中，选择"选择" | "选择窗格"命令。

23. 在选择窗格中，单击"标题3"，按 F2 键后输入"快讯"，按 Enter 键。

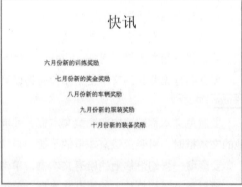

图 3-7

24. 在选择窗格中，单击"快讯"，然后不断单击"上移一层"按钮，将"快讯"移至列表顶部。

25. 在选择窗格中，单击"Text Box 8"选中它，在其文本中再次单击，然后输入"十月"，按 Enter 键。

26. 对于被选中的"十月"，不断单击"下移一层"按钮，将"十月"移至列表底部。

27. 在选择窗格中，单击"Text Box 7"选中它，在其文本中再次单击，然后输入"九月"，按 Enter 键。

28. 对于被选中的"九月"，不断单击"下移一层"按钮，将其下移，置于"十月"上面。

29. 对剩余的三个文本框重复步骤27和28，使选择窗格中显示的次序与图3-8所示一致。

　　注：文本框已被命名并且在选择窗格中有序排列。

30. 单击"全部隐藏"按钮。

31. 单击"全部显示"按钮。

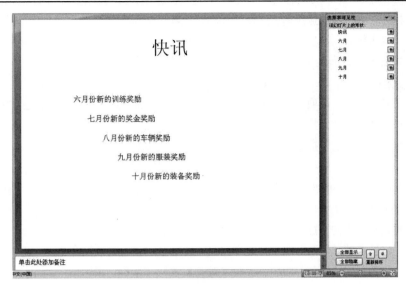

图 3-8

32. 在选择窗格中，单击"七月"，然后按 `Delete` 键。

33. 在选择窗格中，单击"九月"。

34. 在"开始"选项卡的"剪贴板"组中，单击"剪切"按钮。

　　注：选择窗格中只剩下四个文本框，效果如图3-9所示。

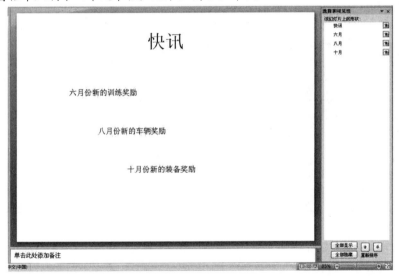

图 3-9

35. 保存并关闭该演示文稿。

3.1.3　调整文本框大小

　　当绘制出文本框时，其位置和大小可能并不如用户所愿。在这种情况下，可在幻灯片上将其调整到合适的大小并移动到适当的位置。

　　要调整文本框的大小，可使用其控制柄。当单击文本框时，文本框四周出现多个小方框和小圆圈。拖动这些控制柄可使文本框变大或变小。拖动角上圆形控制柄可使文本框保持原始比例；拖动方形控制柄会改变文本框原始比例。例如，正方形的文本框可变为如右图所示的矩形文本框。

　　如果要指定文本框的高度和宽度，可使用下述方法之一：

- 在"绘图工具 | 格式"选项卡的"大小"组中，单击"形状高度"微调框，单击其递增/递减微调按钮或输入一个高度数字，然后按 `Enter` 键。

- 右击文本框，在弹出的快捷菜单中选择"大小和位置"命令。
- 在"绘图工具丨格式"选项卡的"大小"组中，单击"对话框启动器"按钮，弹出"大小和位置"对话框，如图 3-10 所示。

如果要指定文本框的宽度，可使用下述方法之一：

- 在"绘图工具丨格式"选项卡的"大小"组中，单击"形状宽度"微调框，单击其递增/递减微调按钮或输入一个宽度数字，然后按 Enter 键。
- 右击文本框，在弹出的快捷菜单中选择"大小和位置"命令。
- 在"绘图工具丨格式"选项卡的"大小"组中，单击"对话框启动器"按钮。

在文本框中输入时，文本框默认会根据输入文本的多少自动调整到合适的大小，该功能称为自动调整。要更改文本框的自动调整，可使用下述方法之一：

- 右击文本框，在弹出的快捷菜单中选择"设置格式形状"命令。
- 在"开始"选项卡的"段落"组中，选择"文字方向"丨"其他选项"命令。
- 在"开始"选项卡的"段落"组中，选择"对齐文本"丨"其他选项"命令。
- 在"绘图工具丨格式"选项卡的"艺术字样式"组中，选择"文本填充"丨"渐变"丨"其他渐变"命令，然后在弹出的"设置文本效果格式"对话框的左侧窗格中选择"文本框"类别，如图 3-11 所示。

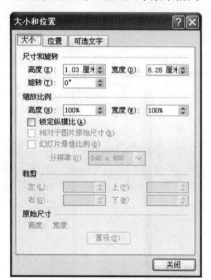

图 3-10

图 3-11

- 在"绘图工具丨格式"选项卡的"艺术字样式"组中，选择"文本填充"丨"纹理"丨"其他纹理"命令，然后在弹出的"设置文本效果格式"对话框的左侧窗格中选择"文本框"类别。

默认情况下，为适应文字大小，文本框会自动其调整大小。但如果用户不希望改变文本框的大小，可以选择"溢出时缩排文字"单选按钮。如果既不希望改变文本框的大小，也不希望缩小文字字号，可选择"不自动调整"单选按钮。

3.1.4 设置文本格式

有多种方法可以设置文本格式。改变文本格式可以增强视觉吸引力，并可在幻灯片背景中突出文本。例如，可在文本框中对文本进行添加边框、填充色、阴影、改变线条的粗细和颜色以及增加三维效果。在使用颜色填充文本或改变线条的颜色时，应尽可能选择与演示文稿颜色规划方案搭配协调的颜色。

要应用文本填充，首先选中要编辑的文本，然后使用下述方法之一：

- 在"绘图工具丨格式"选项卡的"艺术字样式"组中，单击"文本填充"下拉按钮。
- 在"绘图工具丨格式"选项卡的"艺术字样式"组中，单击"对话框启动器"按钮后，在弹出"设置文本效果格式"对话框的左侧窗格中选择"文本填充"类别。

要应用文本轮廓，可使用下述方法之一：
- 在"绘图工具｜格式"选项卡的"艺术字样式"组中，单击"文本轮廓"下拉按钮。
- 在"绘图工具｜格式"选项卡的"艺术字样式"组中，单击"对话框启动器"按钮后，在弹出"设置文本效果格式"对话框的左侧窗格中选择"文本边框"类别。

要应用文本效果，可使用下述方法之一：
- 在"绘图工具｜格式"选项卡的"艺术字样式"组中，单击"文本效果"按钮。
- 在"绘图工具｜格式"选项卡的"艺术字样式"组中，单击"对话框启动器"按钮后，在弹出的"设置文本效果格式"对话框的左侧窗格中，从可用的选项中选择要引用的效果。

要应用形状填充，可使用下述方法之一：
- 在"绘图工具｜格式"选项卡的"形状样式"组中，单击"形状填充"下拉按钮。
- 在"开始"选项卡的"绘图"组中，单击"形状填充"下拉按钮。
- 在"绘图工具｜格式"选项卡的"形状样式"组中，单击"对话框启动器"按钮后，在弹出的"设置形状格式"对话框的左侧窗格中选择"填充"类别。

要应用形状轮廓，可使用下述方法之一：
- 在"绘图工具｜格式"选项卡的"形状样式"组中，单击"形状轮廓"下拉按钮。
- 在"开始"选项卡的"绘图"组中，单击"形状轮廓"下拉按钮。
- 在"绘图工具｜格式"选项卡的"形状样式"组中，单击"对话框启动器"按钮后，在弹出的"设置形状格式"对话框的左侧窗格中，选择"线条颜色"或"线型"类别。

要应用形状效果，可使用下述方法之一：
- 在"绘图工具｜格式"选项卡的"形状样式"组中，单击"形状效果"下拉按钮。
- 在"开始"选项卡的"绘图"组中，单击"形状效果"下拉按钮。
- 在"绘图工具｜格式"选项卡的"形状样式"组中，单击"对话框启动器"按钮后，在弹出的"设置形状格式"对话框的左侧窗格中，选择要应用到形状的效果。

要应用形状样式，可使用下述方法之一：
- 在"绘图工具｜格式"选项卡的"形状样式"组中，单击一个"形状样式"。
- 在"绘图工具｜格式"选项卡的"形状样式"组中，单击"对话框启动器"按钮后，在弹出的"设置形状格式"对话框的左侧窗格中选择形状样式。

技巧课堂

本次课堂中，在"快讯草稿"演示文稿中练习调整文本框的大小，对文本框应用文本填充、文本轮廓、文本效果和形状填充等格式。

1. 单击"Office 按钮"｜"打开"命令，并选择"快讯草稿-学生"演示文稿。然后单击"打开"按钮。
2. 将文件另存为"快讯格式-学生"。
3. 选择"六月份新的训练奖励"文本框。向左拖动左边方形控制柄，调整该文本框大小，使"训练"一词显示在文本框第一行，如图 3-12 所示。
4. 选择"七月份新的奖金奖励"文本框。向左拖动左边方形控制柄，调整该文本框大小，使"奖金"一词显示在文本框第一行。
5. 选择"八月份新的车辆奖励"文本框。向右拖动右边方形控制柄，调整该文本框大小，使"车辆"一词显示在文本框第一行，如图 3-13 所示。
6. 选择"六月份新的训练奖励"文本框。在"绘图工具｜格式"选项卡的"艺术字样式"组中，选择"文本填充"为"浅绿"，如图 3-14 所示。

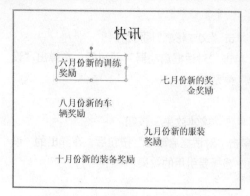
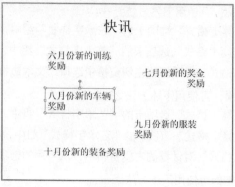
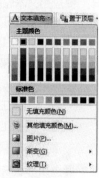

图 3-12　　　　　　　　　　　图 3-13　　　　　　　　　　图 3-14

7. 在"绘图工具 | 格式"选项卡的"艺术字样式"组中，选择"文本填充" | "渐变" | "线性向下"命令，如图 3-15 所示。

8. 选择"七月份新的奖金奖励"文本框。在"绘图工具 | 格式"选项卡的"艺术字样式"组中，选择"文本轮廓"为"紫色"。

9. 在"绘图工具 | 格式"选项卡的"艺术字样式"组中，选择"文本轮廓" | "粗细" | "1.5 磅"命令。

10. 选择"八月份新的车辆奖励"文本框。在"绘图工具 | 格式"选项卡的"艺术字样式"组中，选择"文本效果" | "阴影" | "左上对角透视"命令，如图 3-16 所示。

11. 在"绘图工具 | 格式"选项卡的"艺术字样式"组中，选择"文本填充" | "橙色，强调文字颜色6，深色25%"命令，效果如图 3-17 所示。

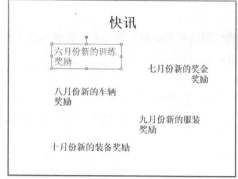
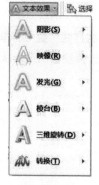
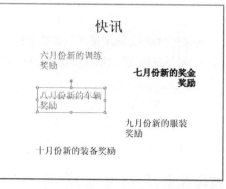

图 3-15　　　　　　　　　　　图 3-16　　　　　　　　　　图 3-17

12. 选择"九月份新的服装奖励"文本框。在"绘图工具 | 格式"选项卡的"艺术字样式"组中，选择"文本效果" | "发光" | "强调文字颜色2，18 pt 发光"命令。

13. "绘图工具 | 格式"选项卡的"艺术字样式"组中，选择"文本填充" | "橙色，强调文字颜色6，深色25%"命令。

14. 选择"十月份新的装备奖励"文本框。在"绘图工具 | 格式"选项卡的"艺术字样式"组中，选择"文本效果" | "映像" | "全映像，4 pt 偏移量"。

15. 在"绘图工具 | 格式"选项卡的"艺术字样式"组中，选择"文本填充" | "深蓝"命令，效果如图 3-18 所示。

16. 单击"快讯"占位符。在"绘图工具 | 格式"选项卡的"艺术字样式"组中，选择"文本填充" | "深红"命令。

17. "绘图工具 | 格式"选项卡的"艺术字样式"组中，选择"文本效果" | "转换" | "正方形"命令。

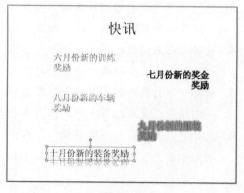

图 3-18

18. 单击标题下面的第一个文本框，按住 Shift 键后单击选中其他所有文本框。

19. 在"绘图工具 | 格式"选项卡的"艺术字样式"组中，选择"文本效果" | "转换" | "双波形 1"命令，效果如图 3-19 所示。

20. 单击"快讯"占位符。在"绘图工具 | 格式"选项卡的"形状样式"组中，选择"形状填充" | "黄色"命令。

21. 在"绘图工具 | 格式"选项卡的"形状样式"组中，选择"形状填充" | "渐变" | "线性向上"命令，效果如图 3-20 所示。

图 3-19　　　　　　　　　　　　　　　　　图 3-20

22. 保存并关闭该文件。

技巧演练

本次演练将使用"徒步旅行"演示文稿进一步练习插入文本框、调整文本框大小和设置文本框格式，包括形状轮廓、形状效果和形状样式。

1. 打开"徒步旅行"演示文稿，并将其另存为"徒步旅行格式-学生"。

2. 单击"徒步旅行热身"占位符。

3. 在"绘图工具 | 格式"选项卡的"形状样式"组中，选择"形状填充" | "茶色，背景 2，深色 25%"命令。

4. 在"绘图工具 | 格式"选项卡的"形状样式"组中，选择"形状轮廓" | "茶色，背景 2，深色 90%"命令。

5. 在"绘图工具 | 格式"选项卡的"形状样式"组中，选择"形状效果" | "预设" | "预设 2"命令。

6. 单击"下面练习有助于逐步伸展主要肌肉组织"占位符。

7. 在"绘图工具 | 格式"选项卡的"形状样式"组中，选择"形状填充" | "深蓝，文字 2，淡色 80%"命令。

8. 在"绘图工具 | 格式"选项卡的"形状样式"组中，选择"形状轮廓" | "深蓝，文字 2，深色 50%"命令。

9. 在"绘图工具 | 格式"选项卡的"形状样式"组中，选择"形状效果" | "阴影" | "内部居中"命令。

10. 单击"脚筋"占位符。

11. 在"绘图工具 | 格式"选项卡的"形状样式"组中，选择"形状填充" | "红色，强调文字颜色 2，淡色 80%"命令。

12. 在"绘图工具 | 格式"选项卡的"形状样式"组中，选择"形状轮廓" | "红色，强调文字颜色 2，深色 50%"命令。

13. 在"绘图工具 | 格式"选项卡的"形状样式"组中，选择"形状效果" | "棱台" | "艺术装饰"命令。

14. 单击"腰"占位符。在"绘图工具 | 格式"选项卡的"形状样式"组中进行以下设置：

"形状填充"设置为"橄榄色，强调文字颜色3，淡色60%"。

"形状轮廓"设置为"橄榄色，强调文字颜色3，深色50%"。

"形状效果"设置为"棱台" | "艺术装饰"。

15. 单击"四头肌"占位符。在"绘图工具 | 格式"选项卡的"形状样式"组中进行以下设置：

"形状填充"设置为"水绿色，强调文字颜色5，淡色60%"。

"形状轮廓"设置为"水绿色，强调文字颜色5，深色50%"。

"形状效果"设置为"棱台" | "艺术装饰"。

16. 单击"腿肚子"占位符。在"绘图工具 | 格式"选项卡的"形状样式"组中进行以下设置：

"形状填充"设置为"橙色，强调文字颜色6，淡色60%"。

"形状轮廓"设置为"橙色，强调文字颜色6，深色50%"。

"形状效果"设置为"棱台" | "艺术装饰"。

17. 单击"每次坚持20秒，重复2次"占位符。在"绘图工具 | 格式"选项卡的"形状样式"组中进行以下设置：

"形状填充"设置为"茶色，背景2，深色25%"。

"形状轮廓"设置为"茶色，背景2"。

"形状效果"设置为"阴影" | "向上偏移"。

设置后的效果如图3-21所示。

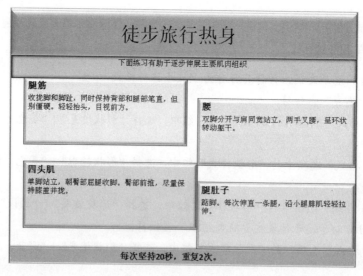

图3-21

18. 保存并关闭该演示文稿。

3.1.5　更改对齐方式、文字方向和旋转

在幻灯片中加上文本框后，采用手动选择和拖动操作很难将文本框对整齐，而不整齐的文本框又会影响其观看效果。

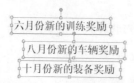

在 PowerPoint 中，文本框可以左对齐、左右居中或右对齐。

在 PowerPoint 中，文本框还可以顶端对齐、上下居中或底端对齐。

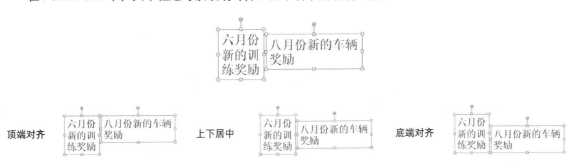

要改变两个或多个所选文本框的对齐方式，可使用下述方法之一：

- 在"绘图工具|格式"选项卡的"排列"组中，单击"对齐"下拉按钮。
- 在"开始"选项卡的"绘图"组中，选择"排列"|"对齐"命令。

当在文本框中输入文本时，可能需要修改文本框中文本的垂直位置或对齐方式。其中，包含如下六种垂直对齐方式：

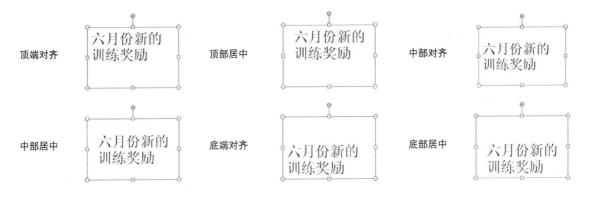

 必须关闭文本框的自动调整功能才能使用垂直对齐选项。右击文本框，在弹出的快捷菜单中选择"设置形状格式"命令。在"设置形状格式"对话框的左侧窗格中，选择"文本框"选项，选择"不自动调整"单选按钮，单击"关闭"按钮。如果需要调整文本框使其更大而不是紧紧包围文本，就必须关闭自动调整功能。

要改变所选文本框中文本的对齐方式，可使用下述方法之一：

- 在"开始"选项卡的"段落"组中，单击"对齐文本"下拉按钮。
- 右击文本框，在弹出的快捷菜单中选择"设置形状格式"命令。
- 在"开始"选项卡的"段落"组中，选择"文字方向"|"其他选项"命令。
- 在"开始"选项卡的"段落"组中，选择"对齐文本"|"其他选项"命令。
- 在"绘图工具|格式"选项卡的"艺术字样式"组中，选择"文本填充"|"渐变"|"其他渐变"命令后，在弹出的"设置文本效果格式"对话框的左侧窗格中，选择"文本框"类别。
- 在"绘图工具|格式"选项卡的"艺术字样式"组中，选择"文本填充"|"纹理"|"其他纹理"命令，在弹出的"设置文本效果格式"对话框的左侧窗格中，选择"文本框"类别，如图3-22所示。

可使用"文字方向"功能改变文本框中文本的方向以增加文本的效果，有如下五种文字方向：

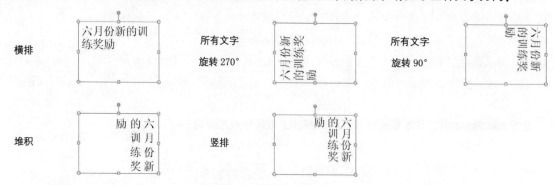

要改变所选文本框中文本的方向，可使用下述方法之一：

- 在"开始"选项卡的"段落"组中，单击"文字方向"下拉按钮。
- 右击文本框，在弹出的快捷菜单中选择"设置形状格式"命令，在"设置形状格式"对话框的左侧窗格中，选择"文本框"类别。
- 在"开始"选项卡的"段落"组中，选择"文字方向"|"其他选项"命令。
- 在"开始"选项卡的"段落"组中，选择"对齐文本"|"其他选项"命令。
- 在"格式"选项卡的"艺术字样式"组中，选择"文本填充"|"渐变"|"其他渐变"命令，在弹出的"设置文本效果格式"对话框的左侧窗格中，选择"文本框"类别。
- 在"格式"选项卡的"艺术字样式"组中，选择"文本填充"|"纹理"|"其他纹理"命令，在弹出的"设置文本效果格式"对话框的左侧窗格中，选择"文本框"类别，如图3-23所示。

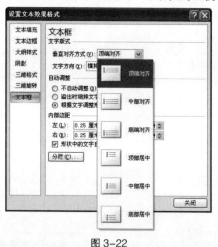

图 3-22

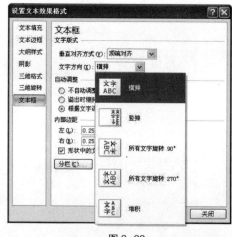

图 3-23

为了能够旋转文本框，PowerPoint 为用户提供了360°旋转对象的方法。用户还可使用"翻转"功能左右翻转或反转文本框。

对文本框进行旋转，可使用下述方法之一：

- 在"开始"选项卡的"绘图"组中，选择"排列"|"旋转"命令后，在级联菜单中可选择"向右旋转90°"、"向左旋转90°"、"垂直翻转"或"水平翻转"命令。
- 拖动旋转控制柄（圆形的绿色手柄）旋转移动。
- 在"绘图工具|格式"选项卡的"排列"组中，单击"旋转"下拉按钮。

 技巧课堂

本次课堂中，将使用"快讯排列"演示文稿学习如何改变文本框的对齐方式、文字方向及文本框旋转。

1. 打开"快讯排列"演示文稿，然后将其另存为"快讯排列-学生"。

2. 单击"新训练"文本框，并按住 Shift 键，单击选中"新车辆"和"新装备"文本框。

3. 在"绘图工具 | 格式"选项卡的"排列"组中，选择"对齐" | "左对齐"命令。

4. 单击"新奖金"文本框。然后按住 Shift 键，单击"新服装"文本框。

5. 在"绘图工具 | 格式"选项卡的"排列"组中，选择"对齐" | "右对齐"命令。

　　注：左边的三个文本框靠左对齐，右边的两个文本框向右对齐，如图 3-24 所示。

6. 单击"新训练"文本框。然后按住 Shift 键，单击"新奖金"文本框。

7. 在"绘图工具 | 格式"选项卡的"排列"组中，选择"对齐" | "顶端对齐"命令。

　　注："新奖金"文本框已上移并与"新训练"文本框顶部对齐。

8. 单击"新车辆"文本框。然后按住 Shift 键，单击"新服装"文本框。

9. 在"绘图工具 | 格式"选项卡的"排列"组中，选择"对齐" | "顶端对齐"命令。

　　注："新服装"文本框已上移并与"新车辆"文本框顶部对齐，如图 3-25 所示。

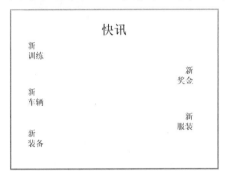

图 3-24

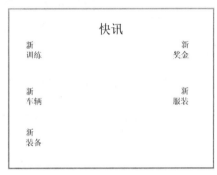

图 3-25

10. 单击"新训练"文本框。按住 Shift 键，然后选择其他所有文本框。

11. 在"开始"选项卡的"段落"组中，选择"对齐文本" | "中部对齐"命令，如图 3-26 所示。

12. 按住 Shift 键，选择除"快讯"标题外的所有文本框。

13. 在"绘图工具 | 格式"选项卡的"排列"组中，选择"旋转" | "其他旋转选项"命令。

14. 单击"旋转"框，输入 330，单击"关闭"按钮，效果如图 3-27 所示。

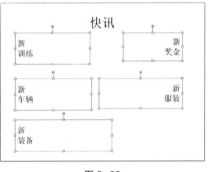

图 3-26

15. 在"开始"选项卡的"字体"组中，选择"字号"为 20。

16. 在"开始"选项卡的"段落"组中，选择"文字方向" | "所有文字旋转 90°"命令。

　　注：文本框旋转 330°，其中的文字方向是 90°，效果如图 3-28 所示。

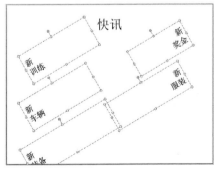

图 3-27

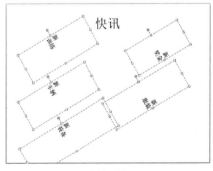

图 3-28

17. 保存并关闭该演示文稿。

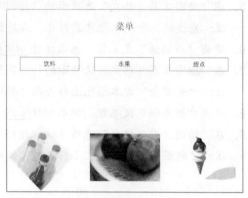

图 3-29

技巧演练

本次演练将在"菜单"演示文稿中进一步练习改变文本框的对齐方式、文字方向及文本框旋转。

1. 打开"菜单"演示文稿，然后将其另存为"菜单-学生"。

2. 单击"饮料"文本框，并按住 Shift 键，然后单击"水果"和"甜点"文本框。

3. 将文本框垂直对齐方式设置为"上下居中"，然后将文本框中的文字设置为"中部居中"。

4. 单击左边的图片，按住 Shift 键后再单击其他两张图片。

5. 将图片对齐到底部。

6. 单击左边的图片并使其旋转 45°，单击右边的图片并使其水平翻转，效果如图 3-29 所示。

7. 保存并关闭该演示文稿。

3.1.6   设置文本框边距

更改文本框内部边距，就是改变文本与文本框外部边框之间的距离。

要改变文本框边距，可使用下述方法之一：

* 右击文本框在弹出的快捷菜单中选择"设置形状格式"命令，在"设置形状格式"对话框中，选择"文本框"类别。

* 在"开始"选项卡的"段落"组中，选择"文字方向"|"其他选项"命令。

* 在"开始"选项卡的"段落"组中，选择"对齐文本"|"其他选项"命令。

* 在"绘图工具|格式"选项卡的"艺术字样式"组中，选择"文本填充"|"渐变"|"其他渐变"命令后，在"设置文本效果格式"对话框中，选择"文本框"类别。

* 在"绘图工具|格式"选项卡的"艺术字样式"组中，选择"文本填充"|"纹理"|"其他纹理"命令后，在"设置文本效果格式"对话框中，选择"文本框"类别，如图 3-30 所示。

图 3-30

设置下面选项可增加或减少文本与边框之间的空白，如表 3-1 所示。

表 3-1

左	文本与文本框的左边框之间的距离
右	文本与文本框的右边框之间的距离
上	文本与文本框的顶部边框之间的距离
下	文本与文本框的底部边框之间的距离

技巧课堂

本次课堂中，将在"徒步旅行"演示文稿中学习如何设置文本框边框。

1. 打开"徒步旅行"演示文稿，并将其另存为"徒步旅行边框-学生"。

2. 右击"腿筋"占位符，在弹出的快捷菜单中选择"设置形状格式"命令，在弹出的"设置形状格式"对话框的左侧窗格中，选择"文本框"类别，如图 3-31 所示。

3. 在"内部边距"选项组中，将所有的边距设置为 0，然后单击"关闭"按钮。

4. 右击"腰"占位符，在弹出的快捷菜单中选择"设置形状格式"命令。

5. 在"设置形状格式"对话框的左侧窗格中，选择"文本框"类别。在"内部边距"选项组中，将所有的边距设置为 0，然后单击"关闭"按钮。

6. 右击"四头肌"占位符，在弹出的快捷菜单中选择"设置形状格式"命令。将所有的边距设置为 0。

7. 右击"腿肚子"占位符，在弹出的快捷菜单中选择"设置形状格式"命令。在"设置形状格式"对话框的左侧窗格中，选择"文本框"类别。将所有内部边距设置为 0。

8. 右击"每次坚持 20 秒，重复 2 次"占位符，在弹出的快捷菜单中选择"设置形状格式"命令。在"设置形状格式"的左侧窗格中，选择"文本框"类别。将所有内部边距设置为 0.2 厘米。

9. 向上移动"每次坚持 20 秒，重复 2 次"占位符。

注：此时，文本框内部边距已经改变了，效果如图 3-32 所示。

图 3-31

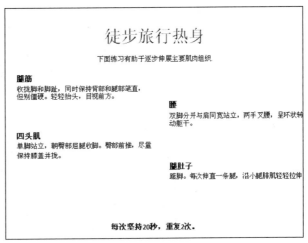

图 3-32

10. 保存并关闭该演示文稿。

3.1.7　设置制表位

演示文稿中的每一张幻灯片都有制表位。PowerPoint 中默认每英寸 1 英寸=2.54cm 一个制表位。必须使用标尺才能查看默认制表位，才能指导用户创建新的制表位。要查看标尺，在"视图"选项卡的"显示/隐藏"组中选中"标尺"复选框。

当在水平标尺每英寸的查看时，可看见标示默认制表位的灰色短竖线。要改变默认制表位位置，在"开始"选项卡的"段落"组中，单击"对话框启动器"按钮。在弹出的"段落"对话框中单击"制表位"按钮。在弹出的"制表位"对话框中的"制表位位置"微调框中设置其值，或在"默认制表位"微调框中输入，如图 3-33 所示。

在 PowerPoint 中，很容易设置和调整制表位。在需要排列文本框中的文本栏时，可以设置新的制表位。在设置新的制表位后，其左边的默认制表位标记就会被删除。

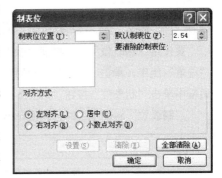

图 3-33

使用"制表符选择器"建立制表位

可以使用水平标尺左端的制表符选择器设置制表符，如图 3-34 所示。

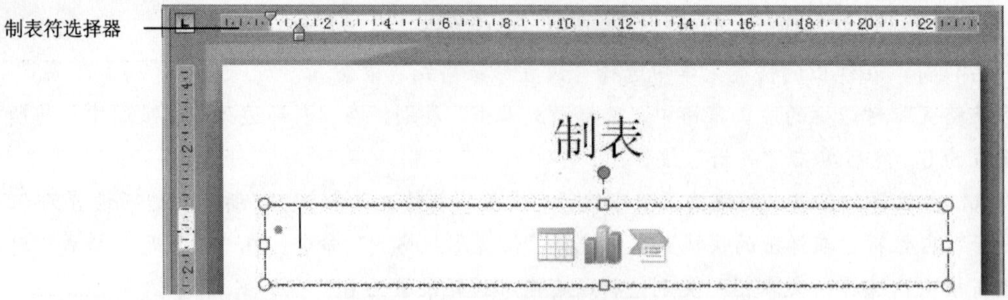

制表符选择器 ————

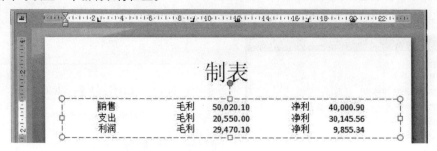

图 3-34

单击制表符选择器即可选择制表符类型和所需的制表对齐方式，如图 3-35 所示。要设置制表符，在水平标尺上单击即可设置一个新制表符位置。

图 3-35

四种制表符及其功能介绍如表 3-2 所示。

表 3-2

左对齐式制表符 ⌊	在输入时所有文本和字符在其左侧开始并向右移。这是默认的对齐方式
居中式制表符 ⊥	文本以此制表符为中心显示
右对齐式制表符 ⌐	在输入时所有文本和字符在其右侧开始并向左移
小数点对齐式制表符 ⊥	按小数点对齐数字或文本。输入小数前，数字向左移动，然后输入的数字向小数点右侧移动

一旦用户选择了所需的制表符类型，就必须单击水平标尺上的某个位置，建立该类型的制表符。标尺上显示的制表符符号标示了该制表符。

要调整已设置好的制表符，需确保光标在使用该制表符设置的文本行上，如果有多个文本行，确保选择所有的文本行，然后在水平标尺上或左或右拖动制表符符号至新位置。

如果需要删除设置的制表符，在水平标尺上单击个制表符符号，将其向下拖出标尺。

使用"制表位"对话框建立制表符

要使用"制表位"对话框建立制表符，可在"开始"选项卡的"段落"组中，单击"对话框启动器"按钮，在弹出的"段落"对话框中单击"制表位"按钮，如图 3-36 所示。

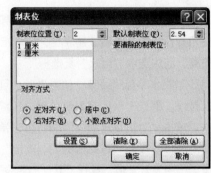

图 3-36

"制表位"对话框中的各选项介绍如表 3-3 所示。

表 3-3

制表位位置	输入一个新制表位位置的值
默认制表位	输入默认新制表位位置的值
要清除的制表位	在该文本框中显示已存在的制表位列表。单击一个制表位即可进行修改
对齐方式	选择制表位的对齐类型

续表

设置	设置制表位列表中的制表位的选项
清除	清除从制表位列表中选定的制表位
全部清除	清除制表位列表中全部制表位

 技巧课堂

本次课堂中，将在新演示文稿中练习如何在文本框中设置制表位。

1. 新建一个新空白演示文稿，然后将其保存为"销售-学生"。

2. 在"开始"选项卡的"幻灯片"组中，选择"版式"|"空白"命令。

> 如果标尺没有显示，在"视图"选项卡的"显示/隐藏"组中选中"标尺"复选框。

3. 在"插入"选项卡的"文本"组中，单击"文本框"按钮。在距幻灯片上边约2cm，距幻灯片左边约1cm处单击，然后拖动鼠标，拖动出一个距幻灯片右边约1cm文本框。

4. 在"开始"选项卡的"段落"组中，单击"对话框启动器"按钮，在弹出的"段落"对话框中，单击"制表位"按钮，弹出"制表位"对话框。

5. 在"制表位位置"微调框中，输入2.5，然后单击"设置"按钮。

6. 在"制表位位置"微调框中，输入7.5，选择"右对齐"单选按钮，然后单击"设置"按钮。

7. 在"制表位位置"微调框中，输入12.5，选择"小数点对齐"单选按钮，然后单击"设置"按钮。

8. 在"制表位位置"微调文本框中，输入17.5，选择"小数点对齐"单选按钮，然后单击"设置"按钮。

注：已建立四个制表位位置，效果如图3-37所示。

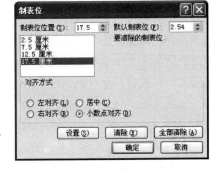

图3-37

9. 依次单击"确定"按钮。

10. 按 Tab 键三次，然后输入"计划1"。

11. 按 Tab 键，输入"计划2"，然后按 Enter 键。

12. 按 Tab 键，输入"销售"，按 Tab 键，输入2010；再次按 Tab 键，输入10,500.00；再次按 Tab 键，输入11,300.00，然后按 Enter 键。

13. 输入如图3-38所示的文本。

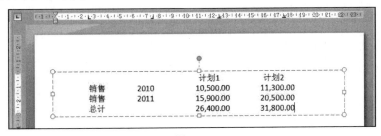

图3-38

14. 单击文本"计划1"。

15. 移动文本"计划1"，拖动水平标尺上第三个制表位到13.25处。

16. 移动文本"计划2"，拖动水平标尺上第四个制表位到18.25处。

注：已调整第一行制表文本的第三和第四个制表位位置，效果如图 3-39 所示。

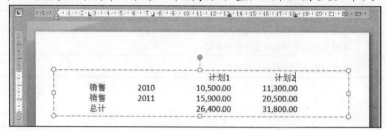

图 3-39

17. 保存并关闭该演示文稿。

 技巧演练

本次演练中，将在新演示文稿中进一步练习如何在文本框中设置制表位。

1. 新建一个新空白演示文稿，然后将其保存为 "项目-学生"。

2. 在 "开始" 选项卡的 "幻灯片" 组中，选择 "版式" | "空白" 命令。

3. 在 "插入" 选项卡的 "文本" 组中，单击 "文本框" 按钮。在距幻灯片上边约 2cm，距幻灯片左边约 1cm 处单击，然后拖动鼠标，拖出一个距幻灯片右边约 1cm 的文本框。

4. 在 "开始" 选项卡的 "段落" 组中，单击 "对话框启动器" 按钮，在弹出的 "段落" 对话框中单击 "制表位" 按钮，弹出 "制表位" 对话框。

5. 在 "制表位位置" 微调框中，输入 2.5，选择 "居中" 单选按钮，然后单击 "设置" 按钮。

6. 在 "制表位位置" 微调框中，输入 10，选择 "右对齐" 单选按钮，然后单击 "设置" 按钮。

7. 在 "制表位位置" 微调框中，输入 13，选择 "右对齐" 单选按钮，然后单击 "设置" 按钮。

8. 在 "制表位位置" 微调框中，输入 18，选择 "右对齐" 单选按钮，然后单击 "设置" 按钮。

9. 依次单击 "确定" 按钮。

10. 按 Tab 键，输入 "姓名"；按 Tab 键，输入 "项目"；按 Tab 键，输入 "最慢"；按 Tab 键，输入 "最快"，然后按 Enter 键。

11. 按 Enter 键。

12. 在 "开始" 选项卡的 "段落" 组中，单击 "对话框启动器" 按钮。在弹出的 "段落" 对话框中，单击 "制表位" 按钮，弹出 "制表位" 对话框。

13. 在 "制表位位置" 微调框中，输入 13，然后单击 "清除" 按钮。

14. 在 "制表位位置" 微调框中，输入 18，然后单击 "清除" 按钮。

15. 在 "制表位位置" 微调框中，输入 12.5，选择 "小数点对齐" 单选按钮，然后单击 "设置" 按钮。

16. 在 "制表位位置" 微调框中，输入 17.5，选择 "小数点对齐" 单选按钮，然后单击 "设置" 按钮。

17. 依次单击 "确定" 按钮。

18. 按 Tab 键，输入 "玛丽"；按 Tab 键，输入 "100 米"；按 Tab 键，输入 "20.50"；按 Tab 键，输入 "19.00"，然后按 Enter 键。

19. 输入如图 3-40 所示的文本。

姓名	项目	最慢	最快
玛丽	100米	20.50	19.00
彼得	100米	21.00	18.55
汤姆	200米	19.50	18.00
卡罗尔	200米	19.25	17.55

图 3-40

注：此时，已将文本设置了制表位。但 "最慢" 列中的数据离 "项目" 列有点儿近。使用标尺即可调整制表位设置。

20. 选择从"玛丽"开始到"卡罗尔"四个文本行。

> 如果标尺没有显示，在"视图"选项卡的"显示/隐藏"组中，选中"标尺"复选框。

21. 拖动标尺上 12.5 处的小数点对齐制表符到 13.5 处。

22. 选择含有列标题的文本行，拖动 13 处制表符到 13.75 处。如图 3-41 所示。

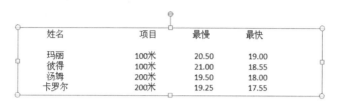

姓名	项目	最慢	最快
玛丽	100米	20.50	19.00
彼得	100米	21.00	18.55
汤姆	200米	19.50	18.00
卡罗尔	200米	19.25	17.55

图 3-41

23. 保存并关闭该演示文稿。

3.1.8　建立文本框分栏

可将文本格式设置为文本分栏，看起来很象报纸。

要设置文本框分栏，可使用下述方法之一：

- 右击文本框后，在弹出的快捷菜单中选择"设置形状格式"命令。在弹出的"设置形状格式"对话框的左侧窗格中，选择"文本框"类别后，单击"分栏"按钮，弹出"分栏"对话框，如图 3-42 所示。
- 在"开始"选项卡的"段落"组中，选择"文字方向" |"其他选项"命令。在"设置形状格式"对话框的左侧窗格中，选择"文本框"类别后，单击"分栏"按钮。
- 在"开始"选项卡的"段落"组中，选择"对齐文本" | "其他选项"命令，在"设置形状格式"对话框的左侧窗格中，选择"文本框"类别后，单击"分栏"按钮。

图 3-42

- 在"绘图工具|格式"选项卡的"艺术字样式"组中，选择"文本填充"|"渐变"|"其他渐变"命令。在"设置文本效果格式"对话框中，选择"文本框"类别，然后单击"分栏"按钮。
- 在"绘图工具|格式"选项卡的"艺术字样式"组中，选择"文本填充"|"纹理"|"其他纹理"命令。在"设置文本效果格式"对话框的左侧窗格中，选择"文本框"类别，然后单击"分栏"按钮。

在单击"分栏"按钮后，设定文本框中文本分栏的数目以及各栏之间的距离，"分栏"对话框的选项介绍如表 3-4 所示。

表 3-4

数字	在该微调框中输入一个数字，指明文本框中文本分栏的数目
间距	在该微调框中输入一个数字，指明文本框中各文本分栏之间的距离

技巧课堂

在本次课堂中，将在演示文稿"园艺"中练习如何创建文本框分栏。

1. 打开"园艺"演示文稿，然后将其另存为"园艺-学生"。

2. 右击项目符号列表占位符后，在弹出的快捷菜单中选择"设置形状格式"命令，在弹出的"设置形状格式"对话框的左侧窗格中，选择"文本框"类别。

3. 单击"分栏"按钮，在弹出的"分栏"文本框中，在"数字"微调框中输入2，在"间距"微调框中输入0.2。单击"确定"按钮后，单击"关闭"按钮。

4. 将光标定位到文本"盆栽园艺适合任何人"之前，按 Enter 键。

注：已将项目符号列表占位符设置为各栏之间有间距的两栏格式，如图 3-43 所示。

5. 保存并关闭该演示文稿。

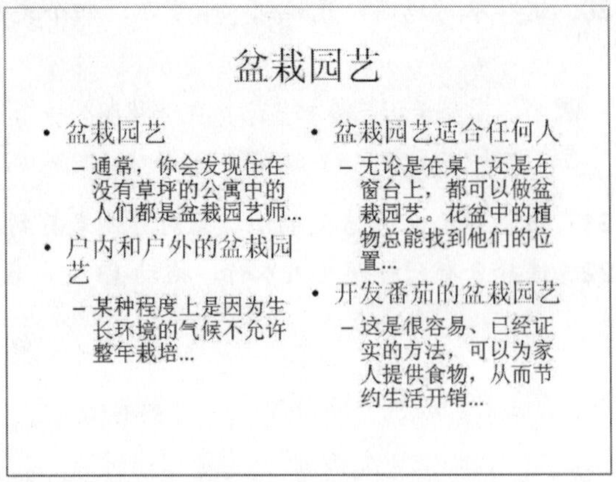

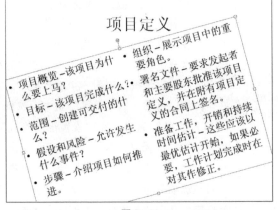

图 3-43

技巧演练

本次演练中，将在"定义"演示文稿中进一步练习设置文本框边距、设置分栏和文本框旋转。

1. 打开"定义"演示文稿，将其另存为"定义-学生"。

2. 右击项目符号列表占位符后，在弹出的快捷菜单中选择"设置形状格式"命令。

3. 在"设置形状格式"对话框的左侧窗格中，选择"文本框"选项，设置所有"内部边距"为0.2厘米。

4. 单击"分栏"按钮，在弹出的"分栏"对话框中，将"数字"微调框设置为2，"间距"微调框设置为0.2。

5. 将光标定位到文本"组织"之前，按 Enter 键。

6. 在"绘图工具|格式"选项卡的"排列"组中，选择"旋转"|"其他旋转选项"命令。

7. 在弹出的"大小和位置"对话框中，将"旋转"微调框设置为-15°，效果如图 3-44 所示。

8. 保存并关闭该演示文稿。

图 3-44

3.2 使用艺术字

艺术字是 PowerPoint 为制作 3D 文字效果的一种应用。使用艺术字，可以创建弧形的文本或拉伸变形的文本。例如，艺术字可用来强调非常重要的词或短语，也可用来设计简单的徽标。

3.2.1 插入、修改和删除艺术字

要插入艺术字，在"插入"选项卡的"文本"组中，单击"艺术字"下拉按钮。

要修改艺术字，可使用下述方法之一：

• 单击艺术字对象。

• 右击艺术字占位符，在弹出的快捷菜单中选择"编辑文字"命令。

• 按 F2 键。

要删除艺术字，可使用下述方法之一：

• 单击艺术字占位符，然后按 Delete 键。

• 单击艺术字占位符，然后从幻灯片中剪切。

3.2.2 改变艺术字形状

可将演示文稿中的艺术字形状从单调水平的形状变为增加了视觉效果的形状。

要改变艺术字对象的形状，单击艺术字，然后在"绘图工具|格式"选项卡的"艺术字样式"组中，选择"文本效果"|"转换"命令后，在级联菜单中选择一个效果即可。

技巧课堂

本次课堂中，将学习如何在新演示文稿中插入、修改和删除艺术字。

1. 新建一个新空白演示文稿，然后将其保存为"汽车模型-学生"。
2. 在"开始"选项卡的"幻灯片"组中，单击"版式"下拉按钮后，选择"仅标题"版式。
3. 单击"单击此处添加标题"占位符，然后输入"汽车模型"。
4. 在"插入"选项卡的"文本"组中，选择"艺术字"|"渐变填充，强调文字颜色6，内部阴影"。
5. 输入"克莱斯勒"。
6. 将该艺术字对象移至幻灯片左边，放在标题占位符下约1cm的地方。
7. 在"插入"选项卡的"文本"组中，选择"艺术字"|"渐变填充，强调文字颜色1，轮廓－白色，发光－强调文字颜色2"命令。然后输入"丰田"，将该艺术字对象移至"克莱斯勒"下面。
8. 在"插入"选项卡的"文本"组中，选择"艺术字"|"填充，强调文字颜色4，外部阴影－强调文字颜色4，软边缘棱台"命令。然后输入"保时捷"，将该艺术字对象移至"丰田"下面。
9. 在"插入"选项卡的"文本"组中，选择"艺术字"|"渐变填充，黑色，轮廓－白色，外部阴影"命令。然后输入"三菱"，将该艺术字对象移至"保时捷"下面。
10. 在"插入"选项卡的"文本"组中，选择"艺术字"|"渐变填充，灰色，轮廓－灰色"命令。然后输入"美洲虎"，将该艺术字对象移至"三菱"下面。
11. 选择"保时捷"文本框，用"本田"替换它。

    注：现在已添加了五个艺术字对象，并且将一个艺术字对象修改为"本田"，效果如图3-45所示。
12. 单击"丰田"占位符，按住 Shift 键后再单击"三菱"占位符，然后按 Delete 键，效果如图3-46所示。

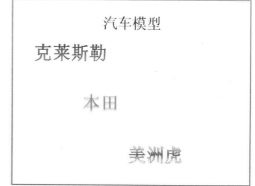

图3-45　　　　　　　　　　　　　　图3-46

13. 保存并关闭该演示文稿。

 技巧演练

本次演练中，将在"艺术字"演示文稿中进一步练习修改艺术字、改变艺术字形状。

1. 打开"艺术字"演示文稿，然后将其另存为"艺术字形状-学生"。单击"克莱斯勒"艺术字对象。
2. 在"绘图工具|格式"选项卡的"艺术字样式"组中，选择"文本效果"|"转换"|"正方形"命令。

3. 单击"本田"艺术字对象，在"绘图工具 | 格式"选项卡的"艺术字样式"组中，选择"文本效果" | "转换" | "正三角"命令。

4. 单击"美洲虎"艺术字对象，在"绘图工具 | 格式"选项卡的"艺术字样式"组中，选择"文本效果" | "转换" | "陀螺形"命令。

注：已经改变了三个艺术字对象的形状，效果如图 3-47 所示。

5. 保存并关闭该演示文稿。

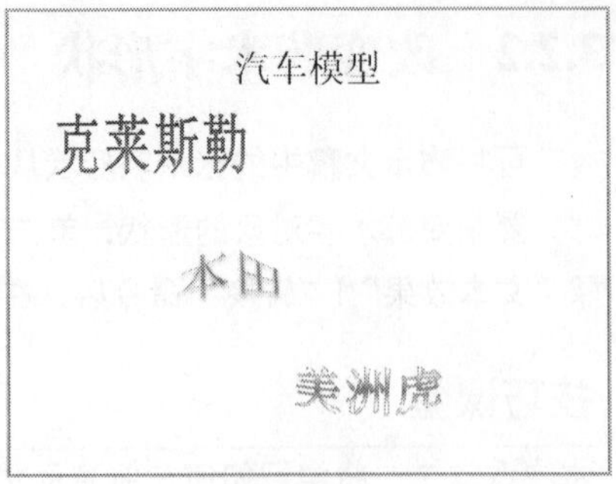

3.2.3 设置艺术字格式

图 3-47

有多种方法可以设置艺术字格式以增加视觉感染力。例如，添加填充、轮廓和文字效果以修饰艺术字。

要应用文本填充，可使用下述方法之一：

- 在"绘图工具 | 格式"选项卡的"艺术字样式"组中，单击"文本填充"下拉按钮。
- 在"绘图工具 | 格式"选项卡的"艺术字样式"组中，单击"对话框启动器"按钮后，在弹出的"设置文本效果格式"对话框的左侧窗格中，选择"文本填充"选项。

要应用文本轮廓，可使用下述方法之一：

- 在"绘图工具 | 格式"选项卡的"艺术字样式"组中，单击"文本轮廓"下拉按钮。
- 在"绘图工具 | 格式"选项卡的"艺术字样式"组中，单击"对话框启动器"按钮后，在弹出的"设置文本效果格式"对话框的左侧窗格中，选择"文本边框"选项。

要应用文本效果，可使用下述方法之一：

- 在"绘图工具 | 格式"选项卡的"艺术字样式"组中，单击"文本效果"按钮。
- 在"绘图工具 | 格式"选项卡的"艺术字样式"组中，单击"对话框启动器"按钮，选择要设置的文字效果选项。

要改变艺术字，在"绘图工具|格式"选项卡的"艺术字样式"组中，选择一种"艺术字样式"。

技巧课堂

本次课堂中，将在"艺术字"演示文稿中学习如何设置艺术字格式。

1. 打开"艺术字"演示文稿，然后将其另存为"艺术字-学生"。

2. 单击"克莱斯勒"艺术字。

3. 在"绘图工具 | 格式"选项卡的"艺术字样式"组中，选择"文本填充" | "纹理" | "纸莎草纸"命令。

4. 单击"本田"艺术字。

5. 在"绘图工具|格式"选项卡的"艺术字样式"组中，选择"文本填充" | "纹理" | "绿色大理石"命令。

6. 单击"美洲虎"艺术字。

7. 在"绘图工具 | 格式"选项卡的"艺术字样式"组中，选择"文本填充" | "纹理" | "紫色网格"命令，效果如图 3-48 所示。

8. 选择三个汽车模型艺术字对象。在"绘图工具 | 格式"选项卡的"艺术字样式"组中，选择"文本轮廓" | "黑色，文字 1，淡色 5%"命令。

9. 在"绘图工具 | 格式"选项卡的"艺术字样式"组中，选择"文本轮廓" | "粗细" | "3 磅"命令。

10. 在"绘图工具|格式"选项卡的"艺术字样式"组中，选择"文本效果" | "三维旋转" | "适度宽松透视"命令，效果如图 3-49 所示。

11. 保存并关闭该演示文稿。

图 3-48

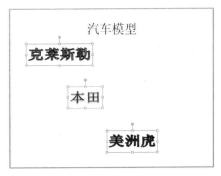
图 3-49

3.2.4 使用快速样式

快速样式是格式选项的组合，它使设置对象的格式更加容易。通过使用快速样式，可以使艺术字对象具有高质量的外观。当用鼠标指针指向快速样式缩略图时，可以预览快速样式对文本的影响。

要将快速样式应用到艺术字，单击艺术字对象，然后在"开始"选项卡的"绘图"组中，单击"快速样式"下拉按钮，如图 3-50 所示。

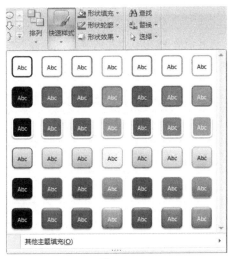
图 3-50

快速样式是否可用取决于所选的主题。

技巧课堂

本次课堂中，将在"艺术字"演示文稿中学习如何将快速样式应用到艺术字。

1. 打开"艺术字"演示文稿，将其另存为"艺术字样式-学生"。

2. 选择三个汽车模型文本框。在"开始"选项卡的"绘图"组中，选择"快速样式"|"强烈效果–深色 1"效果命令如图 3-51 所示。

3. 保存并关闭该演示文稿。

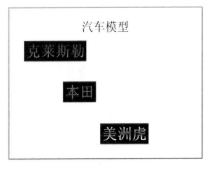
图 3-51

技巧演练

本次演练将在新演示文稿中进一步练习设置艺术字形状、文本效果和快速样式。

1. 新建一个新空白演示文稿，然后将其保存为"园艺艺术-学生"。

2. 在"开始"选项卡的"幻灯片"组中，选择"版式"|"空白"命令。

3. 在"插入"选项卡的"文本"组中，选择"艺术字"|"填充，强调文字颜色 3，粉状棱台"命令。

4. 输入"园艺艺术"。

5. 在"绘图工具|格式"选项卡的"艺术字样式"组中，选择"文本填充"|"渐变"|"线性对角"命令。

6. 在"绘图工具|格式"选项卡的"艺术字样式"组中，选择"文本轮廓"|"黑色，文字 1，淡色 5%"命令。

7. 在"绘图工具|格式"选项卡的"艺术字样式"组中，选择"文本效果"|"转换"|"正 V 形"命令。

8. 在"绘图工具|格式"选项卡的"艺术字样式"组中，选择"文本效果"|"发光"|"强调文字颜色 3，18pt 发光"命令。

9. 在"开始"选项卡的"绘图"组中，选择"快速样式"|"细微效果-强调颜色 3"命令。

10. 拖动艺术字占位符控制柄，将其调整到与幻灯片同宽，然后拖动艺术字使其在幻灯片上垂直居中，效果如图 3-52 所示。

11. 保存并关闭该演示文稿。

图 3-52

3.3　小结

完成本课之后，应熟练掌握以下概念：

☑ 插入、修改和删除文本框　　　　☑ 设置文本框格式

☑ 设置制表位　　　　　　　　　　☑ 创建、修改和删除艺术字

☑ 设置艺术字格式

3.4　习题

1. 除了幻灯片版式占位符外，如何在幻灯片中添加文本？

2. 如何选择一张幻灯片中的所有对象？

3. 如何将文本框的宽度和高度精确地设置为 5cm？

4. 如何左对齐一组文本框？

5. PowerPoint 中，文本框中的文本有哪六种对齐方式？

6. 如何将文本框旋转 90°？

7. 如何增加文本框的内部边距？

8. 在 PowerPoint 中，有哪四种制表位？

9. 如何清除文本框中的所有制表位？

10. 如何增加文本框中两列之间的间距？

11. 如何改变艺术字对象的形状？

12. 如何对艺术字对象应用快速样式？

4

Lesson

使用插图和形状

课程目标

本课的目标是学习如何在演示文稿中使用插图和形状。顺利学完本课之后，应能完成以下的操作：

☑ 添加来自各种源的图形　　　☑ 处理图片、图形和形状

☑ 处理图形　　　　　　　　　☑ 设置图片、图形和形状的格式

☑ 插入和修改形状和图片

本课将涉及以下的命令按钮：

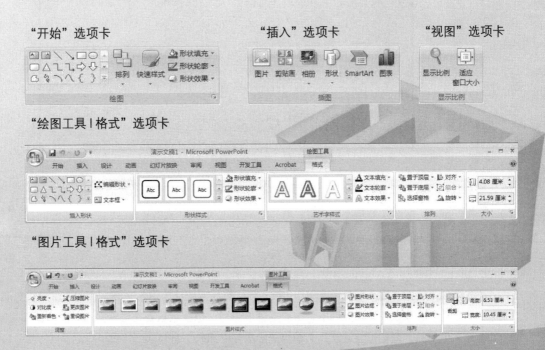

"开始"选项卡　　　　　　"插入"选项卡　　　　"视图"选项卡

"绘图工具丨格式"选项卡

"图片工具丨格式"选项卡

4.1 使用图片

图片是加入到幻灯片的外部图形对象，用以说明观点。在演示文稿中加入图片会使其更为生动，并且能够增加其视觉感染力。图片可以增强以文本形式呈现的观点，使其更易理解。

在幻灯片中插入图片后，PowerPoint 会显示带有修改图片选项的"图片工具|格式"选项卡如图 4-1 所示。

图 4-1

稍后，本课将介绍其中的命令按钮及选项。

4.1.1 从文件中插入图片

有两种常用的在幻灯片中插入图片的方法。在新建幻灯片后，一些幻灯片版式会提供可以容纳图片的占位符，包括标题和内容、两栏内容、比较、内容与标题、图片与标题等版式。另外，也可新建使用任何版式的幻灯片，然后在该幻灯片上插入图片。

要在有图片占位符的幻灯片上加入图片，可单击占位符中的"插入来自文件的图片"。要在没有图片占位符的幻灯片上加入图片，在"插入"选项卡的"插图"组中，单击"图片"按钮，弹出"插入图片"对话框，如图 4-2 所示。

图 4-2

然后找到图片，双击将其插入，也可以单击"插入"下拉按钮选择其他命令。使用"插入"下拉按钮插入图片时，有三个选项（见图 4-3）：

- 插入
- 链接到文件
- 插入和链接

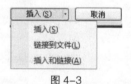

图 4-3

插入选项是将图片嵌入到演示文稿中。嵌入后，图片即可成为演示文稿文件的一部分。对演示文稿中图片所做的改动只会反映在演示文稿中。如果是链接图片，也就意味着在演示文稿与图片文件之间存在链接。一旦图片文件更新，变化也将在演示文稿的链接图片中反映。

插入的图片存储在演示文稿内，而链接图片存储在演示文稿外。源图片文件发生变化时，链接的图片也会更新，而插入的图片不会改变。

当演示文稿中包含链接图片时，如果打算将该演示文稿传递到另一台计算机或在电子邮件中发送，就必须将链接的图片和该演示文稿这两个文件都进行复制。

要决定是插入还是链接图片，可注意以下几点：

使用插入图片的情况：

- 每个文件大小都在 100 KB 以下，插入文件的总大小可达 50MB，但这会降低演示文稿的显示速度。
- 要在演示文稿中包含所有的图片文件，而不是链接图片。
- 不准备改变源图片文件。

使用链接图片的情况：

- 每张图片大小大于等于 100 KB。
- 准备改变源图片文件。
- 准备使用打包成 CD 功能将演示文稿打包放进 CD，或者是放进另一个文件夹或计算机。

技巧课堂

本次课堂将在新演示文稿中练习对图片文件使用插入、链接到文件、插入和链接等功能。

1. 新建一个新空白演示文稿，然后将其保存为"图片文件-学生"。
2. 在"开始"选项卡的"幻灯片"组中，选择"版式"|"标题和内容"命令。
3. 单击"单击此处添加标题"占位符，然后输入"图片"。
4. 保存该演示文稿，按 Ctrl + O 组合键，弹出"打开"对话框，选择"视图"|"详细信息"命令，将显示图片大小。

图 4-4

　　　图片文件-学生.pptx　　　32 KB

　　注："图片文件-学生"文件的大小是 32KB。

5. 单击"取消"按钮。
6. 在"单击此处添加文本"占位符中单击"插入来自文件的图片"。
7. 在弹出的"插入图片"对话框中，选择"视图"|"详细信息"命令。
8. 选择图片"荷花"，单击"插入"按钮，效果如图 4-4 所示。

　　　荷花.jpg　　　82 KB

　　注："荷花"文件的大小是 82KB。

9. 保存该演示文稿，然后按 Ctrl + O 组合键，弹出"打开"对话框。

　　　图片文件-学生.pptx　　　144 KB

　　注："图片文件-学生"文件的大小已增加至 144KB。

10. 单击"取消"按钮，在"开始"选项卡的"幻灯片"组中，选择"新建幻灯片"|"空白"命令。
11. 在"插入"选项卡的"插图"组中，单击"图片"按钮，在弹出的"插入图片"对话框中，选择图片"日落"，并选择"插入"|"链接到文件"命令。

　　　日落.jpg　　　70 KB

　　注：此时，已链接到一个图片文件，效果如图 4-5 所示。

12. 保存该演示文稿，然后按 Ctrl + O 组合键，弹出"打开"对话框。

　　　图片文件-学生.pptx　　　145 KB

　　注：由于采用链接图片而不是插入图片，"图片文件-学生"文件的大小仅有少许增加。

13. 单击"取消"按钮，在"开始"选项卡的"幻灯片"组中，选择"新建幻灯片"|"空白"命令。

14. 在"插入"选项卡的"插图"组中，单击"图片"按钮，选择图片"冬日"。选择"插入"｜"插入和链接"命令。

注：已插入和链接了一个图片文件，效果如图 4-6 所示。

图 4-5　　　　　　　　　　　　　　　　　　　图 4-6

15. 保存该演示文稿，按 Ctrl+O 组合键，弹出"打开"对话框。

注：由于采用插入和链接图片，"图片文件-学生"文件的大小增加至为 249KB。

16. 单击"取消"按钮，保存并关闭该演示文稿。

 ## 技巧演练

本次演练将进一步练习链接图片，以使演示文稿文件保持较小。

1. 新建一个新空白演示文稿，然后将其保存为"陈列-学生"。

2. 将幻灯片版式改为"图片与标题"。

3. 单击"单击此处添加标题"占位符，然后输入"餐桌"。

4. 单击"单击此处添加文本"占位符，然后输入"进餐"。

5. 在幻灯片上单击"插入来自文件的图片"，选择"晚餐"图片文件（注：该文件大小为 351KB），选择"插入"｜"链接到文件"命令。

注：已将图片链接至演示文稿幻灯片，效果如图 4-7 所示。

图 4-7

6. 按 Ctrl+M 组合键，插入一张新幻灯片。

7. 单击"单击此处添加标题"占位符，然后输入"餐桌"。

8. 单击"单击此处添加文本"占位符，然后输入"户外"。

9. 单击"插入来自文件的图片"，选择"户外"图片文件（注：该文件大小为 330KB），选择"插入"｜"链接到文件"命令，效果如图 4-8 所示。

10. 按 Ctrl+M 组合键插入一张新幻灯片。

11. 单击"单击此处添加标题"占位符，然后输入"摇椅"。

12. 单击"单击此处添加文本"占位符，然后输入"户外"。

13. 单击"插入来自文件的图片"，选择"摇椅"图片文件（注：该文件大小为 234KB），选择"插入"｜"链接到文件"命令，效果如图 4-9 所示。

14. 保存该演示文稿。

15. 按 Ctrl+O 组合键，弹出"打开"对话框。

 将"打开"对话框的视图改为显示文件的"详细信息"。

餐桌
户外

摇椅
户外

图 4-8 图 4-9

注：由于采用链接图片，"陈列–学生"文件的大小仅为 53KB。

16. 单击"取消"按钮，然后关闭该演示文稿。

4.1.2 插入相册

　　PowerPoint 相册是用户创建的演示文稿，用以显示自己的相片。与任何其他类型的演示文稿一样，可以在相册上添加如转换、背景、主题和版式等效果。可以给图片加上标题和边框，调整顺序和版式，甚至应用主题自定义相册外观。还可将其作为电子邮件的附件发送、在 Web 页上发布，或者打印，和其他人分享自己的相册。

　　要创建相册，在"插入"选项卡的"插图"组中，单击"相册"按钮，弹出"相册"对话框，如图 4-10 所示。

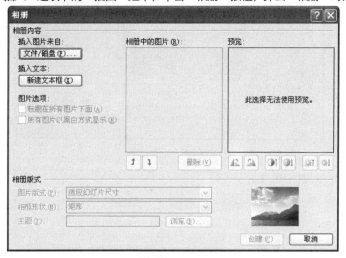

图 4-10

　　"相册"对话框中的各选项介绍如表 4-1 所示。

表 4-1

插入图片来自	使用"文件/磁盘"按钮定位到文件所在位置
插入文本	创建一个新文本框，并输入关于图片的文本或信息
相册中的图片	列出相册中包含的图片文件。使用列表下面的"上移"或"下移"按钮重新调整列表中文件的顺序，或单击"删除"按钮从列表框中删除文件
预览	以图片的形式预览"相册中的图片"列表框中选中的文件。使用"预览"框下面的按钮可以旋转图片，调整图片的对比度和亮度
图片选项	选择是否在图片下面加上标题框，例如，人名或产品标识，或者以黑白方式显示图片，以达到不同的效果
图册版式	选择相册中图片布置的方式

续表

相框形状	选择每张图片边框的形状。只要没有选择"填充幻灯片"，该选择就可用
主题	在相册上应用主题

技巧课堂

本次课堂将练习在新演示文稿中插入相册。

1. 新建一个新空白演示文稿，然后将其保存为"职员-学生"。
2. 在"插入"选项卡的"插图"组中，单击"相册"按钮。
3. 在弹出的"相册"对话框中，单击"文件/磁盘"按钮。
4. 在弹出的"插入新图片"对话框中，选择"卡罗尔"图片文件。
5. 单击"插入"按钮，返回"相册"对话框，单击"新建文本框"按钮。
6. 单击"文件/磁盘"按钮，在弹出的"插入新图片"对话框中选择"保罗"图片文件。
7. 单击"插入"按钮，返回"相册"对话框，单击"新建文本框"按钮，并选择"图片版式"下拉列表框中的"2张图片"选项，选择"相框形状"下拉列表框中的"圆角矩形"选项，效果如图 4-11 所示。

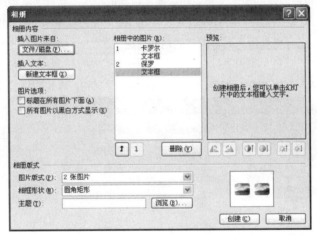

图 4-11

8. 单击"创建"按钮，效果如图 4-12 所示。

图 4-12

注：上面已经创建了一个相册，注意"幻灯片"选项卡中的幻灯片，并要了解如何通过"相册"对话框中进行显示照片设置。

9. 保存并关闭该演示文稿。

技巧演练

本次演练将进一步练习使用链接图片文件创建相册。

1. 新建一个新空白演示文稿，然后将其保存为"相册-学生"。

2. 在"插入"选项卡的"插图"组中，单击"相册"按钮。

3. 在弹出的"相册"对话框中，单击"文件/磁盘"按钮。在"插入新图片"对话框中选择"荷花"图片文件，选择"插入"|"链接到文件"命令。

4. 返回"相册"对话框，单击"新建文本框"按钮。

5. 单击"文件/磁盘"按钮。在"插入新图片"对话框中选择"日落"图片文件。选择"插入"|"链接到文件"命令。

6. 单击"新建文本框"按钮。

7. 单击"文件/磁盘"按钮。在"插入新图片"对话框中选择"冬日"图片文件。选择"插入"|"链接到文件"命令。

8. 单击"新建文本框"按钮。

9. 单击"文件/磁盘"按钮。在"插入新图片"对话框中选择"蓝山"图片文件。选择"插入"|"链接到文件"命令。

10. 单击"新建文本框"按钮。

11. 在"图片版式"下拉列表框中选择"4张图片"选项。

12. 在"相框形状"下拉列表框中选择"居中矩形阴影"选项。

13. 在"主题"文本框右侧单击"浏览"按钮，选择 Origin 后单击"选择"按钮，然后单击"创建"按钮。

  注：此时，已经创建了有三张幻灯片的相册演示文稿。其中，一张是标题幻灯片，其他每张幻灯片有两个文本框及两张图片，效果如图 4-13 所示

14. 保存并关闭该演示文稿。

图 4-13

4.1.3 插入剪贴画

Microsoft 剪辑管理器包含绘画、照片、声音、视频和其他媒体文件（统称为剪辑）。用户可以很方便地将这些剪辑插入到演示文稿中，以增加演示文稿的效果和说明特殊概念。

要插入剪贴画，在"插入"选项卡的"插图"组中，单击"剪贴画"按钮，打开"剪贴画"任务窗格，如图 4-14 所示。

"剪贴画"任务窗格中的选项区域及选项按钮介绍如表 4-2 所示。

表 4-2

搜索文字	输入要插入幻灯片的剪贴画图像的搜索条件
搜索	单击该按钮开始搜索，也可以在输入搜索条件后按 Enter 键开始搜索
搜索范围	指出 PowerPoint 是在本地、网络还是在 Microsoft 网站搜索剪贴画图像
结果类型	指出显示在结果列表中的文件类型
结果列表	该列表框中显示匹配搜索条件的图像文件。列表框中显示的图像数目取决于剪贴画窗口的宽度
管理剪辑	显示剪辑管理器窗口帮助管理媒体文件。按输入关键字分类，有助于确定或匹配搜索条件
Office 网上剪辑	连接 Microsoft Office Online 站点查找更多剪贴画
查找剪辑提示	通过各种方法得到帮助，以查找符合条件的剪贴画

PowerPoint 将查找到匹配搜索条件的结果显示在列表框中。要将结果插入到幻灯片中，可使用下述方法之一：

- 单击图片将其插入幻灯片（如果插入剪贴画之前选择了内容占位符，那么图像会自动调整到占位符大小）。
- 单击剪贴画图像右边的下拉按钮，在弹出的下拉菜单中（见图 4-15），可以显示很多选项，例如复制该图像到 Office 剪贴板，因此可搜索和收集其他图像，并将其插入到演示文稿中。

图 4-14

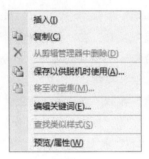

图 4-15

 技巧课堂

在本次课堂将练习在新演示文稿中插入剪贴画。

1. 新建一个新空白演示文稿，然后将其保存为"花园图片-学生"。
2. 在"开始"选项卡的"幻灯片"组中，选择"版式"|"空白"命令。
3. 在"插入"选项卡的"插图"组中，单击"剪贴画"按钮。
4. 在打开的"剪贴画"任务窗格中，单击"结果类型"下拉按钮，取消选中"照片"、"影片"和"声音"复选框，只选中"剪贴画"复选框。
5. 在"剪贴画"任务窗格的"搜索文字"文本框中，输入"树"。
6. 在"剪贴画"任务窗格中，单击一张剪贴画。
7. 将该剪贴画拖动到幻灯片的左上角。
8. 在"剪贴画"任务窗格的"搜索文字"文本框中，输入"花"。在该窗格中选择一张剪贴画，并将其拖动到幻灯片的右下角。
9. 在"剪贴画"任务窗格的"搜索文字"文本框中，输入"花园"。在该窗格中选择一张剪贴画。

    注：已在空白幻灯片上添加了三个剪贴画对象，效果如图 4-16 所示。

图 4-16

10. 关闭"剪贴画"任务窗格，保存并关闭该演示文稿。

 技巧演练

本次演练将进一步练习在演示文稿中插入剪贴画。

1. 打开"旅行"演示文稿，并将其另存为"旅行-学生"。
2. 在"插入"选项卡的"插图"组中，单击"剪贴画"按钮。

3. 在"剪贴画"任务窗格的"搜索文字"文本框中，输入"伦敦"。

4. 在"剪贴画"任务窗格中，单击一张剪贴画。

  注：已在第一张幻灯片上添加了剪贴画对象，效果如图 4-17 所示。

图 4-17

5. 单击"幻灯片"选项卡中的幻灯片 2。

6. 在"剪贴画"任务窗格的"搜索文字"文本框中，输入"罗马"。

7. 在"剪贴画"任务窗格中，单击一张剪贴画。

8. 单击"幻灯片"选项卡中的幻灯片 3。

9. 在"剪贴画"任务窗格的"搜索文字"文本框中，输入"雅典"。

10. 在"剪贴画"任务窗格中，单击一张剪贴画，然后关闭"剪贴画"任务窗格，效果如图 4-18 所示。

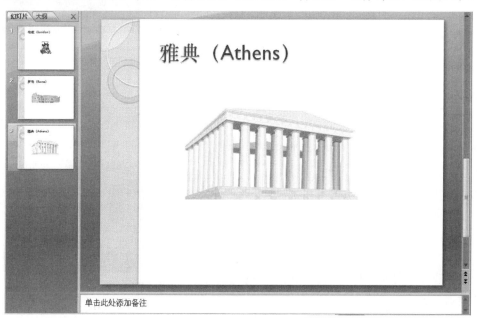

图 4-18

11. 保存并关闭该演示文稿。

4.2　修改图片

4.2.1　改变图片亮度

用户可让图片变得更为柔和，使它与环境融为一体，也可让其更为明亮，使它更为夺目。

要改变图片的亮度，在"图片工具|格式"选项卡的"调整"组中，单击"亮度"下拉按钮。

4.2.2　改变图片对比度

可以强化对比使图片更加清晰，或减弱图片的对比度使其更加柔和。

要改变图片的对比度，在"图片工具|格式"选项卡的"调整"组中，单击"对比度"下拉按钮。

4.2.3　对图片重新着色

可使用更淡或更深的色彩对图片重新着色，以增加其效果。

要对图片重新着色，可在"图片工具"下的"格式"选项卡"调整"组中，单击"重新着色"下拉按钮。

技巧课堂

本次课堂将在"荷花"演示文稿中练习改变图片的亮度、对比度以及对图片重新着色。

1. 打开"荷花"演示文稿，然后将其另存为"黑莲-学生"。
2. 单击该图片。
3. 在"图片工具|格式"选项卡的"调整"组中，选择"重新着色"|"灰度"命令。
4. 在"图片工具|格式"选项卡的"调整"组中，选择"亮度"|"+10%"命令。
5. 在"图片工具|格式"选项卡的"调整"组中，选择"对比度"|"+10%"命令，效果如图 4-19 所示。
6. 保存并关闭该演示文稿。

图 4-19

技巧演练

本次演练将进一步练习改变演示文稿中图片的亮度、对比度以及对图片重新着色。

1. 打开"陈列-学生"演示文稿，然后将其另存为"陈列2-学生"。
2. 单击幻灯片 1 中的图片，然后应用"强调文字颜色 3，深色"重新着色。
3. 应用"+10%"亮度和"+20%"对比度，效果如图 4-20 所示。
4. 单击幻灯片 2 中的图片，然后应用"强调文字颜色 1，深色"重新着色。
5. 应用"-10%"亮度和"+10%"对比度，效果如图 4-21 所示。
6. 单击幻灯片 3 中的图片，然后应用"强调文字颜色 2，深色"重新着色。
7. 应用"+10%"亮度和"+10%"对比度，效果如图 4-22 所示。

图 4-20

餐桌
户外

图 4-21

摇椅
户外

图 4-22

8. 保存并关闭该演示文稿。

4.2.4   改变插图效果

有多种方法可设置图片格式。改变图片效果可增加视觉感染力，使其相对于幻灯片背景更为突出。例如，可加上图片样式、形状、边框和一些特效（如发光、映像）。在设置图片格式时，应尽可能挑选能弥补演示文稿不足的特效。

- 要改变图片形状，在"图片工具 I 格式"选项卡的"图片样式"组中，单击"图片形状"下拉按钮。
- 要改变图片边框，在"图片工具 I 格式"选项卡的"图片样式"组中，单击"图片边框"下拉按钮。
- 要改变图片效果，在"图片工具 I 格式"选项卡的"图片样式"组中，单击"图片效果"下拉按钮。
- 要改变图片样式，在"图片工具 I 格式"选项卡的"图片样式"组中，选择图片样式。
- 要删除图片上的特效，在"图片工具 I 格式"选项卡的"调整"组中，单击"重设图片"按钮。

可使用"设置图片格式"对话框修改图片的亮度、对比度和颜色。要显示该对话框，可使用下述方法之一：

- 右击图片，在弹出的快捷菜单中选择"设置图片格式"命令。
- 在"图片工具 I 格式"选项卡的"图片样式"组中，单击"对话框启动器"按钮，弹出"设置图片格式"对话框，如图 4-23 所示。

图 4-23

 技巧课堂

本次课堂将在演示文稿中练习添加、改变和删除插图效果。

1. 打开"摄影"演示文稿，然后将其另存为"摄影格式-学生"。

2. 选择图片 1，在"图片工具 I 格式"选项卡的"调整"组中，单击"重设图片"按钮。

3. 在"图片工具 I 格式"选项卡的"图片样式"组中，选择"映像圆角矩形"样式。

> 如果在样式列表中找不到该样式，可单击"其他"按钮显示样式库，然后选择该样示并应用它。

4. 在"图片工具|格式"选项卡的"图片样式"组中，选择"图片效果"|"映像"|"全映像，4pt 偏移量"。

5. 选择图片 2（白花）。在"图片工具"下的"格式"选项卡"图片样式"组中，选择"图片形状"|"椭圆"命令。

6. 在"图片工具"下的"格式"选项卡"图片样式"组中，选择"图片边框"|"橄榄色，强调文字颜色 3，深色 25%"命令。

7. 选择图片 3（粉红的花）。在"图片工具"下的"格式"选项卡"图片样式"组中，单击"其他"按钮显示样式库，然后选择"柔化边缘椭圆"样式。

8. "图片工具"下，在"格式"选项卡"图片样式"组中，选择"图片效果"|"柔化边缘"，选择"25 磅"命令。

9. 选择图片 4（蔬菜）。在"图片工具|格式"选项卡"图片样式"组中，单击"其他"按钮显示样式库，然后选择"透视阴影，白色"样式，效果如图 4-24 所示。

10. 保存并关闭该演示文稿。

图 4-24

 技巧演练

本次演练将在演示文稿中进一步练习改变形状、修改文本、应用快速样式和添加图形效果。

1. 打开"运动"演示文稿，并将其另存为"运动格式-学生"。
2. 选择文本 1，并输入文本"足球运动"。
3. 选择文本 2，并输入文本"板球运动"。
4. 在"选择窗格"中选择 Text 1，按住 Ctrl 键选择 Text 2。
5. 在"开始"选项卡的"绘图"组中，选择"快速样式"|"细微效果-强调颜色 1"命令。
6. 在"选择窗格"中选择 Picture 1，按住 Ctrl 键选择 Picture 2。
7. 在"图片工具|格式"选项卡"图片样式"组中，单击"其他"按钮显示样式库，然后选择"柔化边缘矩形"样式。
8. "图片工具|格式"选项卡"图片样式"组中，选择"图片形状"|"椭圆"命令，效果如图 4-25 所示。
9. 保存并关闭该演示文稿。

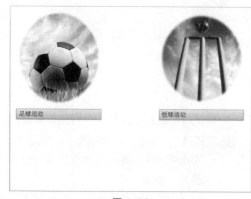

图 4-25

 ## 4.3 插入形状

用户可以插入形状以创建图表和图例，用以直观地展示数据和要点，或者形象生动地阐明复杂的观点。

要插入形状，可使用下述方法之一：
- 在"开始"选项卡的"绘图"组中，在形状库中选择一个形状后在幻灯片上拖动鼠标，添加该形状。
- 在"插入"选项卡的"插图"组中，单击"形状"下拉按钮。选择一个形状后在幻灯片上拖动鼠标，添加该形状。
- 在"图片工具|格式"选项卡的"插入形状"组中选择形状。

创建形状或调整其大小时，须考虑以下几点：

- 选择一个形状后，PowerPoint 显示交叉线，表明正处于绘图模式。在形状开始处单击，然后拖动到形状要求的宽度和高度。
- 当要画出平直的线段或箭头记号时，按 Shift 键。
- 当要画出正方形或正圆时，按 Shift 键。
- 当要从中心点画出一条线、方框、椭圆等形状时，按 Ctrl 键。

创建形状后，即可为图形添加文本。另外，还可选择该图形后，输入文本。

一旦创建或选择图形，PowerPoint 会显示可修改形状"绘图工具"选项卡，如图 4-26 所示（本课稍后介绍）。

图 4-26

可使用选择窗格（也称为"选择和可见性"窗格）选择包括形状在内的对象，修改其顺序、名称和可见性。要显示选择窗格，可使用下述方法之一：

- 在"开始"选项卡的"编辑"组中，选择"选择" | "选择窗格"命令。
- 在"开始"选项卡的"绘图"组中，选择"排列" | "选择窗格"命令。
- 在"图片工具 | 格式"选项卡或"绘图工具 | 格式"选项卡的"排列"组中，单击"选择窗格"按钮。

要选择图形，单击它即可。

要选择一组图形，按 Ctrl 键后依次单击每个图形。

要添加名称标识形状，单击形状或按 F2 键，输入一个名称后按 Enter 键。

要隐藏形状，可单击关闭该形状名称右边的"眼睛"按钮。这使用户在处理许多其他形状时可避免隐藏形状的干扰。再次单击该按钮将使该形状可见。

要隐藏一张幻灯片上的所有形状，单击"全部隐藏"按钮。

要显示一张幻灯片上的所有形状，单击"全部显示"按钮。

要对形状重新排序，单击选择窗格中的一个形状，然后单击位于选择窗格底部的"上移一层"或"下移一层"按钮。

单击"关闭"按钮关闭该窗口。

要移动形状，可使用下述方法之一：

- 当鼠标指针显示为如右图所示的样式时，用鼠标拖动形状。
- 按箭头键。
- 按住 Ctrl 键后再按箭头键可对图形进行小幅移动。

 技巧课堂

本次课堂将练习在新演示文稿中选择和插入形状。

1. 打开"展示"演示文稿，然后将其另存为"展示-学生"。
2. 在"开始"选项卡的"绘图"组中，选择"排列" | "选择窗格"命令。
3. 在"开始"选项卡的"绘图"组中，选择"形状" | "直线"命令。
4. 按住 Shift 键然后拖动鼠标，在文本"餐桌"下绘制一条长约 15cm 的水平直线，效果如图 4-27 所示。

可将标尺作为确定形状宽度和高度的参照。如果标尺没有显示，可选中"视图"选项卡的"显示/隐藏"组中的"标尺"复选框。

5. 在"开始"选项卡的"绘图"组中，选择"形状"|"箭头"命令。

6. 按住 Shift 键然后拖动鼠标，在图片左边绘制一条长约 1.5cm 的水平箭头，如图 4-28 所示。该箭头可根据需要进行移动。

图 4-27

图 4-28

注：现在使用"绘图工具"创建形状。由于在上一步中形状已被选中，因此可看到"绘图工具"选项卡自动显示，在下一步继续会用到。

7. 在"绘图工具|格式"选项卡的"插入形状"组中，选择"矩形"。从幻灯片左边边线开始绘制一个紧靠箭头的矩形。如果需要，移动该矩形。在矩形中输入"白色或米色"，如图 4-29 所示。

注：现在从中心点绘制一个圆。

图 4-29

8. 在"幻灯片"选项卡中单击幻灯片 2。在"插入"选项卡的"插图"组中，选择"形状"|"椭圆"命令。从距幻灯片右下角约 2.5cm 处开始，按住 Ctrl 键后，绘制一个宽、高约 3cm 的圆，并输入"白色、米色或褐色"，如图 4-30 所示。该图形可根据需要进行移动。

可将标尺上与十字线同步移动的虚线作为定位绘制图形起参考始点。例如：在开始绘制图形之前，将指针指在水平标尺的 0 刻度。

9. 在"幻灯片"选项卡中单击幻灯片 3。在"绘图工具|格式"选项卡的"插入形状"组中，选择"六边形"。按住 Shift 键后，绘制一个宽高约 5cm 的六边形并输入"仅白色"，效果如图 4-31 所示。

图 4-30

图 4-31

注：现在已分别在三张幻灯片上添加了五个形状。

10. 在"幻灯片"选项卡中单击幻灯片 1 后，在选择窗格中单击"矩形 8"，单击两次并输入"变化"，然后按 [Enter] 键确认。

选择窗格中项目的数字可能会不同，但项目名称不变。

11. 在选择窗格中单击"直接箭头连接符 7"，单击两次并输入"箭头"，按 [Enter] 键确认。

12. 在选择窗格中单击"直接连接符 5"，单击两次并输入"直线"，按 [Enter] 键确认。

13. 在选择窗格中单击"文本占位符 16"，单击两次并输入"产品类别"，按 [Enter] 键确认。

14. 在选择窗格中单击"晚餐"，单击两次并输入"图片"，按 [Enter] 键确认。

15. 在选择窗格中单击"标题 14"，单击两次并输入"产品"，按 [Enter] 键确认，效果如图 4-32 所示。

图 4-32

16. 在"幻灯片"选项卡中单击幻灯片 2 后，按图 4-33 所示重新命名选择窗格中的各对象。

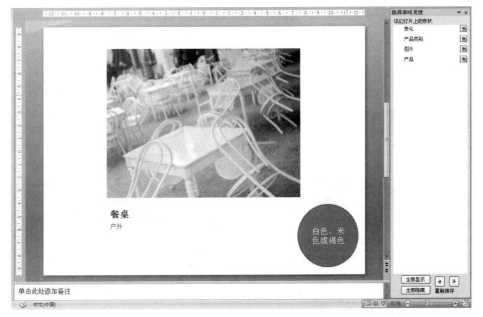

图 4-33

17. 在"幻灯片"选项卡中单击幻灯片 3 后，按图 4-34 所示重新命名选择窗格中的各对象。

图 4-34

18. 关闭选择窗格，然后保存演示文稿。

 ### 技巧演练

本次演练将在当前演示文稿中进一步练习插入形状和选择形状。

1. 将"展示-学生"文件另存为"展示 2-学生"。

2. 在"幻灯片"选项卡中单击幻灯片 2。在"开始"选项卡的"绘图"组中，选择"形状"|"直线"命令。

3. 按住 Shift 键然后拖动鼠标，在文本"餐桌"下绘制一条长约 15cm 的水平直线。

4. 在"幻灯片"选项卡中单击幻灯片 3。在"开始"选项卡的"绘图"组中，选择"形状"|"直线"命令。

5. 按住 Shift 键然后拖动鼠标，在文本"摇椅"下绘制一条长约 15cm 的水平直线。

6. 在"幻灯片"选项卡中单击幻灯片 2。在"开始"选项卡的"绘图"组中，选择"形状"|"三十二角星"命令。

7. 在幻灯片的左上角绘制一个宽和高约 5cm 的星形，并在其中输入"库存有限"，效果如图 4-35 所示。

8. 在"幻灯片"选项卡中单击幻灯片 3。在"开始"选项卡的"绘图"组中，选择"形状"|"椭圆形标注"命令。

9. 在幻灯片的右上角绘制一个宽和高约 5cm 的标注，并在其中输入"优惠"，效果如图 4-36 所示。

图 4-35

图 4-36

10. 保存并关闭该演示文稿。

4.4 修改插图和形状

用户可以利用多种方法设置形状和形状中文本的格式。修改形状和形状文本格式可以增加其视觉感染力，使其在幻灯片背景中更为突出。例如，可在形状上添加轮廓、填充、阴影，改变形状边框的宽度和颜色，为形状文本添加文字效果。在使用颜色设置形状和形状文本的格式或改变线条颜色时，应尽可能挑选能补充演示文稿颜色规划的颜色。

4.4.1 修改形状中的文本

要在形状中增加文本或修改形状中的文本，可使用下述方法之一：
- 单击形状，添加文本。
- 双击形状，输入以替代选择的文本。
- 单击形状占位符，按 F2 键。
- 右击形状占位符在弹出的快捷菜单中选择"编辑文字"命令。

要改变形状文本的颜色，可使用下述方法之一：
- 在"开始"选项卡的"字体"组中，单击"字体颜色"下拉按钮。
- 在"开始"选项卡的"字体"组中，单击"对话框启动器"按钮。

> 也可以按 Ctrl + T 、 Ctrl + Shift + F 或 Ctrl + Shift + P 组合键显示"字体"对话框。

- 右击，在弹出的快捷菜单中选择"字体"命令。
- 右击，单击浮动工具栏上的"字体颜色"下拉按钮。

要设置形状文本填充，在"绘图工具|格式"选项卡的"艺术字样式"组中，单击"文本填充"下拉按钮。

要设置形状文本的轮廓，在"绘图工具|格式"选项卡的"艺术字样式"组中，单击"文本轮廓"下拉按钮。

要设置形状文本的效果，在"绘图工具|格式"选项卡的"艺术字样式"组中，单击"文本效果"下拉按钮。

要设置形状文本的样式，在"绘图工具|格式"选项卡的"艺术字样式"组中，单击"艺术字样式"按钮。

用户可在"设置文本效果格式"对话框中对文本应用填充、轮廓和效果。在"绘图工具|格式"选项卡的"艺术字样式"组中，单击"对话框启动器"按钮，弹出"设置文本效果格式"对话框，如图 4-37 所示。

4.4.2 设置形状格式

图 4-37

要设置形状填充，可使用下述方法之一：
- 在"绘图工具|格式"选项卡的"形状样式"组中，单击"形状填充"下拉按钮。
- 在"开始"选项卡的"绘图"组中，单击"形状填充"下拉按钮。

要设置形状的轮廓，可使用下述方法之一：
- 在"绘图工具|格式"选项卡的"形状样式"组中，单击"形状轮廓"下拉按钮。
- 在"开始"选项卡的"绘图"组中，单击"形状轮廓"下拉按钮。

要设置形状的样式，可在"绘图工具|格式"选项卡的"形状样式"组中，选择一种应用到形状的样式。

要设置形状的效果,可使用下述方法之一:

- 在"绘图工具|格式"选项卡的"形状样式"组中,单击"形状效果"下拉按钮。
- 在"开始"选项卡的"绘图"组中,单击"形状效果"下拉按钮。

可使用"设置形状格式"对话框设置形状的填充、轮廓和效果。在"绘图工具|格式"选项卡的"形状样式"组中,单击"对话框启动器"按钮,弹出"设置形状格式"对话框,如图 4-38 所示。

当插图中包含许多相似或相同的形状时,可复制该形状或复制/粘贴该形状。

要复制所选的形状,按 Ctrl + D 组合键。如果需要,移动并修改该形状。

要复制/粘贴所选形状,可使用下述方法之一:

- 在"开始"选项卡的"剪贴板"组中,单击"复制"按钮后,在"开始"选项卡的"剪贴板"组中,单击"粘贴"按钮。

图 4-38

- 右击形状,在弹出的快捷菜单中选择"复制"命令后,右击,在弹出的快捷菜单中选择"粘贴"命令。
- 按 Ctrl + C 或 Ctrl + V 组合键。

技巧课堂

本次课堂将练习在演示文稿中插入和连接形状,在形状中添加文本,选择形状并修改形状填充和形状文本的字体颜色。

1. 打开"交易"演示文稿,并将其另存为"交易格式-学生"。
2. 在"开始"选项卡的"绘图"组中,选择"排列"|"选择窗格"命令。
3. 在"开始"选项卡的"绘图"组中,选择"其他"|"六边形"命令。
4. 按图 4-39 所示,在幻灯片的右边绘制第四个六边形。
5. 在"开始"选项卡的"绘图"组中,选择"形状"|"直线"命令。
6. 按图 4-40 所示,在第三、第四个六边形之间绘制一条直线。

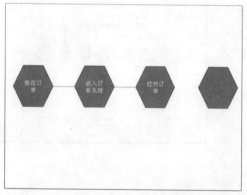

图 4-39

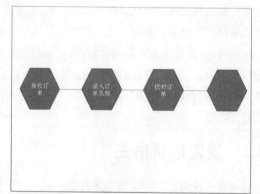

图 4-40

7. 单击幻灯片上刚添加的六边形,并在其中输入"分派"。
8. 按住 Shift 键,依次单击选择窗格中的每个六边形,以选中所有六边形。
9. 在"开始"选项卡的"绘图"组中,选择"形状填充"|"橙色"命令。

10. 在"开始"选项卡的"字体"组中，选择"字体颜色"|"蓝色，强调文字颜色1，深色25%"命令，效果如图4-41所示。

11. 保存并关闭该演示文稿。

 技巧演练

本次演练将在新演示文稿中进一步练习插入和复制形状，选择形状，修改形状样式和轮廓、艺术字样式、文本轮廓和文字效果。

1. 新建一个空白演示文稿，并将其保存为"步骤-学生"。

2. 在"开始"选项卡的"幻灯片"组中，选择"版式"|"空白"命令。

3. 在"开始"选项卡的"绘图"组中，选择"其他"|"八边形"命令。

4. 插入一个八边形，然后按 Ctrl + D 组合键六次，共创建七个八边形。按图 4-42 所示，调整各八边形的位置。

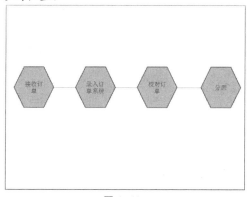
图 4-41

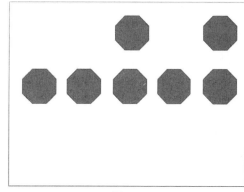
图 4-42

5. 在"开始"选项卡的"绘图"组中，选择"其他"|"箭头"命令。

6. 插入一个箭头，然后按 Ctrl + D 组合键五次，共创建六个箭头。按图 4-43 所示，调整各箭头的大小和位置。

   注：在绘制箭头或调整箭头大小时，红圈占位符控制柄将会出现，它表示连接符的连接结点。连接符是一条两端有连接点的线段，它能够附着到形状并与之保持连接。在重新排列已与连接符相连的形状时，连接符将维持与图形的连接并能随图形的移动而移动。

7. 使用选择窗格，按 Ctrl 键后选中所有箭头。

8. 在"绘图工具|格式"选项卡的"形状样式"组中，选择"形状轮廓"|"黑色，文字1"命令。

9. 在"绘图工具|格式"选项卡的"形状样式"组中，选择"形状轮廓"|"粗细"|"3磅"命令。

10. 在"绘图工具|格式"选项卡的"形状样式"组中，选择"形状轮廓"|"箭头"|"箭头样式9"命令，效果如图4-44所示。

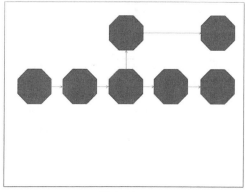
图 4-43

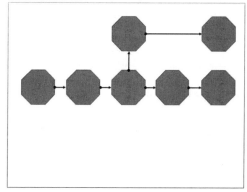
图 4-44

11. 使用选择窗格，按 Ctrl 键后选中所有八边形。

12. 在"绘图工具|格式"选项卡的"形状样式"组中，单击"其他"按钮，显示形状样式库，在其中选择"彩色轮廓-深色1"样式。

13. 单击每个八边形，然后按图4-45所示输入文本。

14. 使用选择窗格，按 Ctrl 键后选中所有八边形。

15. 在"绘图工具|格式"选项卡的"艺术字样式"组中，选择"其他"|"渐变填充 – 强调文字颜色6，内部阴影"命令。

16. 在"绘图工具|格式"选项卡的"艺术字样式"组中，选择"文本效果"|"发光"|"强调文字颜色6，18 pt，发光"命令。

17. 在"绘图工具|格式"选项卡的"艺术字样式"组中，选择"文本轮廓"|"红色"命令，效果如图4-46所示。

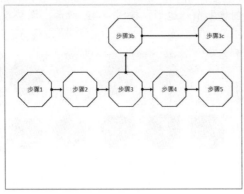

图 4–45

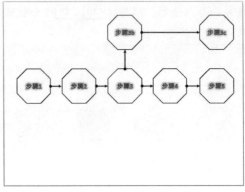

图 4–46

18. 关闭选择窗格。

19. 保存并关闭该演示文稿。

4.4.3　更改形状

在幻灯片中插入形状后，可能认为另一个形状更适合自己的需要。采用删除已有形状，并再次插入新形状、重新输入形状文本的方法，不如简单地更改形状。选中已有的形状并将其改变为更适合的形状，不会丢失形状文本和形状的格式。要改变形状，可先单击它，然后在"绘图工具|格式"选项卡的"插入形状"组中，单击"编辑形状"下拉按钮，弹出下拉菜单，如图4-47所示。

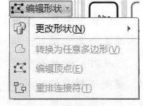

图 4–47

"编辑形状"下拉菜单中的部分菜单命令介绍如表4-3所示。

表 4-3

更改形状	在可用的形状列表中选择一个新的形状（与创建一个新形状很相似）
转换为任意多边形	要在已有的形状上建立自己的形状，使用该命令

一旦激活该命令，即可使用"编辑顶点"拖动控制柄创建新形状。该内容在本书中不作介绍。

4.4.4　应用快速样式

快速演示是格式选项的组合，它使设置形状的格式更容易。通过使用快速样式，可以给形状增添高质量的设计外观。当用鼠标指针指向快速样式缩略图时，可以预览快速样式对形状的影响。

要将快速样式应用到形状，单击形状，然后在"开始"选项卡的"绘图"组中，单击"快速样式"下拉按钮，打开样式库，如图4-48所示。

快速样式是否可用，取决于所选的主题。

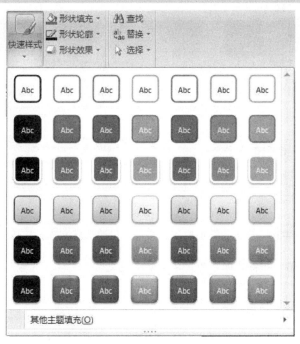

图 4-48

 技巧课堂

本次课堂将练习在演示文稿中更改形状、在形状中添加和修改文本以及如何应用快速样式。

1. 打开"交易"演示文稿，并将其另存为"订单处理-学生"。

2. 选择第一个六边形。

3. 在"绘图工具 | 格式"选项卡的"插入形状"组中，选择"编辑形状" | "更改形状" | "流程图：准备"命令。

4. 选择第二个六边形。

5. 在"绘图工具 | 格式"选项卡的"插入形状"组中，选择"编辑形状" | "更改形状" | "流程图：多文档"命令。

6. 选择第三个六边形。

7. 在"绘图工具 | 格式"选项卡的"插入形状"组中，选择"编辑形状" | "更改形状"，选择"流程图：终止"命令。此时的效果如图 4-49 所示。

8. 在"绘图工具 | 格式"选项卡的"插入形状"组中，选择"其他" | "流程图：手动操作"命令。

9. 在"绘图工具 | 格式"选项卡的"插入形状"组中，选择"直线"。绘制一条连接终止形状与新形状的直线。

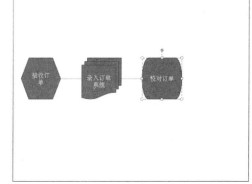

图 4-49

10. 选择最后一个形状，然后输入"发送"，效果如图 4-50 所示。

11. 选择第二个形状，用文本"数据库"替换文本"系统"。

12. 在形状之外任意处单击，然后按 Ctrl + A 组合键，选择所有形状。

13. 在"开始"选项卡的"绘图"组中，选择"快速样式" | "强烈效果 – 强调颜色 2"命令，效果如图 4-51 所示。

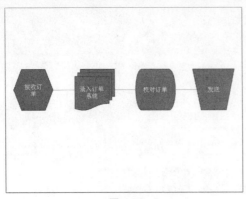

图 4-50

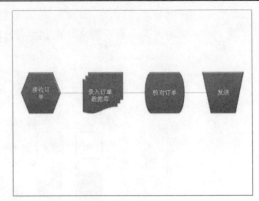

图 4-51

14. 保存并关闭该演示文稿。

技巧演练

本次演练将在新演示文稿中进一步练习添加形状，添加和修改形状文本，应用快速样式。

1. 新建一个空白演示文稿，并将其保存为"消费者满意度-学生"。

2. 按图 4-52 所示在空白版式的幻灯片上添加形状、文本和快速样式。

 先创建文本框并应用快速样式，添加箭头，然后添加文本，这会使在添加新元素时更易对齐。

3. 保存并关闭该演示文稿。

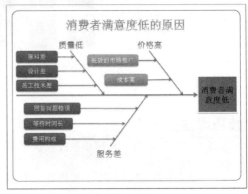

图 4-52

4.5 排列插图和形状

手动排列插图和形状比较困难，但如果插图和形状不对齐，杂乱的内容容易分散观众注意力，并且外观也非常难看。PowerPoint 提供了很多功能来帮助排列演示文稿中的形状和对象。

4.5.1 使用网格线和参考线

参考线是不可打印出的垂直和水平的直线，可以用来对齐幻灯片上的对象。不管网格打开与否，参考线都可以使对象排列整齐。

网格线是一组纵横交错的直线，它使对齐形状和其他对象非常容易。使用网格线对齐对象更为精确，特别是相互关联的对象。

用户可在 PowerPoint 中查看网格线和参考线，它们向用户提供了关于演示文稿中对象的直观提示。

用户可显示和隐藏网格线和参考线、添加或删除参考线、拖动参考线对其进行调整、从预设的值中选择一个值以设置网格线之间的距离。在向观众展示演讲文稿时，网格线和参考线是不可见的，在打印时也不显示。

要打开参考线，可使用下述方法之一：

- 在"开始"选项卡的"绘图"组中，选择"排列" | "对齐" | "网格设置"命令，在弹出的"网格线和参考线"对话框中选中"屏幕上显示绘图参考线"复选框。
- 在"图片工具 | 格式"或"绘图工具 | 格式"选项卡的"排列"组中，选择"对齐" | "网格设置"命令，在弹出的"网格线和参考线"对话框中选中"屏幕上显示绘图参考线"复选框。
- 按 Alt + F9 组合键。

- 在幻灯片对象之外右击，在弹出的快捷菜单中选择"网格和参考线"命令。在弹出的"网格线和参考线"对话框中选中"屏幕上显示绘图参考线"复选框，效果如图 4-53 所示。

要打开网格线，可使用下述方法之一：

- 在"视图"选项卡的"显示/隐藏"组中，选中"网格线"复选框。
- 在"开始"选项卡的"绘图"组中，选择"排列"|"对齐"|"网格设置"命令，在弹出的"网格线和参考线"对话框中选中"屏幕上显示网格"复选框。

图 4-53

- 在"开始"选项卡的"绘图"组中，选择"排列"|"对齐"|"查看网格线"命令。
- 在"图片工具|格式"或"绘图工具|格式"选项卡的"排列"组中，选择"对齐"|"查看网格线"命令。
- 在"图片工具|格式"或"绘图工具|格式"选项卡的"排列"组中，选择"对齐"|"网格设置"命令，在弹出的"网络线和参考线"对话框中选中"屏幕上显示网格"复选框。
- 按 Shift + F9 组合键。
- 在幻灯片对象之外右击，在弹出的快捷菜单中选择"网格和参考线"命令，在弹出的"网格线和参考线"对话框中选中"屏幕上显示绘图网格"复选框。

当形状与网格对齐时，很难用鼠标将形状精确地移动到幻灯片上指定的位置。要不使形状与网格对齐，可取消选中"对象与网格对齐"复选框，或移动形状时，按住 Alt 键。

可按箭头键在幻灯片上移动对象，或按 Ctrl +箭头键可对对象进行小幅移动。

4.5.2　使用标尺

用户可使用标尺作为对齐幻灯片上对象的参考。要查看标尺，在"视图"选项卡的"显示/隐藏"组中，选中"标尺"复选框。

4.5.3　调整内容的大小、缩放或旋转

在绘制一个图形后，图形的位置和大小可能并不合适。可调整图形的大小使其更加适合幻灯片，并且将其移动到合适的位置。

与调整文本框大小的方法一样，用户可使用控制柄调整形状的大小。在选择图形后，其四周会出现小方块和圆圈，如图 4-54 所示。用户可拖动这些控制柄使形状变大或变小。拖动角上的圆形控制柄将维持形状的原始比例；拖动边上的方块控制柄将改变其原始比例。

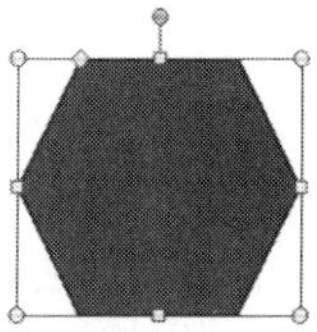

图 4-54

如果需要指定形状的高度和宽度，可是使用下述方法之一：

- 在"图片工具|格式"或"绘图工具|格式"选项卡的"大小"组中，在"形状高度"或"形状宽度"微调框，输入数值然后按 Enter 键。
- 右击形状，在弹出的快捷菜单中选择"大小和位置"命令。
- 在"图片工具|格式"或"绘图工具|格式"选项卡的"大小"组中，单击"对话框启动器"按钮，弹出"大小和位置"对话框，如图 4-55 所示。

默认情况下，用户在形状中输入文本时，形状不会根据输入文本的多少自动调整到合适的大小。该功能称为自动调整。要更改自动调整功能，可使用下述方法之一：

- 右击形状，在弹出的快捷菜单中选择"设置格式形状"命令。
- 在"开始"选项卡的"段落"组中，选择"文字方向"|"其他选项"命令。

- 在"开始"选项卡的"段落"组中，选择"对齐文本"|"其他选项"命令。
- 在"绘图工具|格式"选项卡的"艺术字样式"组中，单击"对话框启动器"按钮，然后在"设置形状格式"对话框的左侧窗格中（见图 4-56）选择"文本框"类别。

图 4-55

图 4-56

默认情况下，文本框会自动调整大小，但也可选择"溢出时缩排文字"单选按钮，即将文字字号缩小。如果既不希望改变文本框的大小，也不希望文字字号缩小，可选择"不自动调整"单选按钮。

如果使用缩放百分比增大或减小形状，可使用下述方法之一：

- 右击形状，在弹出的快捷菜单中选择"大小和位置"命令。
- 在"图片工具|格式"或"绘图工具|格式"选项卡的"大小"组中，单击"对话框启动器"按钮。
- 在"图片工具|格式"或"绘图工具|格式"选项卡的"排列"组中，选择"旋转"|"其他旋转选项"命令。

执行上述操作后，均可弹出"大小和位置"对话框，如图 4-57 所示。

高度：用于输入或选择一个高度缩放比例。

宽度：用于输入或选择一个宽度缩放比例。

锁定纵横比：为避免形状变形，可以选中"锁定纵横比"复选框。

在 PowerPoint 中，可对图形进行 360° 旋转，或使用"翻转"

图 4-57

命令，从左向右或从右向左翻转或倒转图形。要旋转图形，可使用下述方法之一：

- 在"开始"选项卡的"绘图"组中，选择"排列"|"旋转"命令。
- 在"图片工具|格式"或"绘图工具|格式"选项卡的"排列"组中，单击"旋转"下拉按钮，弹出下拉菜单，如图 4-58 所示。
- 拖动旋转控制柄（绿色圆圈控制柄）进行旋转移动，如图 4-59 所示。

图 4-58

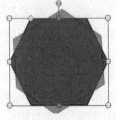

图 4-59

技巧课堂

本次课堂将在演示文稿中练习使用网格线、参考线和标尺调整形状的大小、缩放比例，旋转形状。

1. 打开"过程"演示文稿，然后将其另存为"过程格式-学生"。

2. 在"视图"选项卡的"显示/隐藏"组中，选中"标尺"复选框。

3. 在"视图"选项卡的"显示/隐藏"组中，选中"网格线"复选框。

4. 在"开始"选项卡的"绘图"组中，选择"排列"|"对齐"|"网格设置"命令，在弹出的"网格线和参考线"对话框中选中"屏幕上显示绘图参考线"复选框，效果如图4-60所示。

5. 使用垂直标尺作为参考，将水平参考线向下拖动一个网格距离，效果如图4-61所示。

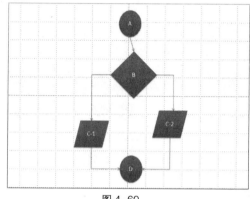
图 4-60

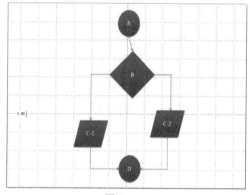
图 4-61

6. 向下拖动形状C-2，使该形状顶部与水平参考线齐平；向上拖动形状C-1，使其顶部与水平参考线齐平。

7. 选择形状A和D。在"绘图工具|格式"选项卡的"大小"组中，在"形状高度"微调框中输入数值"2.5厘米"。

8. 在"绘图工具|格式"选项卡的"大小"组中，在"形状宽度"微调框中输入数值"2.5厘米"。

9. 选择形状B。在"绘图工具|格式"选项卡的"大小"组中，单击"对话框启动器"按钮。

10. 在弹出的"大小和位置"对话框中的"缩放比例"选项组中的"高度"微调框中设置为75%。并在"宽度"微调框中设置为75%。然后单击"关闭"按钮。

11. 拖动形状A、B和C，使其中心在垂直参考线上，效果如图4-62。

12. 在"视图"选项卡的"显示/隐藏"组中，取消选中"标尺"和"网格线"复选框。按 Alt + F9 组合键，关闭参考线。

13. 保存并关闭该演示文稿。

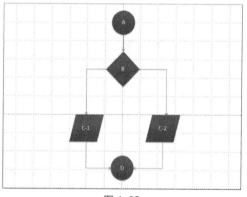
图 4-62

技巧演练

本次演练将在新演示文稿中进一步练习使用网格线、参考线和标尺调整形状的大小、缩放比例、旋转形状。

1. 新建一个新空白演示文稿，然后将其保存为"座位-学生"。

2. 应用空白幻灯片版式和"视点"主题。

3. 在"视图"选项卡的"显示/隐藏"组中，选中"标尺"复选框，然后显示网格线和参考线。

4. 在第一条垂直网格线和最后一条垂直网格线之间插入横跨幻灯片上部的横卷形状，并输入"座位安排"。

5. 在幻灯片的中部插入一个约 5cm 宽、10cm 高的矩形，拖动该矩形使其与幻灯片下边和横卷形状的距离同样都是约 5cm。输入"会议桌"，应用形状填充"橙色"。

6. 在"会议桌"形状上边插入一个与其同宽的矩形，输入"投影屏幕"，然后应用形状填充"绿色"，效果如图 4-63 所示。

7. 在幻灯片的右下部插入一个宽、高两网格方块的矩形，输入"厨房"。

8. 在幻灯片的左右下部插入一个宽三网格方块、高一网格方块的矩形，输入"盥洗室"。

9. 在幻灯片的右部插入一个右箭头，输入"出口"，然后应用形状填充"红色"。

10. 在幻灯片的左部插入一个右箭头，输入"入口"，然后应用形状填充"紫色"。

11. 在"会议桌"的左边插入三个左大括号形状。

12. 在"会议桌"的右边插入三个右大括号形状。

13. 在"会议桌"的下边插入一个右大括号形状，然后向右旋转 90°，效果如图 4-64 所示。

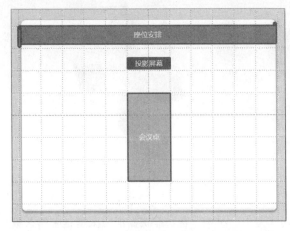
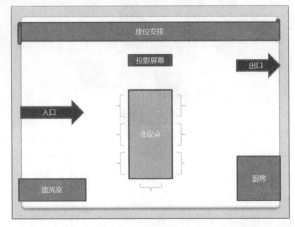

图 4-63　　　　　　　　　　　　　　　　图 4-64

14. 保存并关闭该演示文稿。

4.5.4　更改内容顺序

当在一张幻灯片上插入了多个图形作为插图时，很可能它们的排放位置不准确，有些形状需要在上面显示，而另一些则需要在下面显示，各命令如表 4-4 所示。

表 4-4

置于顶层	使形状位于所有形状的上面
上移一层	将形状从其上的形状下面移至上面
置于底层	使形状位于所有形状的下面
下移一层	将形状从其下的形状上面移至下面

要改变形状的顺序，可使用下述方法之一：

在"开始"选项卡"绘图"组中，选择"排列"|"置于顶层"或"置于底层"命令。

"图片工具|格式"或"绘图工具|格式"选项卡的"排列"组中，单击"置于顶层"或"置于底层"下拉按钮。

右击形状，在弹出的快捷菜单中选择"置于顶层"或"置于底层"命令。

4.5.5　组合或取消组合

在创建了一个由多个形状组成的图表或形状后，必须将这些形状组合起来，以方便整组地调整大小或移动。如果该组中的某个形状需要修改，则必须取消组合以便修改。修改完毕后可重新组合这些形状。

要组合形状，可使用下述方法之一：

- 在"开始"选项卡"绘图"组中，选择"排列"|"组合"命令。
- 在"图片工具|格式"或"绘图工具|格式"选项卡的"排列"组中，单击"组合"下拉按钮。
- 右击形状，在弹出的快捷菜单中选择"组合"命令。

要取消形状组合，可使用下述方法之一：

- 在"开始"选项卡的"绘图"组中，选择"排列"|"取消组合"命令。
- 在"图片工具|格式"或"绘图工具|格式"选项卡的"排列"组中，选择"组合"|"取消组合"命令。
- 右击形状，在弹出的快捷菜单中选择"组合"|"取消组合"命令。

技巧课堂

本次课堂将在演示文稿中练习取消组合，改变形状顺序和组合形状。

1. 打开"房子"演示文稿，然后将其另存为"房子格式-学生"。
2. 选择图片。在"开始"选项卡的"绘图"组中，选择"排列"|"取消组合"命令，如图 4-65 所示，然后在图片外任意处单击。
3. 选择三角形形状。
4. 在"开始"选项卡的"绘图"组中，选择"排列"|"上移一层"命令。
5. 按 Ctrl + A 组合键，选择所有图形。
6. 在"开始"选项卡的"绘图"组中，选择"排列"|"组合"命令，效果如图 4-66 所示。

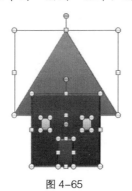
图 4-65

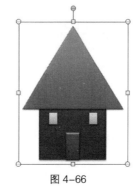
图 4-66

7. 保存并关闭该演示文稿。

技巧演练

本次演练将在演示文稿中进一步练习取消组合、改变形状顺序和组合形状。

1. 打开"座位"演示文稿，然后将其另存为"座位 2-学生"。
2. 在"开始"选项卡的"编辑"组中，选择"选择"|"选择窗格"命令。
3. 在选择窗口中逐个选择幻灯片中的每个项目并重新命名，然后调整顺序。完成后，名称、顺序如图 4-67 所示。

   现在，对"座位"演示文稿中的各项目按类型分组。
4. 选择"会议桌"周围所有的"座位"项。在"绘图工具|格式"选项卡的"排列"组中，选择"组合"|"组合"命令。

   可以看到选择窗格中出现了一个新条目，该条目将组合的座位项显示为一项。
5. 选择"盥洗室"和"厨房"项。在"绘图工具|格式"选项卡的"排列"组中，选择"组合"|"组合"命令。
6. 将"会议桌"和"投影屏幕"项组合在一起。

7. 将座位和两个通道组合在一起。此时选择窗口如图 4-68 所示。

8. 设置选择的背景格式，以改变幻灯片中各项或各组的颜色。

9. 保存并关闭该演示文稿。

图 4-67

图 4-68

4.5.6 对齐内容

在幻灯片中添加形状后，将形状排列整齐比较困难。但如果形状不整齐，可能会影响其观看效果，并且使幻灯片外观非常难看。

在 PowerPoint 中，包括如下对齐方式：

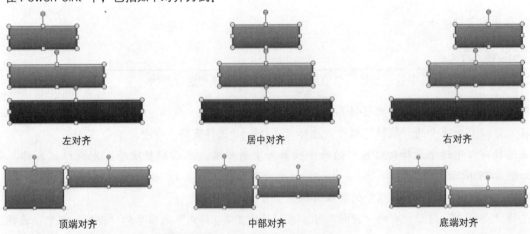

要改变所选的两个或多个形状的对齐方式，可使用下述方法之一：

- 在"图片工具|格式"或"绘图工具|格式"选项卡的"排列"组中，单击"对齐"下拉按钮。
- 在"开始"选项卡的"绘图"组中，选择"排列"|"对齐"命令。

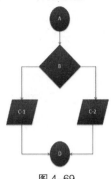

 技巧课堂

本次课堂将在演示文稿中练习对齐形状。

1. 打开"过程"演示文稿,然后将其另存为"过程对齐-学生"。

2. 选择形状 A、B 和 D。然后在"绘图工具|格式"选项卡的"排列"组中,选择"对齐"|"左右居中"命令。

3. 选择形状 C-1 和 C-2。在"绘图工具|格式"选项卡的"排列"组中,选择"对齐"|"顶端对齐"命令,效果如图 4-69 所示。

4. 保存并关闭该演示文稿。

图 4-69

技巧演练

本次演练将在演示文稿中进一步练习使用标尺、网格线、参考线、取消组合形状、改变形状顺序、对齐和组合形状。

1. 打开"金字塔"演示文稿,然后将其另存为"金字塔格式-学生"。

2. 单击选择图片,在"开始"选项卡的"绘图"组中,选择"排列"|"取消组合"命令,然后在图片外单击。

3. 选择"牛奶、酸奶和奶酪类"和"肉、家禽、鱼、干豆、鸡蛋和坚果类"文本框。

4. 在"绘图工具|格式"选项卡的"排列"组中,选择"对齐"|"顶端对齐"命令。

5. 选择"蔬菜类"和"面包、谷物、稻米和面食类"文本框。

6. 在"绘图工具|格式"选项卡的"排列"组中,选择"对齐"|"顶端对齐"命令。

7. 按住 Shift 键选择所有直线,并在"绘图工具|格式"选项卡的"排列"组中,单击"置于顶层"按钮。

8. 单击"金字塔"图片,并在"绘图工具|格式"选项卡的"大小"组中,单击"对话框启动器"按钮。

9. 弹出"大小和位置"对话框,在"缩放比例"选项组中的"高度"微调框中选择 95%,并在"宽度"微调框中选择 95%,然后单击"关闭"按钮。

10. 在"开始"选项卡的"绘图"组中,选择"排列"|"重新组合"命令,效果如图 4-70 所示。

11. 在"视图"选项卡的"显示/隐藏"组中,取消选中"标尺"和"网格线"复选框。按 Alt + F9 组合键,关闭参考线。

12. 保存并关闭该演示文稿。

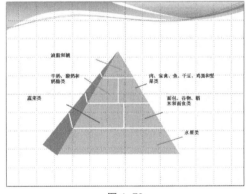

图 4-70

4.6 小结

完成本课之后,应熟练掌握以下概念:

☑ 添加来自各种源的图形　　　　☑ 设置插图片、图形和形状的格式

☑ 处理图形　　　　　　　　　　☑ 设置图片的格式

☑ 插入和修改形状和图片

4.7 习题

1. 为何链接图片而不插入图片？

2. 如何给幻灯片上的形状命名，以便更容易区别和处理它们？

3. 如何将形状从椭圆修改为矩形，而不必删除椭圆后再插入矩形？

4. 如何对于照片应用棕褐色？

5. 如何快速删除图片上的所有插图效果？

6. 什么是参考线？

7. 什么是网格线？

8. 如何显示或隐藏参考线？

9. 在选择了形状占位符后，绿色圆圈的作用是什么？

10. 上移一层和置于顶层有何区别？

11. 为何要将形状组合？

12. 如何将形状与最右边的形状对齐？

使用 SmartArt 图形

课程目标

本课的目标主要是学习如何在演示文稿中使用 SmartArt 图形。顺利学完本课之后，应能完成以下的操作：

☑创建各种 SmartArt 图形　　☑设置 SmartArt 图形格式，处理 SmartArt 图形

☑将文本转换为 SmartArt 图形

本课将涉及以下的命令按钮：

"开始"选项卡　　　　　　"插入"选项卡

"SmartArt 工具 | 格式"选项卡

"SmartArt 工具 | 设计"选项卡

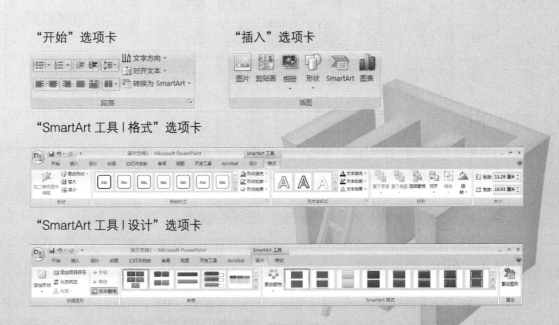

5.1 创建 SmartArt 图形

与大量单调的文字描述相比，插图和图形能使观众更好地理解和记忆信息。SmartArt 图表可以形象地表示演讲信息，是演讲中传达信息的有效形式。绘制高质量的插图可能是个难题；用户需要花大量的时间来绘制图形、调整其大小、将形状对齐、手动设置形状格式。花费大量时间手动绘制图表影响了用户对演示文稿内容的关注。

PowerPoint 提供了称为 SmartArt 图形的功能，使用该功能可很快创建高质量的插图。通过选择版式即可轻松做到这一点。在创建了 SmartArt 图形时，会得到选择如流程、继承、循环和关系等图形类型的提示，每种类型都包含几种不同的版式。

在幻灯片中插入 SmartArt 图形有两种主要的方法。在创建幻灯片时，一些幻灯片含有 SmartArt 图形占位符，这些幻灯片是标题和内容、两栏内容、比较、内容与标题以及图片与标题等。同时也可创建标题幻灯片、仅标题、节标题或空白幻灯片，然后在幻灯片上添加 SmartArt 图形。

要插入 SmartArt 图形，可使用下述方法之一：

* 要在含有 SmartArt 图形占位符的幻灯片上插入 SmartArt 图形，单击幻灯片上占位符中的"插入 SmartArt 图形"。
* 要在没有 SmartArt 图形占位符的幻灯片上插入 SmartArt 图形，在"插入"选项卡的"插图"组中，单击 SmartArt 按钮，弹出"选择 SmartArt 图形"对话框，如图 5-1 所示。

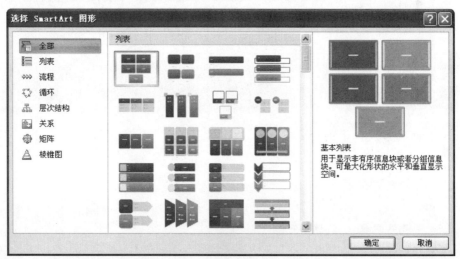

图 5-1

在选择了版式后，占位符文本即会显示。占位符文本不可打印，演示时也不会显示，用户可输入任何文本以替换占位符文本。

 包含占位符文本的形状除非被删除，否则总是能显示，也能打印。

5.1.1 使用文本窗格

用户不仅可单击 SmartArt 图形中的形状，还可在文本窗格中输入和编辑 SmartArt 图形中显示的文本。文本窗格显示在 SmartArt 图形的左边。用户在文本窗格中输入或编辑文本后，SmartArt 图形会自动更新。

创建 SmartArt 图形后，SmartArt 图形及其文本窗格与占位符文本一起显示，占位符文本可用自己的文本替换。在文本窗格顶部可编辑 SmartArt 图形中显示的文本。在文本窗格底部可查看关于该 SmartArt 图形的详细信息，如图 5-2 所示。

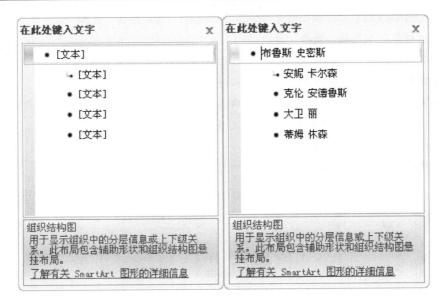

图 5-2

技巧课堂

本次课堂将练习在新演示文稿中创建层次结构的 SmartArt 图形。

1. 新建一个空白演示文稿，并将其保存为"组织结构图表-学生"。

2. 在"开始"选项卡的"幻灯片"组中，选择"版式"|"标题和内容"命令。

3. 单击"单击此处添加标题"占位符，然后输入"成员"。

4. 在"单击此处添加文本"占位符中单击"插入 SmartArt 图形"。

5. 在"选择 SmartArt 图形"对话框的左侧窗格中，选择"层次结构"选项。

6. 在 SmartArt 图形版式区域，选择"组织结构图"版式，然后单击"确定"按钮。

7. 单击第一个[文本]框，输入"布鲁斯 史密斯"。

8. 单击每个[文本]框，按图 5-3 所示输入人名。

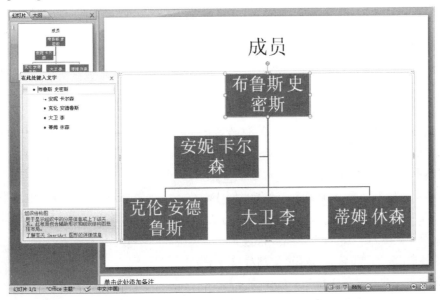

图 5-3

9. 在"开始"选项卡的"幻灯片"组中，选择"新建幻灯片"|"仅标题"命令。

10. 单击"单击此处添加标题"占位符，然后输入"委员会"。

11. 在"插入"选项卡的"插图"组中，单击 SmartArt 按钮。

12. 在"选择 SmartArt 图形"对话框的左侧窗格中，选择"层次结构"选项。

13. 在 SmartArt 图形版式区域，选择"层次结构列表"版式，然后单击"确定"按钮。

14. 在文本窗格中，输入"卡罗尔 史密斯"，然后按⬇键。

15. 在文本窗格中，输入"保罗 布朗"，然后按⬇键。

16. 在文本窗格中，输入"帕姆 贝恩斯"，然后按⬇键。

17. 在文本窗格中，输入"马丁 夏高"，然后按⬇键。

18. 在文本窗格中，输入"亚当 罗德里格斯"，然后按⬇键。

19. 在文本窗格中，输入"查尔斯 王"，效果如图 5-4 所示。

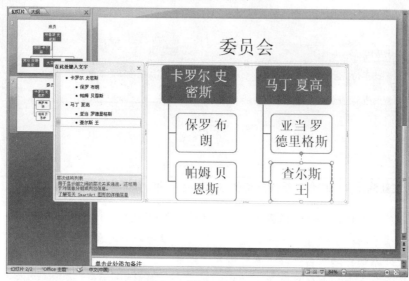

图 5-4

20. 保存并关闭该演示文稿。

 ## 技巧演练

本次演练将在新演示文稿中进一步练习创建层次结构的 SmartArt 图形。

1. 新建一个空白演示文稿，然后将其保存为"董事会-学生"。

2. 选择"仅标题"幻灯片版式。

3. 单击"单击此处添加标题"占位符，然后输入"董事会"。

4. 在"插入"选项卡的"插图"组中，单击 SmartArt 按钮。

5. 在"选择 SmartArt 图形"对话框的左侧窗格中，选择"层次结构"类别。

6. 在 SmartArt 图形版式区域，选择"水平标记的层次结构"版式，然后单击"确定"按钮。

7. 显示文本窗格。单击第一个[文本]框，输入"霍华德 冈萨雷斯"，然后按⬇键。

8. 在文本窗格中，输入"劳拉 欧文"，然后按⬇键。

9. 在文本窗格中，输入"肯 桑切斯"，然后按⬇键。

10. 在文本窗格中，输入"托尼 王"，然后按⬇键。

11. 在文本窗格中，输入"泰 耶"，然后按⬇键。

12. 在文本窗格中，输入"夏洛特 威斯"，然后按⬇键。

13. 在文本窗格中，输入"第 1 级"，然后按⬇键。

14. 在文本窗格中，输入"第 2 级"，然后按⬇键。

15. 在文本窗格中，输入"第 3 级"，然后按⬇键，效果如图 5-5 所示。

16. 保存并关闭该演示文稿。

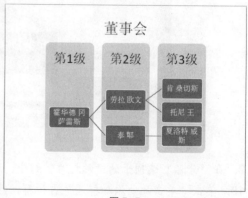

图 5-5

5.1.2 使用项目符号创建 SmartArt 图形

在使用文本窗格中的项目符号创建 SmartArt 图形时，须考虑下面几点：

- 向前移动到下一个形状，按↓键。
- 向后退回到前一个形状，按↑键。
- 要创建一个下级符号，选择需要缩紧的行，然后在"SmartArt 工具 | 设计"选项卡的"创建图形"组中，单击"降级"按钮。另外，也可按 Tab 键。
- 要返回高一级，选者相应的行，然后在"SmartArt 工具 | 设计"选项卡的"创建图形"组中，单击"升级"按钮。另外，也可按 Shift + Tab 组合键。
- 要在选择窗格中新建一个同级别的项目文本行，可按 Enter 键。另外，还可在"SmartArt 工具 | 设计"选项卡的"创建图形"组中，单击"添加项目符号"按钮。

上述操作都将更新文本窗格中的项目符号和 SmartArt 图形版式中的形状之间的映射。

技巧演练

本次演练将在新演示文稿中练习使用项目符号创建循环结构的 SmartArt 图形。

1. 新建一个空白演示文稿，并将其保存为"生物学-学生"。
2. 在"开始"选项卡的"幻灯片"组中，选择"版式" | "标题和内容"命令。
3. 单击"单击此处添加标题"占位符，然后输入"生物"。
4. 在"单击此处添加文本"占位符中单击"插入 SmartArt 图形"。
5. 在"选择 SmartArt 图形"对话框的左侧窗格中，选择"循环"类别。
6. 在 SmartArt 图形版式区域，选择"射线维恩图"版式，然后单击"确定"按钮。
7. 在文本窗格中，输入"生物学论文"，然后按↓键。
8. 在文本窗格中，输入"微生物学"，然后按 Enter 键。
9. 在"SmartArt 工具 | 设计"选项卡的"创建图形"组中，单击"降级"按钮。
10. 在文本窗格中，输入"5 篇论文"，然后按↓键。
11. 在文本窗格中，输入"研究实验室"，然后按 Enter 键。
12. 在"SmartArt 工具 | 设计"选项卡的"创建图形"组中，单击"降级"按钮。
13. 在文本窗格中，输入"2 篇论文"，然后按↓键。
14. 在文本窗格中，输入"植物学"，然后按 Enter 键。
15. 在"SmartArt 工具 | 设计"选项卡的"创建图形"组中，单击"降级"按钮。
16. 在文本窗格中，输入"2 篇论文"，然后按↓键。
17. 在文本窗格中，输入"药学"，然后按 Enter 键。
18. 在"SmartArt 工具 | 设计"选项卡的"创建图形"组中，单击"降级"按钮。
19. 在文本窗格中，输入"4 篇论文"，然后按 Enter 键。
20. 在"SmartArt 工具 | 设计"选项卡的"创建图形"组中，单击"升级"按钮。
21. 在文本窗格中，输入"动物学"，然后按 Enter 键。
22. 在"SmartArt 工具 | 设计"选项卡的"创建图形"组中，单击"降级"按钮。
23. 在文本窗格中，输入"2 篇论文"，然后按 Enter 键。
24. 在"SmartArt 工具 | 设计"选项卡的"创建图形"组中，单击"升级"按钮。
25. 在文本窗格中，输入"兽医学"，然后按 Enter 键。
26. 在"SmartArt 工具 | 设计"选项卡的"创建图形"组中，单击"降级"按钮。
27. 在文本窗格中，输入"3 篇论文"。

    最后的整体效果如图 5-6 所示。

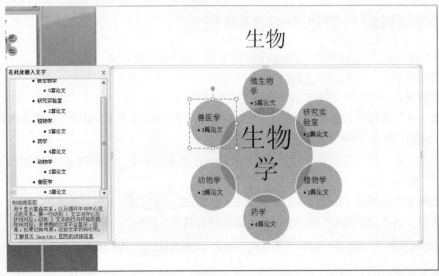

图 5-6

28. 保存并关闭该演示文稿。

 技巧演练

本次演练将在新演示文稿中进一步练习使用项目符号创建循环结构的 SmartArt 图形。

1. 新建一个空白演示文稿，并将其保存为"分析矩阵-学生"。

2. 在"开始"选项卡的"幻灯片"组中，选择"版式"|"标题和内容"命令。

3. 单击"单击此处添加标题"占位符，然后输入"分析"。

4. 在"单击此处添加文本"占位符中单击"插入 SmartArt 图形"。

5. 在"选择 SmartArt 图形"对话框的左侧窗格中，选择"循环"类别。

6. 在 SmartArt 图形版式区域，选择"循环矩阵"版式，然后单击"确定"按钮。

7. 在文本窗格中，输入"北"，然后按 ↓ 键。

8. 输入"销售上升 15%"，然后按 Enter 键。

9. 按 Tab 键，输入"五月和六月"，然后按 Enter 键。

10. 按 Shift + Tab 组合键，输入"开支下降 5%"，然后按 Enter 键。

11. 按 Tab 键，输入"相同月份"。

12. 按 ↓ 键，输入"东"，整体效果如图 5-7 所示。

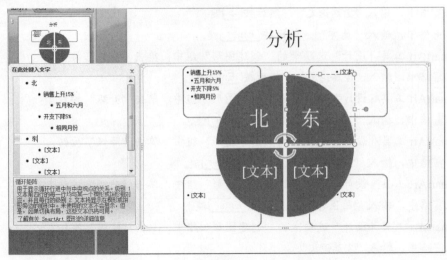

图 5-7

13. 使用 [Tab] 和 [Shift]+[Tab] 组合键，在文本窗格中按要求输入剩余的文本,使之显示如图 5-8 所示。

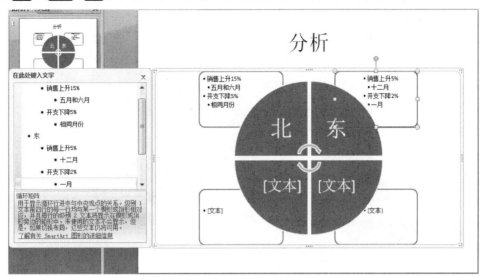

图 5-8

14. 按 [↓] 键，输入 "西"。

15. 按 [↓] 键，输入 "销售上升 7%"。

16. 在 "SmartArt 工具 | 设计" 选项卡的 "创建图形" 组中，单击 "添加项目符号" 按钮。

17. "SmartArt 工具 | 设计" 选项卡的 "创建图形" 组中，单击 "降级" 按钮。

18. 输入 "六月和七月"。

19. 在 "SmartArt 工具 | 设计" 选项卡的 "创建图形" 组中，单击 "添加项目符号" 按钮。

20. 在 "SmartArt 工具 | 设计" 选项卡的 "创建图形" 组中，单击 "升级" 按钮。

21. 输入 "开支下降 3%"。

22. 适当的使用 "升级" 和 "降级" 按钮，按图 5-9 所示添加剩余的文本。

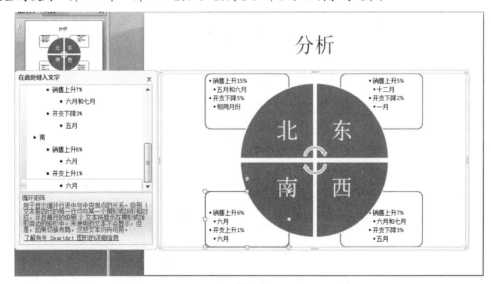

图 5-9

注: 现在已经输入了所有文本，但想让 "西" 象限显示在左边，而不是像输入文本时那样在右边。

23. 在 "SmartArt 工具 | 设计" 选项卡的 "创建图形" 组中，单击 "从右向左" 按钮，最后的效果如图 5-10 所示。

24. 保存并关闭该演示文稿。

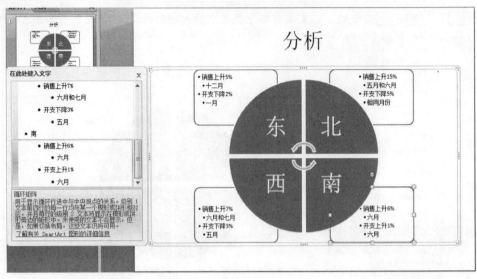

图 5-10

5.1.3 将文本转换为 SmartArt 图形

如果需要将文本信息转换为插图，从而能更好地被观众理解，可将文本转换为 SmartArt 图形。PowerPoint 可快速地将已有的幻灯片转换成为高质量的 SmartArt 图形。

要将文本转换成为 SmartArt 图形，单击文本占位符，在"开始"选项卡的"段落"组中，单击"转换为 SmartArt 图形"按钮，显示如图 5-11 所示的下拉列表。

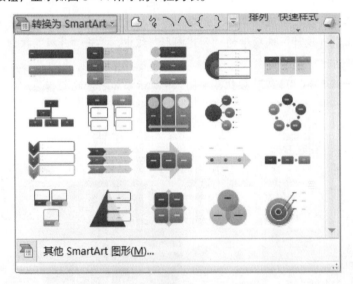

图 5-11

技巧课堂

本次课堂在演示文稿中练习将文本转换为交替流 SmartArt 图形。

1. 打开"购买"演示文稿，然后将其保存为"购买流程-学生"。

2. 单击项目符号列表占位符。在"开始"选项卡的"段落"组中，选择"转换为 SmartArt 图形" | "其他 SmartArt 图形"命令。

3. 在"选择 SmartArt 图形"对话框的左侧窗格中，选择"流程"选项，然后选择"交替流"版式。

4. 单击"确定"按钮，效果如图 5-12 所示。

5. 保存并关闭该演示文稿。

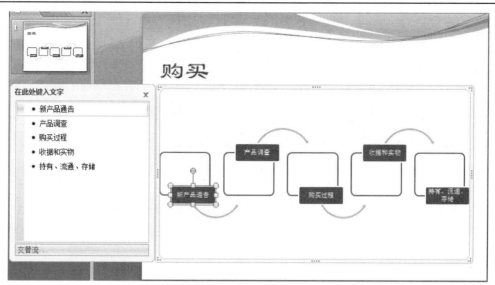

图 5-12

![技巧演练图标] **技巧演练**

本次演练在演示文稿中进一步练习将文本转换为关系 SmartArt 图形。

1. 打开"电影"演示文稿，并将其保存为"电影关系-学生"。
2. 单击项目符号列表占位符。
3. 在"开始"选项卡的"段落"组中，选择"转换为 SmartArt 图形"|"其他 SmartArt 图形"命令。
4. 在"选择 SmartArt 图形"对话框的左侧窗格中，选择"关系"选项，然后选择"射线循环"版式。
5. 单击"确定"按钮，效果如图 5-13 所示。

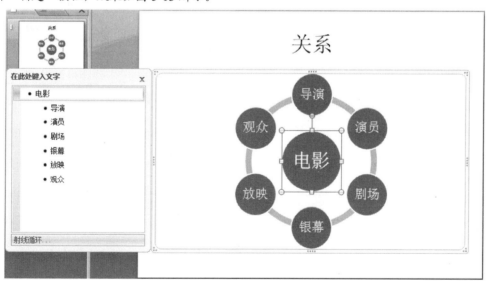

图 5-13

6. 保存并关闭该演示文稿。

5.2　修改 SmartArt 图形

在创建 SmartArt 图形之后，它可能不能准确地反映用户的意图。使用 SmartArt 工具，用户可以很容易地修改 SmartArt 图形，使用快速样式可以很快地设置 SmartArt 图形格式、改变其颜色并应用其他效果，使之准确表示用户的意图。

5.2.1 添加、修改或删除文本

用户可以使用与在文本框中同样的方法直接在 SmartArt 图形中添加、修改和删除文本，或者通过文本窗格完成这些工作。要打开文本窗格，可使用下述方法之一：

- 在"SmartArt 工具 l 设计"选项卡的"创建图形"组中，单击"文本窗格"按钮。
- 单击 SmartArt 图形占位符左边的三角形按钮。
- 右击 SmartArt 图形占位符，在弹出的快捷菜单中选择"显示文本本窗格"命令。

要关闭文本窗格，可使用下述方法之一：

- 在"SmartArt 工具 l 设计"选项卡的"创建图形"组中，单击"文本窗格"按钮。
- 单击 SmartArt 图形占位符左边的三角形按钮。默认情况下，只有文本窗格没有紧靠 SmartArt 图形占位符时，三角形按钮才会显示。
- 单击"关闭"按钮。
- 右击 SmartArt 图形占位符，在弹出的快捷菜单中选择"隐藏文本本窗格"命令。

当在形状中输入了较多的文本而使字体大小缩小时，SmartArt 图形中其余形状的所有文本也会缩小到同样大小，以保持 SmartArt 图形外观的一致性。

技巧课堂

本次课堂将练习在演示文稿的 SmartArt 图形中添加、修改或删除文本。

1. 打开"分析矩阵-学生"演示文稿，并将其保存为"分析矩阵 2-学生"。
2. 在"SmartArt 工具 l 设计"选项卡的"创建图形"组中，单击"文本窗格"按钮，关闭文本窗格。
3. 单击"销售上升 5%"SmartArt 图形用"8%"替换"5%"。
4. 在"SmartArt 工具 l 设计"选项卡的"创建图形"组中，单击"文本窗格"按钮，打开文本窗格。
5. 添加文本"和四月"到"十二月"项目符号。
6. 删除"相同月份"项目符号。
7. 在"设计"选项卡的"创建图形"组中，单击"文本窗格"按钮，关闭文本窗格，效果如图 5-14 所示。
8. 保存并关闭该演示文稿。

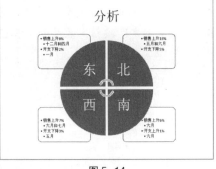

图 5-14

技巧演练

本次演练将进一步练习在演示文稿的 SmartArt 图形中添加、修改或删除文本。

1. 打开"健康"演示文稿，并将其保存为"健康-学生"。
2. 按图 5-15 所示添加、修改或删除文本。
3. 保存并关闭该演示文稿。

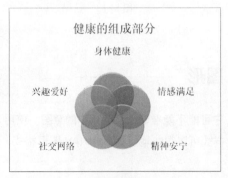

图 5-15

5.2.2 增加和修改主题

SmartArt 工具下有主题库，可快速专业地设置 SmartArt 图形格式。每个主题可对 SmartArt 图形中的形状应用一种或多种主题颜色、主题字体和主题效果。主题被设计用于突出幻灯片内容。

在挑选颜色时，应该考虑观众是打印 SmartArt 图形，还是仅在屏幕上观看。例如，主题的主色调是否适合黑白打印。

在演示文稿中插入 SmartArt 图形时，它必须和演示文稿中的其他内容相匹配。如果改变了演示文稿的主题，SmartArt 图形的外观也会自动调整。

- 要应用或改变 SmartArt 图形的主题，在"设计"选项卡的"主题"组中，单击"其他"按钮，查看所有主题（见图 5-16），并从中进行选择。

图 5-16

- 要应用或改变主题颜色，在"设计"选项卡的"主题"组中，单击"颜色"下拉按钮。
- 要应用或改变主题字体，在"设计"选项卡的"主题"组中，单击"字体"下拉按钮。
- 要应用或改变主题效果，在"设计"选项卡的"主题"组中，单击"效果"下拉按钮。

 技巧课堂

本次课堂将练习在演示文稿中增加和修改主题、主题颜色、字体和效果。

1. 打开"分析矩阵 2-学生"演示文稿，并将其保存为"分析矩阵 3-学生"。
2. 在"设计"选项卡的"主题"组中，选择"其他"|"华丽"命令，效果如图 5-17 所示。
3. 在"设计"选项卡的"主题"组中，选择"颜色"|"沉稳"命令。
4. 在"设计"选项卡的"主题"组中，选择"字体"|"市镇"命令。
5. 在"设计"选项卡的"主题"组中，选择"效果"|"聚合"命令，最后效果如图 5-18 所示。

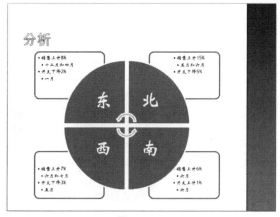

图 5-17

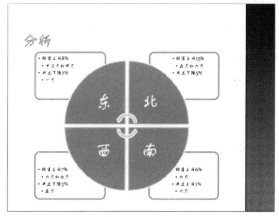

图 5-18

6. 保存并关闭该演示文稿。

技巧演练

本次演练将进一步练习在演示文稿中对 SmartArt 图形应用和修改主题，设置主题颜色、字体和效果。

1. 打开"项目管理"演示文稿，然后将其保存为"项目管理-
学生"。

2. 在"设计"选项卡的"主题"组中，选择"其他"|"穿越"命令。

3. 在"设计"选项卡的"主题"组中，选择"颜色"|"纸张"命令。

4. 在"设计"选项卡的"主题"组中，选择"字体"|"技巧"命令。

5. 在"设计"选项卡的"主题"组中，选择"效果"|"跋涉"命
令，最终效果如图 5-19 所示。

6. 保存并关闭该演示文稿。

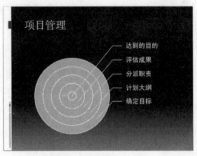

图 5-19

5.2.3　添加、修改和删除快速样式效果

如果用户认为所用的 SmartArt 图形外观缺乏趣味，可使用 SmartArt 样式或颜色变化。

"更改颜色"功能为 SmartArt 图形提供了很多可选的颜色。通过不同的方法，可将主题颜色应用到 SmartArt 图形的形状。用鼠标指针指向改变颜色的缩略图，无须实际应用，即可看见 SmartArt 样式或颜色变化对 SmartArt 图形的影响。

对 SmartArt 图形快速简便添加高质量综合效果的方法是使用 SmartArt 样式。SmartArt 样式包括形状填充、边框、阴影、线条样式、渐变和三维透视，都可应用到整个 SmartArt 图形。也可对 SmartArt 图形中的一个或多个形状单独应用形状样式。

即使在自定义 SmartArt 图形后，仍然可以更改版式，同时保持其他设置不变。可单击"设计"选项卡上的"重设图形"按钮删除所有格式变化，然后重新设置。

通过改变其形状和文本的填充，添加阴影、映像、发光或柔化边缘等效果，添加菱台、旋转等三维效果更改 SmartArt 图形的外观。

- 要改变 SmartArt 颜色，在"SmartArt 工具|设计"选项卡的"SmartArt 样式"组中，单击"更改颜色"按钮。

- 要改变 SmartArt 样式，在"SmartArt 工具|设计"选项卡的"SmartArt 样式"组中，单击"其他"按钮查看所有样式，然后选择一个样式应用。样式的类型和数目因 SmartArt 图形的不同会有所变化。

- 要删除所有格式变化，在"SmartArt 工具|设计"选项卡上的"重设"组中，单击"重设图形"按钮。

技巧课堂

本次课堂将练习在演示文稿中增加、修改和删除快速样式效果。

1. 打开名为"分析矩阵 3-学生"演示文稿，并将其保存为"分
析矩阵 4-学生"。

2. 在"SmartArt 工具|设计"选项卡上的"重设"组中，单
击"重设图形"按钮。

3. 在"SmartArt 工具|设计"选项卡的"SmartArt 样式"组中，
选择"其他"|"优雅"命令。

4. 在"SmartArt 工具|设计"选项卡的"SmartArt 样式"组中，
选择"更改颜色"|"彩色范围，强调文字颜色 4 至 5"命令，
最终效果如图 5-20 所示。

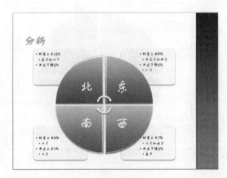

图 5-20

5. 保存并关闭该演示文稿。

技巧演练

本次演练将进一步练习在演示文稿中增加、修改和删除快速样式效果。

1. 打开"项目管理-学生"演示文稿，并将其保存为"项目管理2-学生"。

2. 应用 SmartArt 样式"金属场景"。

3. 将 SmartArt 颜色改变为"渐变循环，强调文字颜色 3"，效果如图 5-21 所示。

4. 保存并关闭该演示文稿。

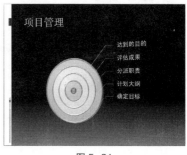

图 5-21

5.2.4　改变图形布局

在选择布局时，必须考虑转换什么内容以及内容以什么方式显示。

选择布局，可用鼠标指针指向"设计"选项卡的"布局"组中显示的各种布局，查看布局应用后内容如何显示。如果认为 SmartArt 图形看起来呆板，可切换到另一种布局。在切换到其他布局时，大多数文本和其他内容、颜色、样式、效果都会自动转换到新的布局，如表 5-1 所示。

尝试一下不同的布局。

表 5-1

列表	显示无序的信息
流程	显示期限或流程中的步骤
循环	显示持续重复的流程
层次结构	创建组织结构图
层次结构	显示决策树
关系	图示说明关系
矩阵	显示部分与整体的关系
棱椎图	用顶部或底部的最大部分显示比例关系

要改变 SmartArt 图形布局，在"SmartArt 工具 | 设计"选项卡的"布局"组中，单击"其他"按钮，弹出如图 5-22 所示的下拉列表。

> 也可选择"其他布局"命令，弹出"选择 SmartArt 图形"对话框，并从中进行选择。

技巧课堂

本次课堂将练习在演示文稿中修改图形布局。

1. 打开"汽车检查列表"演示文稿，并将其保存为"汽车检查列表-学生"。

2. 单击选择图形。在"SmartArt 工具 | 设计"选项卡的"布局"组中，单击"其他"按钮。用鼠标指针指向不同的按钮查看各个布局，然后选择"向上箭头"布局，效果如图 5-23 所示。

3. 保存并关闭该演示文稿。

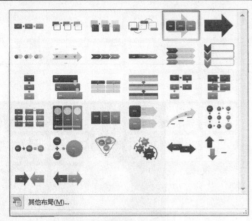

图 5-22

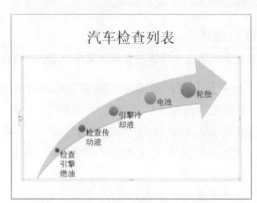

图 5-23

5.2.5 更改方向

创建 SmartArt 图形时，可能需要对其旋转。旋转 SmartArt 图形，可使用下列方法之一：

- 在"开始"选项卡的"绘图"组中，选择"形状效果"|"三维旋转"，在级联菜单中选择旋转的类型，或选择"三维旋转选项"命令。
- 在"SmartArt 工具 | 格式"选项卡的"形状样式"组中，选择"形状效果"|"三维旋转"，在级联菜单中选择旋转的类型，或选择"三维旋转选项"命令。

查看更多旋转选项

在级联菜单中选择"三维旋转选项"命令，在弹出的"设置形状格式"对话框（见图 5-24）中可自定义 SmartArt 图形旋转。

图 5-24

对话框中的"预设"下拉列表中提供了许多预定义的旋转类型。X、Y 和 Z 轴定义显示形状的旋转方向和观察形状的角度。X 是水平轴，Y 是垂直轴，Z 是第三维的深度轴。各轴的值组合，视角首先按 X 值旋转，然后按 Y 值，最后是 Z 值。选中"保持文本平面状态"复选框，可确保旋转形状时，形状文本仍然保持水平。

技巧课堂

本次课堂将练习在演示文稿中改变 SmartArt 图形的方向。

1. 打开"汽车检查列表"演示文稿，并将其另存为"汽车检查列表旋转-学生"。

2. 选择 SmartArt 图形。在"SmartArt 工具 | 格式"选项卡的"形状样式"组中，选择"形状效果"|"三维旋转"|"三维旋转选项"命令。

3. 在弹出的"设置形状格式"对话框中的"旋转 X"微调框中输入 45，"旋转 Z"微调框中输入 45。

4. 选中"保持文本平面状态"复选框，然后单击"关闭"按钮，效果如图 5-25 所示。

5. 保存并关闭该演示文稿。

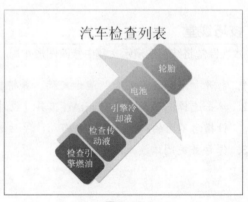

图 5-25

5.2.6　添加或删除形状

如果不能找到非常适合的布局，可在 SmartArt 图形中添加或删除形状以调整其结构。例如，流程类型中的基本流程布局带有三个形状，但实际流程可能要求有两个或五个形状。在添加或删除形状并编辑文本时，形状的排列和形状中文本的数量会自动调整，但 SmartArt 图形的布局边框和原始设计保持不变。

要在 SmartArt 图形中添加形状，可使用下述方法之一：

- 在"SmartArt 工具 I 设计"选项卡的"创建图形"组中，单击"添加形状"按钮。这会在所选形状的右边增加一个形状。
- 在"SmartArt 工具 I 设计"选项卡的"创建图形"组中，选择"添加形状" I "在后面添加形状"或"在前面添加形状"命令。
- 右击形状，在弹出的快捷菜单中选择"添加形状" I "在后面添加形状"或"在前面添加形状"命令。

要在 SmartArt 图形中删除形状，可单击选择形状，然后使用下述方法之一：

- 按 Delete 键。
- 使用从 SmartArt 图形中剪切形状的方法。

技巧课堂

本次课堂将练习在演示文稿的 SmartArt 图形中添加或删除形状。

1. 打开"汽车检查列表"演示文稿，然后将其保存为"汽车检查列表更新-学生"。
2. 单击"轮胎"形状。
3. 在"SmartArt 工具 I 设计"选项卡的"创建图形"组中，选择"添加形状" I "在后面添加形状"命令。
4. 输入"驾驶"。
5. 右击"轮胎"形状，在弹出快捷菜单中选择"添加形状" I "在后面添加形状"命令。
6. 输入"检查备用轮胎"。
7. 单击"轮胎"形状。
8. 在"SmartArt 工具 I 设计"选项卡的"创建图形"组中，选择"添加形状" I "在前面添加形状"命令，效果如图 5-26 所示。
9. 输入"检查泄露"。
10. 单击"检查备用轮胎"形状占位符，然后按 Delete 键。
11. 单击"检查传动液"形状占位符，然后按 Delete 键，最终效果如图 5-27 所示。
12. 保存并关闭该演示文稿。

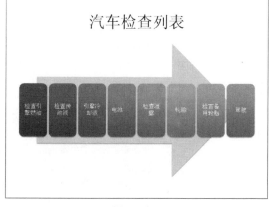

图 5-26

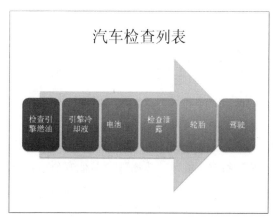

图 5-27

技巧演练

本次演练将进一步练习在演示文稿中添加或删除 SmartArt 图形形状。

1. 打开"项目管理 2-学生"演示文稿，并将其保存为"项目管理 3-学生"。
2. 删除"分派职责"形状。
3. 删除"评估成果"形状，效果如图 5-28 所示。
4. 选择"计划大纲"形状，然后在该形状前面添加"追踪计划"形状，效果如图 5-29 所示。
5. 保存并关闭该演示文稿。

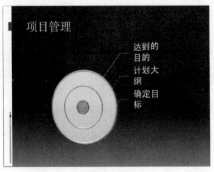
图 5-28

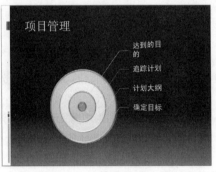
图 5-29

5.2.7　改变图形类别

创建 SmartArt 图形，添加形状和文本之后，可能认为图形类别并非所需。可将其改变为其他图形类别，以便更有效、更清晰地展示内容。

要改变图形类别，可以在"SmartArt 工具 | 设计"选项卡的"布局"组中，选择"其他"|"其他布局"命令，弹出如图 5-30 所示的对话框。

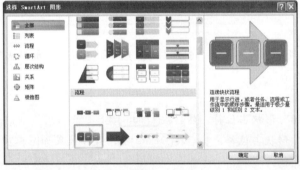
图 5-30

 技巧课堂

本次课堂将练习在演示文稿中改变图形类别。

1. 打开"汽车检查列表"演示文稿，然后将其保存为"汽车检查列表更新 2-学生"。
2. 选择 SmartArt 图形。在"SmartArt 工具 | 设计"选项卡的"布局"组中，选择"其他"|"其他布局"命令。
3. 在"选择 SmartArt 图形"对话框的左侧窗格中，选择"列表"类别，然后选择"垂直框列表"版式，单击"确定"按钮，效果如图 5-31 所示。
4. 保存并关闭该演示文稿。

图 5-31

技巧演练

本次演练将在演示文稿中进一步练习改变 SmartArt 图形、添加形状、改变方向、添加文本和应用主题。

1. 打开"国家"演示文稿,并将其另存为"国家图形-学生"。

2. 将图形变为"射线维恩图",效果如图 5-32 所示。

3. 在"中国"之后添加图形。

4. 输入"日本"。

5. 在"美国"之后添加图形。

6. 输入"西班牙",效果如图 5-33 所示。

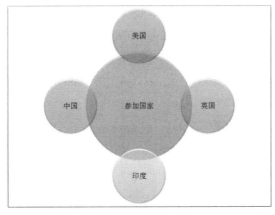

图 5-32

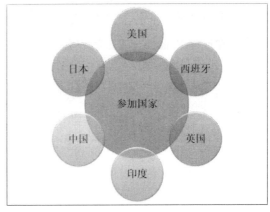

图 5-33

7. 在"SmartArt 工具 |格式"选项卡的"形状样式"组中,选择"形状效果"|"三维旋转"|"等长顶部朝上"命令,效果如图 5-34 所示。

8. 应用"视点"主题,效果如图 5-35 所示。

9. 保存并关闭该演示文稿。

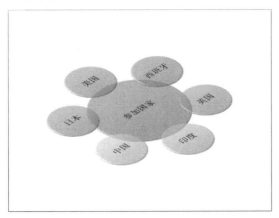

图 5-34

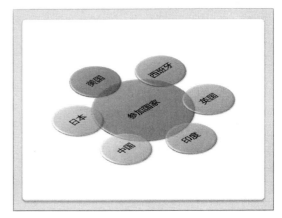

图 5-35

5.3 小结

完成本课之后,应熟练掌握以下概念:

☑ 创建各种 SmartArt 图形　　　　☑ 将文本转换为 SmartArt 图形

☑ 将文本转换为 SmartArt 图形

5.4 习题

1. 在演示文稿中为何常使用 SmartArt 图形？

2. 如何降低文本窗格中项目文本的级别？

3. 如何将文本转换为 SmartArt 图形？

4. 如何隐藏文本窗格？

5. 如何对 SmartArt 图形应用主题？

6. 如何快速删除 SmartArt 图形的格式？

7. 最适合表示时间安排中各步骤的 SmartArt 图形是什么？

8. 如何修改 SmartArt 图形的布局？

9. 在改变 SmartArt 图形的方向时，如何保持其中的文本水平？

10. 在 SmartArt 图形中，如何在一个形状前面添加形状？

11. 在 SmartArt 图形中，如何删除形状？

12. 如何快速修改 SmartArt 图形的颜色？

6
Lesson

使用图表和表格

课程目标

本课的目标主要是学习如何在演示文稿中使用图表和表格。成功地学完本课后，应能完成下面的操作：

☑ 创建图表　　　　　　　　☑ 创建表格
☑ 处理图表元素　　　　　　☑ 插入来自 Microsoft Office Word 或 Excel 的表格
☑ 修改和增强图表　　　　　☑ 设置表格格式和增强表格

本课内容将涉及下面的命令按钮：

"插入"选项卡　　　　"动画"选项卡

"图表工具 | 设计"选项卡

"图表工具 | 布局"选项卡

"图表工具 | 格式"选项卡

"表格工具 | 设计"选项卡

"表格工具 | 布局"选项卡

6.1 插入图表

图表是以形象生动的形式展示信息。它可给出关于各组数据之间比较、比例或变化趋势的直观图像如随着时间推移，销售量的增长。

在 PowerPoint 中，可很容易地创建动态图表或图形（都指同一个组件）。在使用 PowerPoint 图表时，会打开一个单独的 Microsoft Excel 窗口，该窗口中含有 Microsoft Excel 标签和命令按钮。在第一次插入图表时，PowerPoint 会使用示例数据插入一个示例图表，用户可用自己的数据替换数据表中的数据。

用户可使用更有效表示数据的图表类型替换当前的图表类型。例如，饼图或圆环图适合说明比例；折线图多用于显示变化趋势；柱形图和条形图适合显示对比。

要插入图表，可使用下述方法之一：

- 要在有内容占位符的幻灯片上添加图表，可在"单击此处添加文本"占位符中单击"插入图表"按钮。
- 要在没有内容占位符的幻灯片上添加图表，可在"插入"选项卡的"插图"组中，单击"图表"按钮，弹出"插入图表"对话框，如图 6-1 所示。

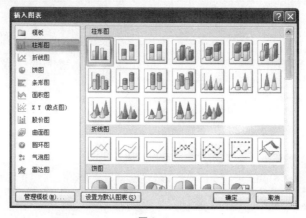

图 6-1

当选择一种图表类型后，PowerPoint 窗口中的显示效果如图 6-2 所示。

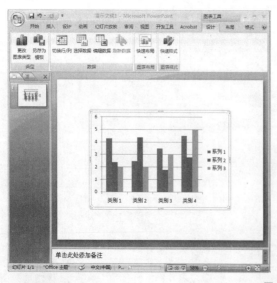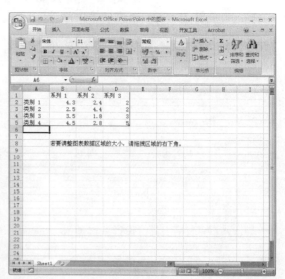

图 6-2

注意标题栏中带有标示的 Excel 窗口是如何打开的，可在其中为 Microsoft Office PowerPoint 中的图表输入新的数据。在两个程序之间会建立一个链接，使用户能够利用 Excel 的功能。同时请注意在蓝色方框中输入数据。在输入数据时，PowerPoint 将会自动更新展示数据系列的图表。在完成数据输入并且不再需要 Excel 工作表时，关闭 Excel 并返回 PowerPoint 图表。

6.1.1　改变图表类型

当用户认为选择的图表并不是最能够有效说明数据的图表类型时，可对其进行修改，各种图表类型及其特点说明如表 6-1 所示。

表 6-1

柱形图	柱形图以垂直的方式显示一段时间内的数据或各项数据之间的比较情况。柱形可以是方形柱、圆柱、圆锥形或金字塔形
折线图	比较连续的变化趋势
饼图	比较总体中各数据系列
条形图	条形图以水平的方式显示一段时间内的数据和各项数据之间的比较情况。与柱形图相似，可选择各种横栏的形状
面积图	面积图比较连续变化的数值
XY (散点图)	确定数据模式
股价图	显示盘高、盘底和收盘数据。使用该图，至少要有三组数据
曲面图	以三维的形式和连续的曲面显示数据的变化趋势
圆环图	与饼图相似，但包含多个数据系列
气泡图	它比较三个数值，数值的显示类似于散点图，但数据点以气泡显示
雷达图	用与折线相匹配的数据点确定变化趋势和模式

要改变图表类型，可使用下述方法之一：
- 在"图表工丨设计"选项卡的"类型"组中，单击"更改图表类型"按钮后，选择一种图表类型。
- 右击图表，在弹出的快捷菜单中选择"更改图表类型"命令。

技巧课堂

本次课堂将在新演示文稿中练习插入图表和改变图表类型。

1. 新建一个演示文稿，并将其保存为"利润图-学生"。
2. 在"开始"选项卡的"幻灯片"组中，选择"版式"|"标题和内容"命令。
3. 单击"单击此处添加标题"占位符，然后输入"预算"。
4. 在内容占位符中单击"插入图表"按钮。
5. 选择"折线图"，然后单击"确定"按钮。
6. 在电子表格中，用"2010"替换文本"系列 1"后，按 Tab 键。用"2011"替换文本"系列 2"后，按 Tab 键。用"2012"替换文本"系列 3"后，按 Enter 键。
7. 将蓝色方框区域右下角的小方框向右拖动，直到包括 E 列。

   文本"2013"将自动出现在 E1 单元格中。
8. 在电子表格中，用"北"替换文本"类别 1"，按 Enter 键。用"南"替换文本"类别 2"，按 Enter 键。用"东"替换文本"类别 3"，按 Enter 键。用"西"替换文本"类别 4"，按 Enter 键。
9. 按照图 6-3 所示输入数据。

图 6-3

10. 单击"Office 按纽"|"关闭"命令后，折线图表如图 6-4 所示。
11. 在"开始"选项卡的"幻灯片"组中，选择"新建幻灯片"|"仅标题"命令。
12. 单击"单击此处添加标题"占位符，然后输入"实际"。

13. 在"插入"选项卡的"插图"组中，单击"图表"按钮。

14. 选择"折线图"图表类型，然后单击"确定"按钮。

15. 在电子表格中，用"2010"替换文本"系列 1"后，按 Tab 键。用"2011"替换文本"系列 2"后，按 Tab 键。用"2012"替换文本"系列 3"后，按 Enter 键。

16. 将蓝色方框区域的右下角向右拖动，直到包括 E 列。

17. 按照图 6-5 所示输入数据。

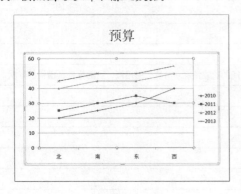

图 6-4

图 6-5

18. 单击"Office 按钮"|"关闭"命令，效果如图 6-6 所示。

19. 在"图表工具 | 设计"选项卡的"类型"组中，选择"更改图表类型"|"三维折线图"命令，单击"确定"按钮，效果如图 6-7 所示。

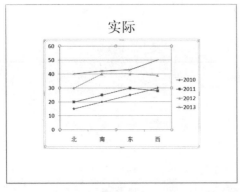

图 6-6

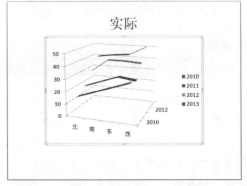

图 6-7

20. "在幻灯片"选项卡中单击幻灯片 1，然后单击图表。

21. 在"图表工具 | 设计"选项卡的"类型"组中，选择"更改图表类型"|"三维折线图"命令后，单击"确定"按钮，效果如图 6-8 所示。

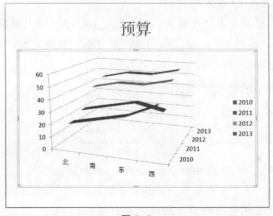

图 6-8

22. 保存并关闭该演示文稿。

技巧演练

本次演练将在新演示文稿中进一步练习插入图表和改变图表类型。

1. 创建一个空白演示文稿，并将其保存为"建筑-学生"。

2. 将幻灯片版式改为"空白"。

3. 在"插入"选项卡的"插图"组中，单击"图表"拉钮，选择"柱形图"图表类型，然后单击"确定"按钮。

4. 在电子表格中，用"住宅建筑"替换文本"系列1"后，按 Tab 键；用"非住宅建筑"替换文本"系列2"。双击 B 列和 C 列之间的竖线，使 B2 单元格中的"住宅建筑"完全显示；双击 C 列和 D 列之间的竖线，使 C2 单元格中的"非住宅建筑"完全显示。

	A	B	C	D
1		住宅建筑	非住宅建筑	系列 3
2	2000	500000	300000	2
3	2001	525000	350000	2
4	2002	530000	355000	3
5	2003	540000	360000	5
6	2004	542000	361000	
7	2005	545000	362000	
8	2006	560000	365000	
9	2007	561000	370000	
10	2008	565000	372000	
11	2009	580000	375000	
12	2010	590000	380000	

图 6-9

5. 将蓝色方框区域的右下角向左拖动（不括 D 列，向下包括行 12）。

6. 按照图 6-9 所示输入数值。

7. 单击 Excel 的"Office 按钮"|"关闭"命令，效果如图 6-10 所示。

8. 在"图表工具 | 设计"选项卡的"类型"组中，选择"更改图表类型"|"堆积柱形图"命令后，单击"确定"按钮，效果如图 6-11 所示。

9. 保存并关闭该演示文稿。

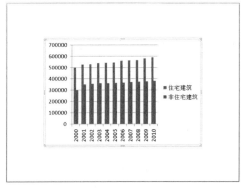

图 6-10

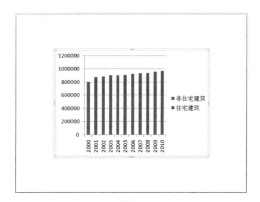

图 6-11

6.1.2 添加图表元素

图表元素包括图表标题、垂直和水平轴标题、图例、数据表格、数据标签等。图表标题用以描述图表显示的内容，如"销售预算图"；垂直和水平轴标题用以描述数据的划分，例如，在"销售预算图"中水平轴标题表示区域的名称，而垂直轴标题表示销售数量；图例用以描述图表中数据表示的含义，如年份 2010、2011、2012 和 2013；数据表格出现在图表下面，以显示图表的数值；数据标签是图表中显示的数值，各部分如图 6-12 所示。

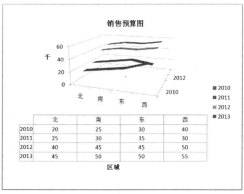

图 6-12

- 要添加图表标题，单击图表后，在"图表工具 | 布局"选项卡的"标签"组中，单击"图表标题"按钮。
- 要添加坐标轴标题，单击图表后，在"图表工具 | 布局"选项卡的"标签"组中，单击"坐标轴标题"按钮。
- 要添加，删除或指定图例位置，单击图表后，在"图表工具 | 布局"选项卡的"标签"组中，单击"图例"按钮。
- 要添加数据标签，单击图表后，在"图表工具 | 布局"选项卡的"标签"组中，单击"数据标签"按钮。
- 要添加或删除数据表格，单击图表后，在"图表工具 | 布局"选项卡的"标签"组中，单击"数据表"按钮。
- 要添加或删除网格线，单击图表后，在"图表工具 | 布局"选项卡的"坐标轴"组中，单击"网格线"按钮。

 技巧课堂

本次课堂将练习在演示文稿中添加图表元素。

1. 打开名为"利润图-学生"的演示文稿，然后将其另存为"利润图 1-学生"。单击幻灯片 1。
2. 在"图表工具 | 布局"选项卡的"标签"组中，选择"图表标题"|"图表上方"命令。
3. 在框中输入：利润预算图。
4. 在"图表工具 | 布局"选项卡的"标签"组中，选择"坐标轴标题"|"主要横坐标轴标题"项，单击"坐标轴下方标题"命令。
5. 在文本框中输入"区域"。
6. 在"图表工具 | 布局"选项卡的"标签"组中，选择"坐标轴标题"|"主要纵坐标轴标题"|"横排标题"命令。
7. 在框中输入"千"。
8. 在"图表工具 | 布局"选项卡的"标签"组中，选择"图例"|"在底部显示图例"命令。
   设置后的效果如图 6-13 所示。

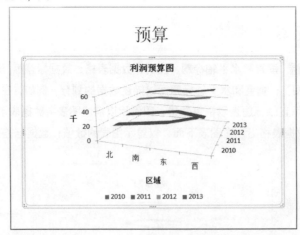

图 6-13

9. 单击幻灯片 2，然后选中其中的图表。
10. 在"图表工具 | 布局"选项卡的"标签"组中，选择"图表标题"|"图表上方"命令。
11. 在文本框中输入"实际利润图"。
12. 在"图表工具 | 布局"选项卡的"标签"组中，选择"坐标轴标题"|"主要横坐标轴标题"|"坐标轴下方标题"命令。
13. 在文本框中输入"区域"。

14. 在"图表工具 | 布局"选项卡的"标签"组中，选择"坐标轴标题"|"主要纵坐标轴标题"|"横排标题"命令。

15. 在文本框中输入"千"。

16. 在"图表工具 | 布局"选项卡的"标签"组中，选择"图例"|"在底部显示图例"命令。设置后的效果如图 6-14 所示。

17. 保存并关闭该演示文稿。

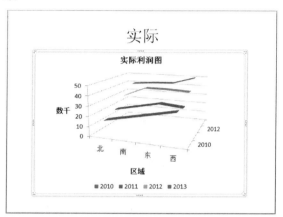

图 6-14

 技巧演练

本次演练将在新演示文稿中进一步练习创建图表和添加图表元素。

1. 创建一个空白演示文稿，并将其保存为"资金筹措-学生"。

2. 将幻灯片版式改为"空白"。

3. 在"插入"选项卡的"插图"组中，单击"图表"按钮。

4. 在"插入图表"对话框中，选择"柱形图"图表类型，然后单击"确定"按钮。

5. 在电子表格中，用"累计筹措金额"替换文本"系列 1"后，按 Tab 键。用"筹措金额目标"替换文本"系列 2"。拖动 B 列和 C 列之间的竖线，使 B2 单元格中的"累计筹措金额"完全显示，双击 C 列和 D 列之间的竖线，使 C2 单元格中的"筹措金额目标"完全显示。

6. 将蓝色方框区域的右下角向左拖动，排除 D 列，然后向下拖动包括行 13。

7. 按照图 6-15 所示输入数值。

8. 单击 Excel 的"Office 按钮"|"关闭"命令，柱形图效果如图 6-16 所示。

图 6-15

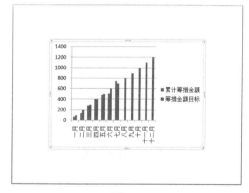

图 6-16

9. 调整图表大小，使之占满整张幻灯片。

10. 单击"筹措金额目标"柱形，在"图表工具 | 设计"选项卡的"类型"组中，单击"更改图表类型"按钮，选择"折线图"图表类型中的第一个图"折线图"，然后单击"确定"按钮，效果如图 6-17 所示。

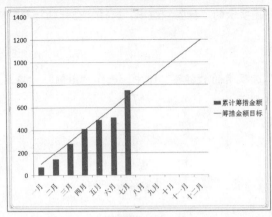

图 6-17

11. 在"图表工具 | 布局"选项卡的"标签"组中,选择"图表标题"|"图表上方"命令。

12. 在文本框中输入"资金筹措图"。

13. 在"图表工具 | 布局"选项卡的"标签"组中,选择"坐标轴标题"|"主要横坐标轴标题"|"坐标轴下方标题"命令。

14. 在文本框中输入"月份"。

15. 在"图表工具 | 布局"选项卡的"标签"组中,选择"图例"|"无"命令。

16. 在"图表工具 | 布局"选项卡的"标签"组中,选择"数据表"|"显示数据表和图例项标示"命令。

17. 在"图表工具 | 布局"选项卡的"坐标轴"组中,选择"坐标轴"|"主要纵坐标轴"|"显示千单位坐标轴"命令。

18. 在"图表工具 | 布局"选项卡的"坐标轴"组中,选择"网格线"|"主要纵网格线"|"主要网格线"命令。

设置后的最终效果如图 6-18 所示。

19. 保存并关闭该演示文稿。

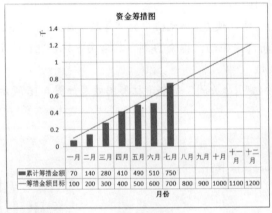

图 6-18

6.1.3　设置图表元素格式

在图表中添加元素后,图表可能变得比较杂乱。为了能够很容易地在 PowerPoint 中选择图表元素,用户可以在"图表工具 | 格式"选项卡的"当前所选内容"组中,单击"图表元素"下拉按钮后,选择一个图表元素。

- 有许多改善图表及其元素外观的格式选项。例如,可以添加轮廓、填充、阴影,改变图表元素线条的粗细和颜色。

- 要对形状文本应用填充，可在"图表工具｜格式"选项卡的"艺术字样式"组中，单击"文本填充"下拉按钮。
- 要对形状文本应用轮廓，可在"图表工具｜格式"选项卡的"艺术字样式"组中，单击"文本轮廓"下拉按钮。
- 要对形状文本应用效果，可在"图表工具｜格式"选项卡的"艺术字样式"组中，单击"文本效果"下拉按钮。
- 要对形状文本应用样式，可在"图表工具｜格式"选项卡的"艺术字样式"组中，选择一种"艺术字样式"。
- 另外，也可通过"设置文本效果格式"对话框改变文本格式。在"图表工具｜格式"选项卡的"艺术字样式"组中，单击"对话框启动器"按钮，弹出如图 6-19 所示的对话框。

要对形状应用填充，可使用下述方法之一：
- 在"图表工具｜格式"选项卡的"形状样式"组中，单击"形状填充"下拉按钮。
- 在"开始"选项卡的"绘图"组中，单击"形状填充"下拉按钮。

要对形状应用轮廓，可使用下述方法之一：
- 在"图表工具｜格式"选项卡的"形状样式"组中，单击"形状轮廓"下拉按钮。
- 在"开始"选项卡的"绘图"组中，单击"形状轮廓"下拉按钮。
- 要对形状应用样式，可在"图表工具"下的"格式"选项卡的"形状样式"组中，单击选择一种样式。

要对形状应用效果，可使用下述方法之一：
- 在"图表工具｜格式"选项卡的"形状样式"组中，单击"形状效果"下拉按钮。
- 在"开始"选项卡的"绘图"组中，单击"形状效果"下拉按钮。
- 另外，可通过"设置图表区格式"对话框设置图表形状的格式。在"图表工具｜格式"选项卡的"形状样式"组中，单击"对话框启动器"按钮，弹出如图 6-20 所示的对话框。

图 6-19

图 6-20

6.1.4　设置图表元素动画

如果需要突出图表或者分步骤地显示图表元素，可以将图表作为一个对象添加动画，或者对图表中的元素按类别或按系列添加动画。例如，可以设定使图表从屏幕的一边快速飞入和缓慢淡入。各种动画形式是否可用取决于图表类型。设定图表动画最好的方法是在动画列表中进行选择。

要在图表上添加动画，可在"动画"选项卡的"动画"组中，单击"动画"下拉按钮，弹出如图 6-21 所示的下拉菜单。

自定义动画可使用户能够选择图表和特定的图表元素，并对将要显示的元素应用进入效果，对幻灯片中元素的动作应用强调效果，对将要退出幻灯片的元素应用退出效果。自定义动画还可控制动画的速度、方向和顺序。

要自定义图表动画，可使用下述方法之一：

- 在"动画"选项卡的"动画"组中，单击"自定义动画"按钮。
- 在"动画"选项卡的"动画"组中，选择"动画"|"自定义动画"命令。

在创建自定义动画时，"自定义动画"任务窗格就会显示，如图 6-22 所示。

图 6-21   图 6-22

- 要添加进入效果，单击选中一个图表或一个图表元素，然后选择"添加效果"|"进入"命令后选择一种效果。进入效果的应用在"自定义动画"任务窗格中用绿色的图标标示。
- 要添加强调效果，单击选中一个图表或一个图表元素，然后选择"添加效果"|"强调"命令后选择一种效果。强调效果的应用在"自定义动画"任务窗格中用黄色的图标标示。
- 要添加退出效果，单击选中一个图表或一个图表元素，然后选择"添加效果"|"退出"项后选择一种效果。退出效果的应用在"自定义动画"任务窗格中用红色的图标标示。
- 选中"自定义动画"任务窗格中已经设定的动画项，然后单击"更改"按钮可以改变其动画。
- 选中"自定义动画"任务窗格中已经设定的动画项，然后单击"删除"按钮可以删除其动画。
- 单击选中"自定义动画"任务窗格中的动画项，然后使用"自定义动画"任务窗格下面的"重新排序"按钮，可以改变动画的顺序。
- 使用"自定义动画"任务窗格下面的"播放"或"幻灯片放映"按钮可查看动画。
- 要关闭"自定义动画"任务窗格，单击"关闭"按钮即可。

在幻灯片上用不可打印的数字标记标注动画项（见图 6-23），幻灯片的左上部分有 3 个数字标记 1、2 和 3）。这些标记与自定义动画列表中的动画一致，显示在含有图表元素的幻灯片上。并且，只在显示"自定义动画"任务窗格的普通视图中出现。

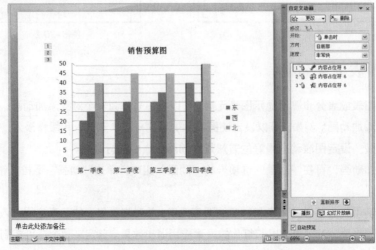

图 6-23

技巧课堂

本次课堂将在演示文稿中练习设置图表元素格式。

1. 打开"人口统计"演示文稿，并将其另存为"人口统计格式-学生"，选中该图表。

2. 在"图表工具 | 格式"选项卡的"当前所选内容"组中，选择"图表元素"|"背景墙"命令。

3. 在"图表工具 | 格式"选项卡的"形状样式"组中，选择"形状填充"|"茶色，背景2，深色25%"命令。

4. 在"图表工具 | 格式"选项卡的"当前所选内容"组中，选择"图表元素"|"基底"命令。

5. 在"图表工具 | 格式"选项卡的"形状样式"组中，选择"形状填充"|"茶色，背景2，深色75%"命令。

6. 在"图表工具 | 格式"选项卡的"当前所选内容"组中，选择"图表元素"|"系列"分区1""命令。

7. 在"图表工具 | 格式"选项卡的"形状样式"组中，选择"形状效果"|"棱台"|"松散嵌入"命令。

8. 使用步骤6和7，对其余三个分区重复操作这些指令，使图表外观与图6-24相似。

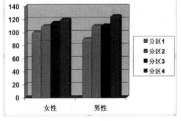

图6-24

9. 在"图表工具 | 格式"选项卡的"当前所选内容"组中，选择"图表元素"|"图例"命令。

10. 在"图表工具 | 格式"选项卡的"形状样式"组中，选择"形状轮廓"|"茶色，背景2，深色75%"命令。

11. 在"图表工具 | 格式"选项卡的"形状样式"组中，选择"形状轮廓"|"粗细"|"3磅"命令。

12. 在"图表工具 | 格式"选项卡的"当前所选内容"组中，选择"图表元素"|"水平（类别）轴"命令。

13. 在"图表工具 | 格式"选项卡的"艺术字样式"组中，选择"文本填充"|"橙色，强调文字颜色6，深色50%"命令。

14. 在"图表工具 | 格式"选项卡的"艺术字样式"组中，选择"文本轮廓"|"茶色，背景2，深色75%"命令。

15. 在"图表工具 | 格式"选项卡的"艺术字样式"组中，选择"文本效果"|"发光"|"强调文字颜色2，18 pt发光"命令。

16. 在"图表工具 | 动画"选项卡的"动画"组中，单击"动画"下拉按钮，用鼠标指针指向每一个动画，查看幻灯片窗口中的动画预览。然后选择"擦除"组下的"按分类"，效果如图6-25所示。

17. 保存并关闭该演示文稿。

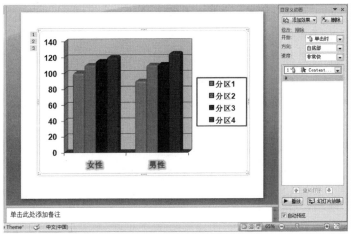

图6-25

技巧演练

本次演练将在新演示文稿中进一步练习练习插入图表、改变图表类型、添加图表元素、设置图表元素格式和应用自定义动画。

1. 创建一个空白演示文稿，并将其保存为"预算显示-学生"。

2. 在"开始"选项卡的"幻灯片"组中，选择"版式"|"空白"命令。

3. 在"插入"选项卡的"插图"组中，选择"图表"|"饼图"图表类型，然后单击"确定"按钮。

4. 按图 6-26 所示输入数据。

5. 单击"Office 按纽"|"关闭"命令。

6. 在"图表工具|设计"选项卡的"类型"组中，选择"更改图表类型"|"条形图"|"簇状条形图"命令后，单击"确定"按钮，效果如图 6-27 所示。

7. 在"图表工具|布局"选项卡的"标签"组中，选择"图例"|"无"命令。

8. 在"图表工具|布局"选项卡的"标签"组中，选择"数据标签"|"居中"命令。

9. 在"图表工具|布局"选项卡的"标签"组中，选择"数据表"|"显示数据表"命令。

10. 在"图表工具|布局"选项卡的"坐标轴"组中，选择"网格线"|"主要横网格线"|"主要网格线"命令，设置后的效果如图 6-28 所示。

图 6-26

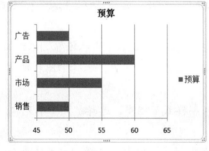
图 6-27

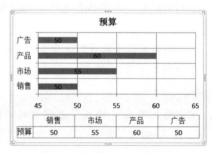
图 6-28

11. 在"图表工具|格式"选项卡的"当前所选内容"组中，选择"图表元素"|"垂直（类别）轴"命令。

12. 在"图表工具|格式"选项卡的"艺术字样式"组中，选择"其他"|"渐变填充-强调文字颜色1"命令。

13. 在"图表工具|格式"选项卡的"形状样式"组中，选择"其他"|"细线-强调颜色1"命令。

14. 在"动画"选项卡的"动画"组中，单击"自定义动画"按钮。

15. 在"自定义动画"任务窗格中，选择"添加效果"|"进入"|"飞入"命令。

16. 在"自定义动画"任务窗格中，选择"方向"|"自左侧"命令。

17. 在"自定义动画"任务窗格中，选择"速度"|"中速"命令。

18. 在"自定义动画"任务窗格中，选择"添加效果"|"强调"|"陀螺旋"命令。

19. 在"自定义动画"任务窗格中，选择"添加效果"|"退出"|"菱形"命令，效果如图 6-29 所示。

20. 在"自定义动画"任务窗格中，单击"播放"按钮。

21. 关闭"自定义动画"任务窗格，保存并关闭该演示文稿。

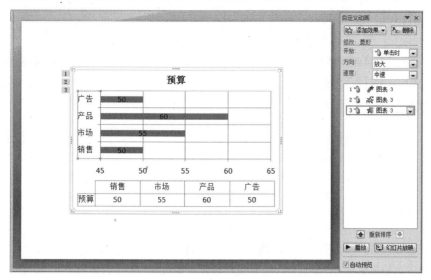

图 6-29

6.2　使用表格

3.7

使用表格可以将信息组织成行和列，以便展示各组数据之间的关系。例如，可以在左边的列中列出一个国家的地区，后面的列列出了每个地区逐年的销售数据。

6.2.1　插入表格

在 PowerPoint 中创建表格十分容易。在"插入"选项卡的"表格"组中，选择"表格"|"插入表格"命令，指定插入表格的行数和列数，然后填写数据。这就是创建表格所有的步骤。表格中所包含的数据由用户来确定。可以在含有内容占位符的幻灯片中插入表格，然后在表格单元格中输入标题和数据，也可在没有内容占位符的幻灯片中插入表格。

要插入表格，可使用下述方法之一：

- 在带有内容占位符的幻灯片中插入表格，可在"单击此处添加文本"占位符中单击"插入表格"按钮，弹出如图 6-30 所示的对话框。
- 在没有内容占位符的幻灯片中插入表格，可在"插入"选项卡的"表格"组中，单击"表格"下拉按钮，打开如图 6-31 所示的下拉菜单。

图 6-30

图 6-31

也可选择"表格"|"插入表格"命令，弹出"插入表格"对话框，然后设置新表格的行数和列数。

这个选项提供了直接确定表格行、列数目的方法，表格标题栏上也会显示这个信息。

6.2.2 绘制表格

在 PowerPoint 中也可绘制表格；给予用户创建独有或复杂表格结构的灵活性。绘制表格时，首先绘制表格外边框，如图 6-32（a）所示。其次，根据需要绘制行边框，如图 6-32（b）所示。然后，根据需要绘制列边框，如图 6-32（c）所示。

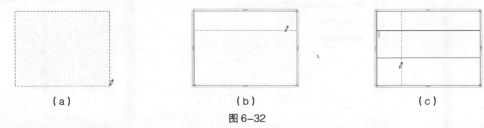

| （a） | （b） | （c） |

图 6-32

要绘制表格，在"插入"选项卡的"表格"组中，选择"表格" | "绘制表格"命令。

当鼠标指针变为铅笔形状时，通过斜向拖动鼠标确定表格边框，以达到需要的大小。要在表格中绘制行和列的边框，在"表格工具 | 设计"选项卡的"绘制边框"组中，单击"绘制表格"按钮，鼠标指针会变为铅笔形状，用户可在表格上根据需要绘制行和列的边框。

要擦除边框，可在"表格工具 | 设计"选项卡的"绘制边框"组中，单击"擦除"按钮。当鼠标指针变为橡皮时，单击已存在的边框，即可将其从表格中擦除。

在绘制边框时，可用同样的方式擦除边框。例如，在下面示例中，如果不再需要第一行的列边框，可将橡皮移动到该边框上，然后单击，选择并擦除该边框，如图 6-33 所示。

如果想要删除第二行和第三行之间的边框，则必须在整条线上拖动橡皮，将其标记为删除。否则，可能会只选择了这条线上三个边框中的两个，如图 6-34 所示。

图 6-33   图 6-34

6.2.3 处理表格中的文本

文本是表格中最为普遍的数据类型。在表格中插入文本只需移动到相应的文本框或单元格，然后开始输入。要移动到下一个单元格输入文本，按 Tab 键，或按 Shift+Tab 组合键移动到前一个单元格。一旦输入文本，即可使用与在其他占位符中处理文本相同的方法设定文本格式，或者删除文本。

如果认为需要添加一行以输入数据，可在表格的最后一个单元格按 Tab 键，创建一个新行。

> 也可在单元格中单击而不使用键盘。

 技巧课堂

本次课堂中将练习在新演示文稿中插入和绘制表格。

1. 创建一个空白演示文稿，并将其保存为"经销商-学生"。
2. 将幻灯片版式改为"空白"。
3. 在"插入"选项卡的"表格"组中，选择"表格" | "插入表格"命令。
4. 在弹出的"插入表格"对话框中的"列数"微调框中，输入 5。在"行数"微调框中，输入 8。然后单击"确定"按钮。
5. 按图 6-35 所示输入数据。

6. 插入一张空白幻灯片。在"插入"选项卡的"表格"组中，选择"表格"|"绘制表格"命令。

7. 斜向拖动鼠标绘制表格外边框，如图 6-36 所示。

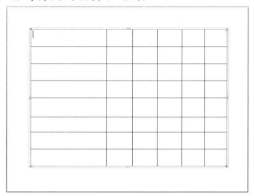

图 6-35

图 6-36

8. 在"表格工具 | 设计"选项卡的"绘制边框"组中，单击"绘制表格"按钮，在表格中绘制 8 行 6 列，如图 6-37 所示。

9. 按图 6-38 所示在表格中输入文本。

10. 保存并关闭该演示文稿。

图 6-37

图 6-38

 技巧演练

本次演练将在新演示文稿中进一步练习绘制表格。

1. 创建一个空白演示文稿，并将其保存为"订单表-学生"。

2. 将幻灯片版式改为"空白"。在"插入"选项卡的"表格"组中，选择"表格"|"绘制表格"命令。

3. 斜向拖动鼠标绘制表格外边框，如图 6-39 所示。

4. 在"表格工具 | 设计"选项卡的"绘制边框"组中，单击"绘制表格"按钮，然后按图 6-40 所示在表格中绘制 4 列 13 行。

图 6-39

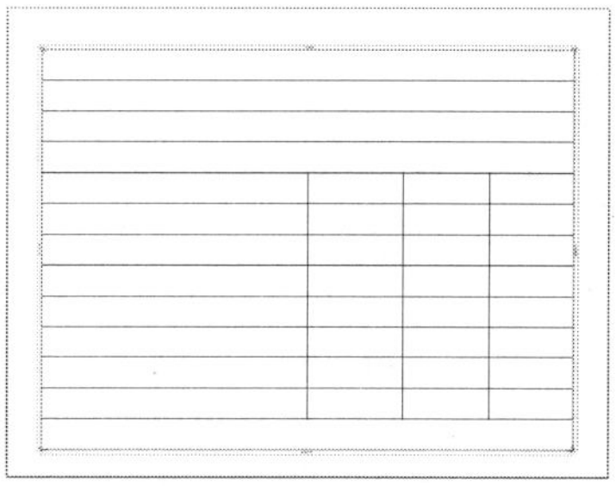

图 6-40

 为避免所绘制的各行行高不同，稍后将学习如何对其进行调节。

5. 按图 6-41 所示在表格中输入文本。
6. 保存并关闭该演示文稿。

订单表			
姓名:			
地址:			
电话:			
项目	数量	单价	总价
小计			
折扣			
总和			
预计下单后七天之内交货。			

图 6-41

6.3 设置表格格式

与设置文本框和形状的格式一样，可使用相同的方法设置表格的格式。既可设置表格数据的格式，也可设置表格行、列、单元格或整个表格的格式。设置表格的格式是指处理单元格以及单元格中的内容。

设置格式的选项包括：

- 设置表格的高度和宽度。
- 插入和删除行和列。
- 将单元格合并成为较大的单元格和将单元格拆分成为较小的单元格。
- 应用表格（快速）样式。
- 应用底纹、边框和效果。
- 改变表格中的文本方向和对齐方式。
- 设置单元格的高度、宽度和边距。
- 添加图片修饰表格。

在修改表格的某一元素以前，必须在表格中选择适当的单元格、列、行和内容。使用鼠标或键盘，或者在"表格工具 | 布局"选项卡的"表"组中，单击"选择"下拉按钮后选择行、列或整个表格。

- 要修改表格高度，在"表格工具 | 布局"选项卡的"表格尺寸"组中，在"高度"微调框中设置。
- 要修改表格宽度，在"表格工具 | 布局"选项卡的"表格尺寸"组中，在"宽度"微调框中设置。

为了避免表格比例失调，可在"表格工具 | 布局"选项卡的"表格尺寸"组中，选择"锁定纵横比"复选框。

- 要在上面插入一行，在"表格工具 | 布局"选项卡的"行和列"组中，单击"在上方插入"按钮。
- 要在下面插入一行，在"表格工具 | 布局"选项卡的"行和列"组中，单击"在下方插入"按钮。
- 要在左边插入一列，在"表格工具 | 布局"选项卡的"行和列"组中，单击"在左侧插入"按钮。
- 要在右边插入一列，在"表格工具 | 布局"选项卡的"行和列"组中，单击"在右侧插入"按钮。
- 要在删除一行，在"表格工具 | 布局"选项卡的"行和列"组中，选择"删除" | "删除行"命令。
- 要在删除一列，在"表格工具 | 布局"选项卡的"行和列"组中，选择"删除" | "删除列"命令。

- 要合并单元格，在"表格工具｜布局"选项卡的"合并"组中，单击"合并单元格"按钮。
- 要拆分单元格，在"表格工具｜布局"选项卡的"合并"组中，单击"拆分单元格"按钮。

 也可在适当的行、列或单元格上右击，在弹出的快捷菜单中（见图6-42）选择适当的命令。

图 6-42

6.3.1 应用、修改和删除表格样式

表格样式（快速样式）是各种格式选项的组合，包括派生于演示文稿主题颜色的颜色组合。任何表格都可使用表格样式，表格样式会自动应用颜色组合。在"设计"选项卡的"表格样式"组中可以看到可用样式的缩略图。当用鼠标指针指向一个表格样式缩略图时，可以查看该表格样式应用到表格后的效果。

要添加或修改表格样式，可以在"表格工具｜设计"选项卡的"表格样式"组中，选择一种表格样式，或者单击"其他"按钮显示样式库，如图6-43所示。

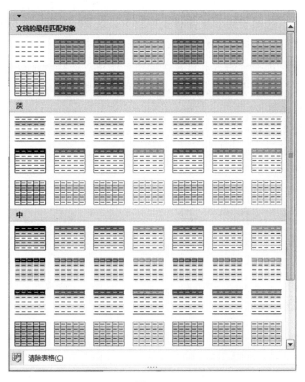

图 6-43

用户也可在表格样式中选择一些选项。在"表格工具｜设计"选项卡的"表格样式选项"组（见图6-44）中，选中一个或多个复选框。

- 要删除表格样式，可在"表格工具｜设计"选项卡的"表格样式"组中，选择"其他"｜"清除表格"命令。
- 要对表格添加底纹、修改或删除表格的底纹，可在"表格工具｜设计"选项卡的"表格样式"组中，单击"底纹"按钮。

图 6-44

- 要添加、修改或删除边框，可在"表格工具｜设计"选项卡的"表格样式"组中，单击"边框"按钮。
- 要添加、修改或删除效果，可在"表格工具｜设计"选项卡的"表格样式"组中，单击"效果"按钮。

用户也可右击表格，在弹出的快捷菜单中选择喜爱的格式。

技巧课堂

本次课堂中将练习设置表格格式和应用样式。

1. 打开“数字幻灯片”演示文稿，并将其另存为“数字表格-学生”。
2. 在“表格工具 | 布局”选项卡的“表”组中，选择“选择”|“选择表格”命令。
3. 在“表格工具 | 布局”选项卡的“表格尺寸”组中，在“高度”微调框中输入 10。在“宽度”微调框在输入 20。如果需要，将表格移至幻灯片中部。
4. 在“开始”选项卡的“字体”组中，选择“字号”为 28。
5. 单击表格的第一个单元格，在“布局”选项卡的“表”组中，选择“选择”|“选择行”命令。
6. 在“表格工具 | 布局”选项卡的“行和列”组中，单击“在上方插入”按钮。
7. 在“表格工具 | 布局”选项卡的“合并”组中，单击“合并单元格”按钮。
8. 在表格的第一个单元格中输入“计划数字”，如图 6-45 所示。
9. 在“表格工具 | 布局”选项卡的“表”组中，选择“选择”|“选择表格”命令。
10. 在“表格工具 | 设计”选项卡的“表格样式”组中，选择“边框”|“所有框线”命令。
11. 在“表格工具 | 设计”选项卡的“表格样式”组中，选择“效果”|“阴影”|“内部左上角”命令。
12. 在“表格工具 | 设计”选项卡的“表格样式选项”组中，选择“镶边列”命令。
13. 在“表格工具 | 设计”选项卡的“表格样式”组中，选择“主题样式 1-强调 5”样式。
14. 单击表格的第一个单元格。
15. 在“表格工具 | 设计”选项卡的“表格样式”组中，选择“底纹”|“深蓝，文字 2-深色 25%”命令，设置后的效果如图 6-46 所示。
16. 保存并关闭该演示文稿。

计划数字			
	2010	2011	2012
北	10,000	15,000	18,000
南	15,000	17,000	18,000
东	12,000	18,000	20,000
西	13,000	20,000	21,000

图 6-45

预算数字

计划数字			
	2010	2011	2012
北	10,000	15,000	18,000
南	15,000	17,000	18,000
东	12,000	18,000	20,000
西	13,000	20,000	21,000

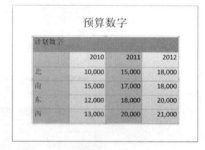

图 6-46

技巧演练

本次演练将进一步练习设置表格格式和应用样式。

1. 打开“订单表-学生”演示文稿，并将其另存为“订单表 2-学生”。在表格内任意位置单击。
2. 在“表格工具 | 布局”选项卡的“表”组中，选择“选择”|“选择表格”命令。
3. 在“表格工具 | 布局”选项卡的“单元格大小”组中，单击“分布行”按钮。
4. 在“表格工具 | 布局”选项卡的“表格尺寸”组中，在“高度”微调框中输入 16.25。在“宽度”微调框中输入 23.75。如果需要，将表格移至幻灯片中部。
5. 在“开始”选项卡的“字体”组中，单击“加粗”按钮。
6. 在“表格工具 | 设计”选项卡的“表格样式选项”组中，选中“标题行”复选框。
7. 在“表格工具 | 设计”选项卡的“表格样式选项”组中，选中“汇总行”复选框。
8. 在“表格工具 | 设计”选项卡的“表格样式选项”组中，选中“镶边行”复选框。

9. 在"表格工具｜设计"选项卡的"表格样式"组中，选择"中度样式 1-强调 3"选项。

10. 选择文本"订单表"，在"开始"选项卡的"字体"组中，选择"字号"为 32。

11. 在"开始"选项卡的"段落"组中，单击"居中"按钮。

12. 单击最后一行。

13. 在"表格工具｜设计"选项卡的"表格样式"组中，选择"底纹"｜"橄榄色，强调文字颜色 3-淡色 40%"命令。

14. 在"表格工具｜布局"选项卡的"表"组中，选择"选择"｜"选择表格"命令。

15. 在"表格工具｜设计"选项卡的"表格样式"组中，选择"边框"｜"所有框线"命令，设置后的 效果如图 6-47 所示。

订单表			
姓名:			
地址:			
电话:			
项目	数量	单价	总价
小计			
折扣			
总和			
预计下单后七天之内交货。			

图 6-47

16. 保存并关闭该演示文稿。

6.3.2　改变对齐方式和文本方向

在表格中添加文本时，PowerPoint 提供了各种垂直和水平对齐方式的设置，使用户能够设置表格中文本的格式，并使之合理排列，使用户易于阅读。

要使文本左对齐，可使用下述方法之一：

- 在"表格工具｜布局"选项卡的"对齐方式"组中，单击适当的对齐按钮。

- 在浮动工具栏（见图 6-48）上，选择需要使用的对齐方式。

图 6-48

- 按相应对齐方式的快捷键：

文本左对齐　　`Ctrl`+`L`

居中　　　　　`Ctrl`+`E`

文本右对齐　　`Ctrl`+`R`

也可对单元格中的内容设置垂直对齐方式，使用下述方法之一：

- 在"表格工具｜布局"选项卡的"对齐方式"组中，选择适当的垂直对齐类型。

- 在"开始"选项卡的"段落"组中，单击"对齐文本"按钮，弹出如图 6-49 所示的下拉菜单。

- 右击，在弹出的快捷菜单中选择"设置形状格式"命令。在弹出的"设置形状格式"对话框中的左侧窗格选择"文本框"选项，如图 6-50 所示。

- 在"表格工具｜布局"选项卡的"对齐方式"组中，选择"单元格边距｜自定义边距"命令，如图 6-51 所示。

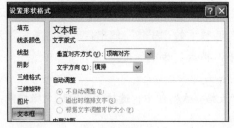
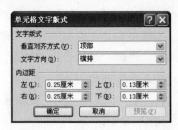

图6-49　　　　　　　　　　图6-50　　　　　　　　　　图6-51

要改变文本方向，可使用下述方法之一：

- 在"表格工具｜布局"选项卡的"对齐方式"组中，单击"文字方向"按钮。
- 在"开始"选项卡的"段落"组中，单击"文字方向"下拉按钮，弹出如图6-52所示的下拉菜单。
- 右击，在弹出的快捷菜单中选择"设置形状格式"命令，在弹出的"设置形状格式"对话框的左侧窗格中选择"文本框"选项。
- 在"表格工具｜布局"选项卡的"对齐方式"组中，选择"单元格边距"｜"自定义边距"命令。

要改变单元格边距，可使用下述方法之一：

- 在"表格工具｜布局"选项卡的"对齐方式"组中，单击"单元格边距"下拉按钮，弹出如图6-53所示的下拉菜单。

图6-52　　　　　　　　　　图6-53

- 右击，在弹出的快捷菜单中选择"设置形状格式"命令，在弹出的"设置形状格式"对话框的右侧窗格中选择"文本框"选项。

要修改单元格、行或列的高度或宽度，可使用下述方法之一：

- 要修改单元格的高度，在"表格工具｜布局"选项卡的"单元格大小"组中，在"表格行高度"微调框中设置。
- 要修改单元格的宽度，可在"表格工具｜布局"选项卡的"单元格大小"组中，在"表格列宽度"微调框中设置。
- 要均匀分布所选行，可在"表格工具｜布局"选项卡的"单元格大小"组中，在"分布行"按钮。
- 要均匀分布所选列，可在"表格工具｜布局"选项卡的"单元格大小"组中，在"分布列"按钮。

6.3.3　在表格中添加图像

在演示文稿中添加图像可以增加视觉感染力，并且能够更清楚地反映作者的意图，用户可从图片文件或剪贴画中将图像插入幻灯片表格中。

插入剪贴画

要插入剪贴画，在"插入"选项卡的"插图"组中，单击"剪贴画"按钮。

从文件中插入图片

要将来自文件的图片添加进幻灯片表格中，在"插入"选项卡的"插图"组中，单击"图片"按钮。

在插入图片时，图片可能不会按照预想的大小显示，或者没有在预想的单元格中显示。在这种情况下，可将表格中的图片调整到合适的大小，并将其移动到需要的位置。

与调整文本框和形状的大小所使用的方法相同，用户可以使用控制柄调整图片的大小。控制柄是选中图片后位于图片四周的小方块和小圆圈（见图6-54）。拖动角上的圆形控制柄可保持图片的原始纵横比例；拖动方块控制柄会改变先前的比例。

图 6-54

如果要指定图片的高度和宽度，可使用下述方法之一：

- 在"图片工具 | 格式"选项卡的"大小"组中，在"形状高度"或"形状宽度"微调框中设置。
- 右击形状，在弹出的快捷菜单中选择"大小和位置"命令。
- "在图片工具 | 格式"选项卡的"大小"组中，单击"对话框启动器"按钮。

技巧课堂

本次课堂中将练习改变表格对齐方式和从文件中添加图片。

1. 打开"经销商表格"演示文稿，并将其另存为"经销商表格-学生"。
2. 单击包含文本"进度"的单元格。
3. 在"表格工具 | 布局"选项卡的"表"组中，选择"选择"|"选择列"命令。
4. 在"表格工具 | 布局"选项卡的"对齐方式"组中，单击"文本右对齐"按钮。
5. 单击包含文本"时间"的单元格。
6. 在"表格工具 | 布局"选项卡的"表"组中，选择"选择"|"选择列"命令。
7. 在"表格工具 | 布局"选项卡的"对齐方式"组中，单击"居中"按钮。
8. 在"表格工具 | 布局"选项卡的"表"组中，选择"选择"|"选择表格"命令。
9. 在"表格工具 | 布局"选项卡的"对齐方式"组中，单击"垂直居中"按钮。
10. 在"插入"选项卡的"插图"组中，单击"图片"按钮。
11. 选择文件"灯"，然后单击"插入"按钮。
12. 将该图片拖动至文本"进度"的左侧，效果如图6-55所示。

事件	时间	职责		进度?
电话协商	2月17日			
总结调查	3月20日			完成
执行调查	4月15日			完成
实现计划	5月3日			完成
同意条件	6月16日			
发出合同	7月20日			

图 6-55

13. 保存并关闭该演示文稿。

技巧演练

本次演练将在演示文稿的表格中进一步练习应用表格样式，在表格中添加剪贴画，改变文字方向、单元格的边距、高度和宽度，均匀分布行和列。

1. 打开"经销商表格"演示文稿，并将其另存为"经销商表格1-学生"。

2. 定位至幻灯片2。

3. 拖动鼠标选中第2、3、4、5和6列中的所有单元格。

4. 在"表格工具 | 布局"选项卡的"单元格大小"组中，单击"分布列"按钮。

5. 在"表格工具 | 布局"选项卡的"表"组中，选择"选择" | "选择表格"命令。

6. 在"表格工具 | 布局"选项卡的"单元格大小"组中，单击"分布行"按钮。

7. 在"表格工具 | 布局"选项卡的"对齐方式"组中，单击"垂直居中"按钮。

8. 在"表格工具 | 布局"选项卡的"对齐方式"组中，选择"单元格边距" | "宽"命令。

9. 单击表格的第一个单元格。

10. 在"表格工具 | 布局"选项卡的"表"组中，选择"选择" | "选择行"命令。

11. 在"表格工具 | 布局"选项卡的"单元格大小"组中，在"高度"微调框中输入3。

    设置后的效果如图6-56所示。

对各项的满意程度如何？	非常满意	满意	一般	不满意	很不满意
总的拥有体验					
车辆总体质量					
车辆配置					
销售经验					
物有所值					
舒适和友好性					
备注					

图6-56

12. 单击包含文本"非常满意"的单元格，然后拖动鼠标直包含文本"很不满意"的单元格。

13. 在"表格工具 | 布局"选项卡的"对齐方式"组中，选择"文字方向" | "所有文字旋转270°"命令。

14. 单击包含文本"备注"的单元格。

15. 在"表格工具 | 布局"选项卡的"表"组中，选择"选择" | "选择行"命令。

16. 在"表格工具 | 布局"选项卡的"合并"组中，单击"合并单元格"按钮。

17. 在"插入"选项卡的"插图"组中，单击"剪贴画"按钮。

18. 打开"剪贴画"任务空格，单击"结果类型"下拉按钮后，取消选中"照片"、"影片"和"声音"复选框，然后选中"剪贴画"复选框。

19. 在"搜索文字"文本框中输入"记号"，然后单击"搜索"按钮。

20. 在"剪贴画"任务窗格中选择一张图片。

21. 在"图片工具 | 格式"选项卡的"大小"组中，单击"对话框启动器"按钮。

22. 在弹出的对话框中取消选中"锁定纵横比"复选框，在"高度"微调框中输入1.25，在"宽度"微调框中输入1.25，单击"关闭"按钮。

23. 将图片移动至包含文本"非常满意"的单元格之下，效果如图6-57所示。

对各项的满意程度如何?	非常满意	满意	一般	不满意	很不满意
总的拥有体验					
车辆总体质量					
车辆配置					
销售经验					
物有所值					
舒适和友好性					
备注					

图 6-57

24. 在图片之外任意处单击一下。

25. 在"表格工具 | 布局"选项卡的"表"组中，选择"选择" | "选择表格"命令。

26. 在"表格工具 | 设计"选项卡的"表格样式选项"组中，选中"标题行"复选框。

27. 在"表格工具 | 设计"选项卡的"表格样式选项"组中，选中"镶边行"复选框。

28. 在"表格工具 | 设计"选项卡的"表格样式"组中，选择"主题样式 1-强调 2"样式，设置后的效果如图 6-58 所示。

对各项的满意程度如何?	非常满意	满意	一般	不满意	很不满意
总的拥有体验					
车辆总体质量					
车辆配置					
销售经验					
物有所值					
舒适和友好性					
备注					

图 6-58

29. 保存并关闭该演示文稿。

6.3.4　插入来自 Microsoft Office Word 或 Excel 的表格

　　用户可以在 PowerPoint 演示文稿中使用 Microsoft Office Word 或 Microsoft Office Excel 中的表格。在 Word 或 Excel 中创建表格并设置其格式之后，可将该表格粘贴到 PowerPoint 演示文稿中，而且不必调整表格的外观和格式。在将表格添加到演示文稿后，可以使用 PowerPoint 中新的表格功能快速地改变表格样式或添加效果。

要从 Word 或 Excel 中复制表格，选中表格后使用复制功能。切换到 PowerPoint 后，移动到幻灯片上，然后将表格粘贴到演示文稿中。也可在演示文稿中插入新的 Excel 表格，然后利用 Excel 的表格功能。

要在幻灯片中直接插入 Excel 表格，可在"插入"选项卡的"表格"组中，选择"表格"|"Excel 电子表格"命令。

> 如果改变演示文稿的主题，已应用到该表格上的主题不会改变，因为该表格是一个链接对象。另外，PowerPoint 中的选项不能用来编辑该表格。

技巧课堂

本次课堂将在新演示文稿中练习插入 Word 2007 表格。

1. 创建一个空白演示文稿，并将其保存为"数字幻灯片-学生"。
2. 在"开始"选项卡的"幻灯片"组中，选择"版式"|"空白"命令。
3. 启动 Word 2007。
4. 打开名为"数字"的文档。
5. 在"表格工具 | 布局"选项卡的"表"组中，选择"选择"|"选择表格"命令。
6. 在"开始"选项卡的"剪贴板"组中，单击"复制"按钮。
7. 使用任务栏切换到 PowerPoint 演示文稿。
8. 在"开始"选项卡的"剪贴板"组中，单击"粘贴"按钮，表格如图 6-59 所示。

	2010	2011	2012
北	10,000	15,000	18,000
南	15,000	17,000	18,000
东	12,000	18,000	20,000
西	13,000	20,000	21,000

图 6-59

9. 保存并关闭该演示文稿，然后关闭 Word。

技巧演练

本次演练将进一步练习在新演示文稿中复制和插入 Excel 表格。

1. 创建一个空白演示文稿，并将其保存为"价值幻灯片-学生"。
2. 在"开始"选项卡的"幻灯片"组中，选择"版式"|"空白"命令。
3. 启动 Microsoft Excel 2007。
4. 打开名为"价值"的文件。
5. 选中单元格区域 A1:D5。在"开始"选项卡的"剪贴板"组中，单击"复制"按钮。
6. 使用任务栏切换到 PowerPoint 演示文稿。
7. 在"开始"选项卡的"剪贴板"组中，单击"粘贴"按钮，表格如图 6-60 所示。
8. 按 Ctrl + M 组合键，插入一张新幻灯片。
9. 在"插入"选项卡的"表格"组中，选择"表格"|"Excel 电子表格"命令。
10. 拖动右下角的控制柄调整表格大小，显示出 A1:E7 单元格区域。
11. 按图 6-61 所示输入数据。

	2010	2011	2012
北	10,500	15,500	18,500
南	15,500	17,500	18,500
东	12,500	18,500	20,500
西	13,500	20,500	21,500

图 6-60

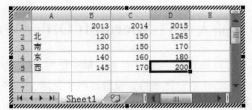

图 6-61

12. 选中 B6:D6 单元格区域。在"开始"选项卡的"编辑"组中，单击"自动求和"按钮，结果如图 6-62 所示。

13. 在表格外单击，效果如图 6-63 所示。

14. 保存并关闭该演示文稿，然后关闭 Excel。

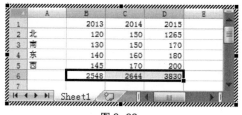

图 6-62　　　　　　　　　　　　　　　　　　图 6-63

6.4　小结

完成本课之后，应熟练掌握以下概念：

☑ 创建图表　　　　　　　　　　　　　☑ 创建表格

☑ 处理图表元素　　　　　　　　　　　☑ 插入来自 Microsoft Office Word 和 Excel 的表格

☑ 修改和增强图表　　　　　　　　　　☑ 设置表格格式和增强表格

6.5　习题

1. 如何将柱形图改为折线图？

2. 如何在图表上添加主要水平坐标轴标题？

3. 如何隐藏图表中的图例？

4. 如何在图表中添加数据表格？

5. 如何在图表中显示次要横网格线？

6. 如何删除图表的动画？

7. 如何编辑图表数据？

8. 如何在幻灯片中插入 Microsoft Office Excel 表格？

9. 如何清除表格的边框？

10. 在改变表格的宽度和高度时，如何锁定宽高比？

11. 如何垂直地合并表格单元格？

12. 如何将单元格中的文本旋转 90°？

13. 如何将表格样式应用到表格？

7
Lesson

使用幻灯片母版

课程目标

本课的目标主要是学习如何在演示文稿中使用幻灯片母版。成功地学完本课后，应能完成下面的操作：

☑创建、修改和操作幻灯片母版　　　☑在幻灯片母版上添加对象

☑设置幻灯片母版的主题、背景和颜色　☑操作幻灯片母版对象

本课内容涉及下面的命令按钮：

"插入"选项卡

"设计"选项卡

"视图"选项卡

"幻灯片母版"选项卡

7.1 使用幻灯片母版

在 PowerPoint 中用户可以使用母版为整个演示文稿建立通用的外观，也可以设置演示文稿中的某些部分，会使其以一致的形式展示，如徽标布局标题和页脚布局、字体和颜色。

用户使用母版可统一修改整个演示文稿。PowerPoint 中提供三种类型的母版供使用：幻灯片母版控制演示文稿中的幻灯片和标题幻灯片；备注母版控制所有备注的样式；讲义母版控制讲义的样式。

幻灯片母版设置演示文稿的基本框架，用以保存在每张幻灯片上所做的设置。当需要应用如文本格式、项目符号样式和母版图形等全局设置时，可以使用幻灯片母版，如图 7-1 所示。

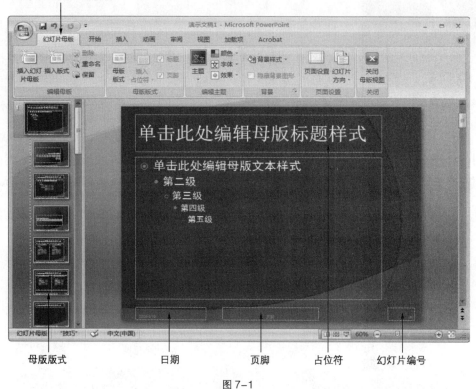

图 7-1

"幻灯片母版"窗口各部分及其功能介绍名称如表 7-1 所示。

表 7-1

"幻灯片母版"选项卡	用于创建、删除、保存、重命名母版或设置母版版式中占位符的格式
母版版式	幻灯片母版是版式的集合。修改需要做出全局更改的版式后，演示文稿中所有基于该版式的幻灯片都将做出相应的改变
日期	用于在每张幻灯片上添加日期
页脚	在幻灯片上添加诸如演讲者姓名或公司名称等信息
占位符	选择占位符中的文本，改变其样式，该样式就成为所有幻灯片占位符中文本的默认样式
幻灯片编号	在每张幻灯片上添加幻灯片编号

7.1.1 创建、修改或删除幻灯片母版

幻灯片母版的格式来源于幻灯片主题；PowerPoint 会自动创建一个包含幻灯片主题中所有设置的幻灯片母版的集合。在设置幻灯片母版格式后，如改变字体大小，在母版上添加页脚或图形，PowerPoint 即可将其应用到演示文稿中的每一张幻灯片。这将大大节约时间并使演示文稿具有统一的外观。

用户可在幻灯片母版视图中对幻灯片应用所有设置。该视图包含设置普通文本元素格式的占位符，设置页脚、日期和幻灯片编号等信息格式的占位符。改变单个幻灯片时，这些改变优先发生在母版设置上。

要激活"幻灯片母版"视图，可在"视图"选项卡的"演示文稿视图"组中，单击"幻灯片母版"按钮。

要创建和插入幻灯片母版，可使用下述方法之一：

- 在"幻灯片母版"选项卡的"编辑母版"组中，单击"插入幻灯片母版"按钮。
- 右击"幻灯片"选项卡中的幻灯片，在弹出的快捷菜单中选择"插入幻灯片母版"命令。
- 按 Ctrl + M 组合键。

要修改幻灯片母版，单击"幻灯片"选项卡中的幻灯片版式，然后对幻灯片做出修改，如改变占位符字体或字体大小。

要删除幻灯片母版，可使用下述方法之一：

- 在"幻灯片母版"选项卡的"编辑母版"组中，单击"删除"按钮。
- 右击"幻灯片"选项卡中的幻灯片，在弹出的快捷菜单中选择"删除母版"命令。
- 单击"幻灯片"选项卡中的幻灯片，然后按 Delete 键。

要关闭幻灯片母版视图，可使用下述方法之一：

- 在"幻灯片母版"选项卡的"关闭"组中，单击"关闭母版视图"按钮。
- 在"视图"选项卡的"演示文稿视图"组中，单击"普通视图"按钮。

技巧课堂

本次课堂中将练习创建、修改和删除幻灯片母版。

1. 创建一个空白演示文稿，并将其保存为"母版-学生"。
2. 在"视图"选项卡的"演示文稿视图"组中，单击"幻灯片母版"按钮。
3. 在"幻灯片母版"选项卡的"编辑母版"组中，单击"插入幻灯片母版"按钮。
4. 单击"单击此处编辑母版标题样式"占位符。
5. 在"绘图工具 | 格式"选项卡的"艺术字样式"组中，选择"渐变填充，强调文字颜色1"样式。
6. 单击"单击此处编辑母版文本样式"占位符。
7. 在"绘图工具 | 格式"选项卡的"艺术字样式"组中，选择"填充-强调文字颜色2，粗糙棱台"样式。
8. 单击"幻灯片"选项卡中的幻灯片1。
9. 在"幻灯片母版"选项卡的"编辑母版"组中，单击"保留"按钮，设置后的效果如图7-2所示。

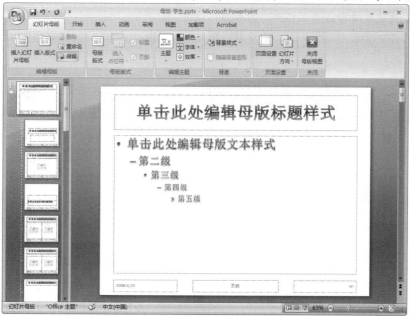

图 7-2

10. 在"幻灯片母版"选项卡的"关闭"组中，单击"关闭母版视图"按钮。

11. 保存并关闭该演示文稿。

 技巧演练

本次演练中进一步练习在演示文稿中创建、修改和删除幻灯片母版。

1. 打开名为"全局"的演示文稿，并将其另存为"全局-学生"。

2. 在"视图"选项卡的"演示文稿视图"组中，单击"幻灯片母版"按钮。

3. 在"幻灯片母版"选项卡的"编辑母版"组中，单击"插入幻灯片母版"按钮。

4. 单击"单击此处编辑母版标题样式"占位符。

5. 在"绘图工具 | 格式"选项卡的"形状样式"组中，选择"强烈效果-强调颜色 6"样式。

6. 单击"单击此处编辑母版文本样式"占位符。

7. 在"绘图工具 | 格式"选项卡的"形状样式"组中，选择"细微效果-强调颜色 6"样式，效果如图 7-3 所示。

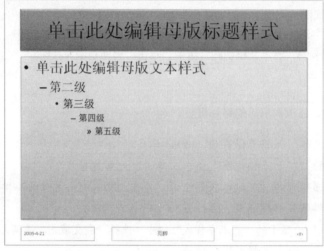

图 7-3

8. 在"幻灯片母版"选项卡的"编辑母版"组中，单击"插入幻灯片母版"按钮。

9. 单击"单击此处编辑母版标题样式"占位符。

10. 在"绘图工具 | 格式"选项卡的"形状样式"组中，选择"强烈效果-强调颜色 5"样式。

11. 单击"单击此处编辑母版文本样式"占位符。

12. 在"绘图工具 | 格式"选项卡的"形状样式"组中，选择"细微效果-强调颜色 5"样式，效果如图 7-4 所示。

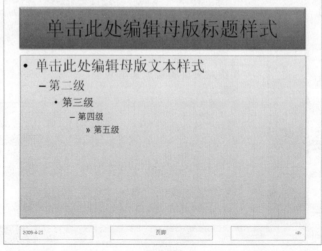

图 7-4

13. 单击"幻灯片"选项卡中的幻灯片 1。

14. 在"幻灯片母版"选项卡的"编辑母版"组中，单击"删除"按钮。

15. 在"幻灯片母版"选项卡的"关闭"组中，单击"关闭母版视图"按钮。

16. 保存并关闭该演示文稿。

7.1.2　重命名幻灯片母版

在插入新母版时，将新插入的母版命名为"自定义设计方案"，在状态栏上可查看母版命名。可以给母版重新命名，而且该名称是有明显意义的。例如，如果插入了一个使用蓝色背景的母版，然后在该母版上插入一个太阳的图形，可以将新母版命名为"晴天"。另一方面，如果进行了幻灯片设计工作并修改了幻灯片，可以选择使用新的名称保存它，这样最初的设计和自定义的设计就都是可使用的。

要重命名幻灯片母版，可使用下述方法之一：

- 在"幻灯片母版"选项卡的"编辑母版"组中，单击"重命名"按钮。
- 右击"幻灯片"选项卡中的幻灯片，在弹出的快捷菜单中选择"重命名母版"命令。

 技巧课堂

本次课堂中将练习重命名幻灯片母版。

1. 打开"母版-学生"演示文稿，然后在"视图"选项卡的"演示文稿视图"组中，单击"幻灯片母版"按钮。

2. 单击"幻灯片"选项卡中的幻灯片 1。

3. 在"幻灯片母版"选项卡的"编辑母版"组中，单击"重命名"按钮，弹出如图 7-5 所示的对话框。

4. 在"母版名称"文本框中输入"社团"，并单击"重命名"按钮。

图 7-5

5. 在"幻灯片母版"选项卡的"关闭"组中，单击"关闭母版视图"按钮。

6. 保存并关闭该演示文稿。

技巧演练

本次演练中进一步练习重命名在演示文稿中幻灯片母版。

1. 打开"全局-学生"演示文稿，然后在"视图"选项卡的"演示文稿视图"组中，单击"幻灯片母版"按钮。

2. 单击"幻灯片"选项卡中的幻灯片 1，如图 7-6 所示。

3. 在"幻灯片母版"选项卡的"编辑母版"组中，单击"重命名"按钮，弹出如图 7-5 所示的对话框。

4. 在"母版名称"文本框中输入"分隔1"。

5. 单击"重命名"按钮，幻灯片底部的状态栏显示如图 7-7 所示。

注：母版名称显示在底部状态栏的左侧。

6. 单击"幻灯片"选项卡中的第二个母版，如图 7-8 所示。

图 7-6

图 7-7

图 7-8

7. 在"幻灯片母版"选项卡的"编辑母版"组中，单击"重命名"按钮。

8. 在"母版名称"文本框输入"分隔2"。

9. 单击"重命名"按钮。

10. 单击"幻灯片"选项卡中的第三个母版，如图7-9所示。

11. 在"幻灯片母版"选项卡的"编辑母版"组中，单击"重命名"按钮。

12. 在"母版名称"文本框中输入"分隔3"，然后单击"重命名"按钮。

13. 单击"幻灯片"选项卡中的第四个母版，如图7-10所示。

图 7-9

图 7-10

14. 在"幻灯片母版"选项卡的"编辑母版"组中，单击"重命名"按钮。

15. 在"母版名称"文本框输入"分隔4"。然后单击"重命名"按钮。

16. 在"幻灯片母版"选项卡的"关闭"组中，单击"关闭母版视图"按钮。

17. 保存并关闭该演示文稿。

7.1.3 保留幻灯片母版

要防止幻灯片母版被修改或删除，必须保留幻灯片母版。如果幻灯片母版没有保留，一旦删除了演示文稿中使用该母版的所有幻灯片，母版也就被删除。为了防止这种情况发生，一定要保留母版。注意：即使保留了母版，仍然可以在幻灯片母版视图中手动删除母版。

要保留或不保留幻灯片母版，可使用下述方法之一：

- 在"幻灯片母版"选项卡的"编辑母版"组中，单击"保留"按钮。
- 右击"幻灯片"选项卡中的幻灯片母版，在弹出的快捷菜单中选择"保留母版"命令。

技巧课堂

本次课堂中将练习在演示文稿中保留幻灯片母版。

1. 打开"母版-学生"演示文稿，然后在"视图"选项卡的"演示文稿视图"组中，单击"幻灯片母版"按钮。

2. 单击"幻灯片"选项卡中的幻灯片1。注意幻灯片编号下的"别针"（见图7-11），它表明幻灯片母版已被保留。

图 7-11

3. 在"幻灯片母版"选项卡的"编辑母版"组中，单击"保留"按钮，将取消保留该幻灯片母版，"别针"标志也会消失，如图 7-12 所示。

图 7-12

4. 在"幻灯片母版"选项卡的"关闭"组中，单击"关闭母版视图"按钮。

5. 保存并关闭该演示文稿。

 技巧演练

本次演练中进一步练习在演示文稿中保留幻灯片母版。

1. 打开"全局-学生"演示文稿，然后在"视图"选项卡的"演示文稿视图"组中，单击"幻灯片母版"按钮。

2. 单击"幻灯片"选项卡中的"分隔 3"幻灯片母版。

3. 在"幻灯片母版"选项卡的"编辑母版"组中，单击"保留"按钮，将保留该幻灯片母版。

4. 单击"幻灯片"选项卡中的"分隔 4"幻灯片母版。

5. 在"幻灯片母版"选项卡的"编辑母版"组中，单击"保留"按钮，将保留该幻灯片母版。

6. 在"幻灯片母版"选项卡的"关闭"组中，单击"关闭母版视图"按钮。

7. 保存并关闭该演示文稿。

7.1.4　插入版式

如果没有找到合乎要求的版式，可以添加和自定义新版式。

要插入版式，可使用下述方法之一：

- 在"幻灯片"选项卡中，在要加入新版式的幻灯片母版下面单击幻灯片。在"幻灯片母版"选项卡的"编辑母版"组中，单击"插入版式"按钮。

- 右击在"幻灯片"选项卡中的幻灯片，在弹出的快捷菜单中选择"插入版式"命令。

默认情况下，幻灯片版式包含幻灯片标题、幻灯片文本、日期、页脚和幻灯片编号的占位符。如果某些占位符没有被使用，那么，最好从母版中删除这些多余的占位符，以免影响观看。

用户可以删除任何占位符。当删除时，需要使用母版版式，以显示任何默认占位符。

要恢复母版版式，可使用下述方法之一：

- 在"幻灯片母版"选项卡的"母版版式"组中，单击"母版版式"按钮。

- 右击幻灯片窗口中的幻灯片，在弹出的快捷菜单中选择"母版版式"命令。

- 在"开始"选项卡的"幻灯片"组中，单击"版式"按钮，添加的版式即可出现在标准的内置版式列表中。

技巧课堂

本次课堂中将练习在演示文稿幻灯片母版视图中插入版式。

1. 打开"母版-学生"演示文稿，然后在"视图"选项卡的"演示文稿视图"组中，单击"幻灯片母版"按钮。

2. 在"幻灯片"选项卡中，单击幻灯片 1 下面的标题幻灯片。

3. 在"幻灯片母版"选项卡的"编辑母版"组中，单击"插入版式"按钮。

4. 用文本"章节"替换占位符中的文本"母版"。

5. 将"单击此处编辑章节标题样式"占位符向下拖动到幻灯片中部，如图 7-13 所示。

图 7-13

6. 在"幻灯片母版"选项卡的"关闭"组中，单击"关闭母版视图"按钮。

7. 保存并关闭该演示文稿。

技巧演练

本次演练中进一步练习在演示文稿中新建幻灯片母版、插入版式、重命名母版和保留幻灯片母版。

1. 创建一个空白演示文稿，并将其保存为"财政 1-学生"。

2. 在"视图"选项卡的"演示文稿视图"组中，单击"幻灯片母版"按钮。

3. 单击"幻灯片"选项卡中的第一张幻灯片。

4. 单击"单击此处编辑母版标题样式"占位符。

5. 在"绘图工具 | 格式"选项卡的"艺术字样式"组中，选择"其他" |"填充-强调文字颜色 6，暖色和粗糙棱台"命令，效果如图 7-14 所示。

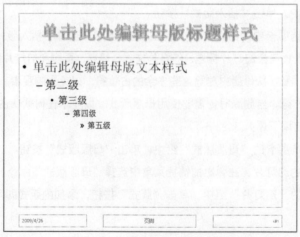

图 7-14

6. 在"幻灯片母版"选项卡的"编辑母版"组中，单击"重命名"按钮，弹出"重命名母版"对话框。

7. 在"母版名称"文本框中输入"销售"。然后单击"重命名"按钮。

8. 在"幻灯片母版"选项卡的"编辑母版"组中，单击"保留"按钮。

9. 在"幻灯片母版"选项卡的"编辑母版"组中，单击"插入幻灯片母版"按钮。

10. 单击"单击此处编辑母版标题样式"占位符。

11. 在"绘图工具 | 格式"选项卡的"艺术字样式"组中，选择"其他" | "填充-强调文字颜色 2，暖色和粗糙棱台"命令，效果如图 7-15 所示。

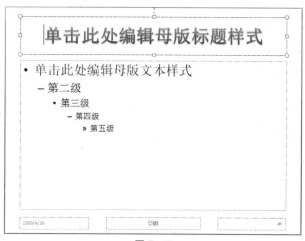

图 7-15

12. 在"幻灯片母版"选项卡的"编辑母版"组中，单击"重命名"按钮，弹出"重命名母版"对话框。

13. 在"母版名称"文本框中输入"生产"。然后单击"重命名"按钮。

14. 在"幻灯片母版"选项卡的"编辑母版"组中，单击"保留"按钮，弹出提示对话框，如图 7-16 所示。

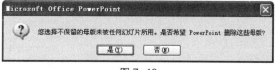

图 7-16

15. 单击"否"按钮，保留新幻灯片母版。

16. 单击"幻灯片"选项卡中的第二张幻灯片。

17. 在"幻灯片母版"选项卡的"编辑母版"组中，单击"插入版式"按钮。

18. 用文本"章节"替换占位符中的文本"母版"。

19. 将"单击此处编辑章节标题样式"占位符向下拖动到幻灯片中部，效果如图 7-17 所示。

图 7-17

20. 在"幻灯片母版"选项卡的"编辑母版"组中，单击"重命名"按钮。

21. 在"文本名称"文本框中输入"章节标题幻灯片"。然后单击"重命名"按钮。

22. 在"幻灯片"选项卡中，单击"生产"幻灯片母版下方的第一张幻灯片。

23. 在"幻灯片母版"选项卡的"编辑母版"组中，单击"插入版式"按钮。

24. 用文本"章节"替换占位符中的文本"母版"。

25. 将"单击此处编辑章节标题样式"占位符向下拖动到幻灯片中部，效果如图 7-18 所示。

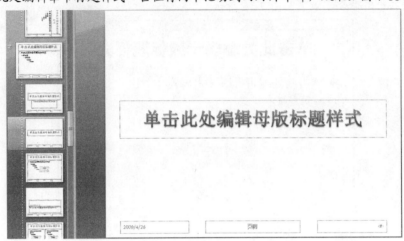

图 7-18

26. 在"幻灯片母版"选项卡的"编辑母版"组中，单击"重命名"按钮。

27. 在"文本名称"文本框中输入"章节标题幻灯片"。然后单击"重命名"按钮。

28. 在"幻灯片母版"选项卡的"关闭"组中，单击"关闭母版视图"按钮。

29. 在"开始"选项卡的"幻灯片"组中，单击"版式"按钮，弹出如图 7-19 所示的下拉菜单。

图 7-19

> 注："销售"母版幻灯片组和"生产"母版幻灯片组都包含名为"章节标题幻灯片"的新幻灯片
> 版式。

30. 保存并关闭该演示文稿。

7.2 设置幻灯片母版格式

设置幻灯片母版格式可确保基于幻灯片母版版式的所有幻灯片应用一致的外观。它能节省用于单独设置每张幻灯片格式的时间。在普通视图或幻灯片母版视图下，可应用幻灯片主题、主题外观和背景。

7.2.1 应用主题

使用主题可统一设置演示文稿的格式。PowerPoint 可使用户通过主题改变整个演示文稿的观感。改变演示文稿的主题不仅改变了背景颜色，而且改变了图表、表格、图形、字体的颜色，乃至于改变演示文稿中项目符号的样式。通过应用主题，可以保证整个演示文稿具有专业和统一的外观及风格。

要应用和改变主题，可使用下述方法之一：

- 在幻灯片母版视图下，在"幻灯片母版"选项卡的"编辑主题"组中，单击"主题"按钮，然后选择一个主题，如图 7-20 所示。
- 在普通视图下，在"设计"选项卡的"主题"组中，单击"其他"按钮，然后选择一个主题。

使用下述方法之一可应用主题颜色，字体和效果：

- 在幻灯片母版视图下，在"幻灯片母版"选项卡的"编辑主题"组中，单击相应的按钮。
- 在普通视图下，在"设计"选项卡的"主题"组中，单击相应的按钮，如图 7-21 所示。

图 7-20

图 7-21

技巧演练

本次课堂将练习对幻灯片母版应用主题。

1. 创建一个空白演示文稿，并将其保存为"主题 1-学生"。
2. 在"视图"选项卡的"演示文稿视图"组中，单击"幻灯片母版"按钮。
3. 在"幻灯片母版"选项卡的"编辑主题"组中，选择"主题"|"流畅"命令。
4. 在"幻灯片母版"选项卡的"编辑主题"组中，选择"颜色"|"质朴"命令。
5. 在"幻灯片母版"选项卡的"编辑主题"组中，选择"字体"|"技巧"命令。
6. 在"幻灯片母版"选项卡的"编辑主题"组中，选择"效果"|"活力"命令。

设置后的效果如图 7-22 所示

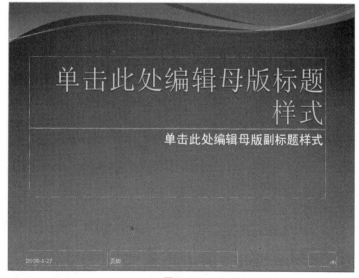

图 7-22

7. 在"幻灯片母版"选项卡的"关闭"组中，单击"关闭母版视图"按钮。
8. 保存并关闭该演示文稿。

技巧演练

本次演练中，将进一步练习在演示文稿幻灯片母版中应用主题颜色、字体和效果。

1. 打开"全局-学生"的演示文稿，并将其另存为"全局2-学生"。

2. 在"视图"选项卡的"演示文稿视图"组中，单击"幻灯片母版"按钮。

3. 在"幻灯片"选项卡中，单击"分隔1"幻灯片母版。

4. 在"幻灯片母版"选项卡的"编辑主题"组中，选择"颜色"|"视点"命令。

5. 在"幻灯片母版"选项卡的"编辑主题"组中，选择"字体"|"Office 2"命令。

6. 在"幻灯片母版"选项卡的"编辑主题"组中，选择"效果"|"穿越"命令。

设置后的效果如图7-23所示。

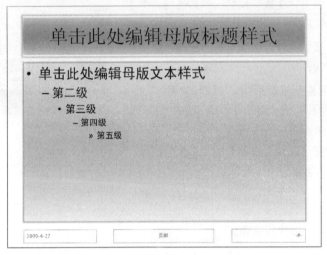

图7-23

7. 在"幻灯片"选项卡中，单击"分隔2"幻灯片母版。

8. 在"幻灯片母版"选项卡的"编辑主题"组中，选择"颜色"|"凸显"命令。

9. 在"幻灯片母版"选项卡的"编辑主题"组中，选择"字体"|"市镇"命令。

10. 在"幻灯片母版"选项卡的"编辑主题"组中，选择"效果"|"都市"命令。

设置后的效果的如图7-24所示。

图7-24

11. 在"幻灯片"选项卡中，单击"分隔3"幻灯片母版。

12. 在"幻灯片母版"选项卡的"编辑主题"组中，选择"颜色"|"平衡"命令。

13. 在"幻灯片母版"选项卡的"编辑主题"组中，选择"字体"|"模块"命令。

14. 在"幻灯片母版"选项卡的"编辑主题"组中，单击"效果"|"活力"命令。

设置后的效果如图 7-25 所示。

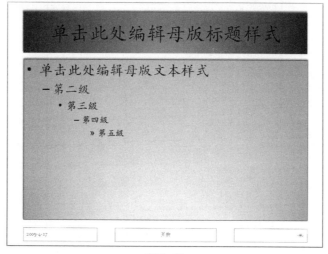

图 7-25

15. 在"幻灯片"选项卡中，单击"分隔4"幻灯片母版。

16. 在"幻灯片母版"选项卡的"编辑主题"组中，选择"颜色" | "纸张"命令。

17. 在"幻灯片母版"选项卡的"编辑主题"组中，选择"字体" | "跋涉"命令。

18. 在"幻灯片母版"选项卡的"编辑主题"组中，选择"效果" | "流畅"命令。

设置后的效果如图 7-26 所示。

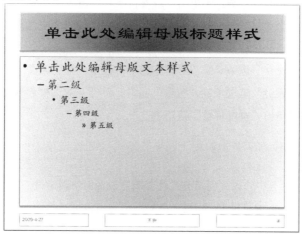

图 7-26

19. 在"幻灯片母版"选项卡的"关闭"组中，单击"关闭母版视图"按钮。

20. 保存并关闭该演示文稿。

7.2.2 添加背景

通过修改标准主题以及对单张或全部幻灯片应用独特的背景颜色或图片，可增强演示文稿的感染力。

要应用或修改背景，可使用下述方法之一：

- 在幻灯片母版视图下，在"幻灯片母版"选项卡的"背景"组中，选择"背景样式" | "设置背景格式"命令。
- 在幻灯片母版视图下，在"幻灯片母版"选项卡的"背景"组中，单击"对话框启动器"按钮。
- 在幻灯片母版视图或普通视图下，右击幻灯片后，在弹出的快捷菜单中选择"设置背景格式"命令。
- 在普通视图下，在"设计"选项卡的"背景"组中，选择"背景样式" | "设置背景格式"命令。
- 在普通视图下，在"设计"选项卡的"背景"组中，单击"对话框启动器"按钮。
- 弹出"设置背景格式"对话框，如图 7-27 所示。

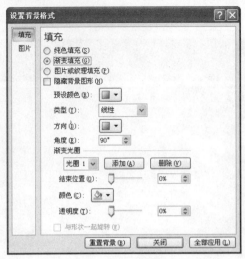

图 7-27

背景可用纯色填充、渐变填充，或通过"图片和纹理填充"选项使用图片或纹理进行填充。

要删除背景，可使用下述方法之一：

- 在幻灯片母版视图下，在"幻灯片母版"选项卡的"背景"组中，选择"背景样式"|"重置幻灯片背景"命令。
- 在幻灯片母版视图下，在"幻灯片母版"选项卡的"背景"组中，单击"对话框启动器"按钮后，在弹出的"设置背景格式"对话框中单击"重置背景"按钮。
- 在幻灯片母版视图或普通视图下，右击幻灯片，在弹出快捷菜单中选择"设置背景格式"命令，在弹出的"设置背景格式"对话框中单击"重置背景"按钮。
- 在普通视图下，在"设计"选项卡的"背景"组中，选择"背景样式"|"重置幻灯片背景"命令。
- 在普通视图下，在"设计"选项卡的"背景"组中，单击"对话框启动器"按钮，在弹出的"设置背景格式"对话框中单击"重置背景"按钮。

7.2.3 修改颜色设计

在"设置背景格式"对话框中修改纯色填充或渐变填充时，切勿因为过度使用颜色而削弱了幻灯片颜色的感染力。相反，适当地使用颜色可增强信息的吸引力，而不仅仅是装饰幻灯片。采用统一的格调高效地使用颜色可强化演示文稿的结构和突出演示文稿中的要点。

要修改背景纯色填充，在"设置背景格式"对话框中选择"纯色填充"单选按钮后，单击"颜色"下拉按钮，在下拉列表中选择一种颜色，或选择"其他颜色"命令，然后在弹出的"颜色"对话框中的"标准"选项卡中选择一种颜色，如图 7-28 所示。

要改变背景渐变填充，在"设置背景格式"对话框中选择"渐变填充"单选括符后，选择满足使用需要的背景渐变填充。

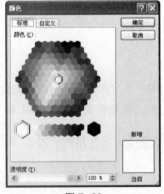

图 7-28

 技巧课堂

本次课堂将练习对幻灯片母版应用背景和修改幻灯片母版的颜色设计。

1. 打开"母版-学生"的演示文稿，并将其另存为"母版 2-学生"。
2. 在"视图"选项卡的"演示文稿视图"组中，单击"幻灯片母版"按钮。
3. 在"幻灯片"选项卡中，单击第一张幻灯片。

4. 在"幻灯片母版"选项卡的"背景"组中，选择"背景样式"|"样式9"命令。

5. 在"幻灯片母版"选项卡的"背景"组中，选择"背景样式"|"设置背景格式"命令，弹出"设置背景格式"对话框。

6. 选择"渐变填充"单选按钮，然后在"类型"下拉列表框中选择"标题的阴影"选项。

7. 选择"纯色填充"单选按钮，在"颜色"下拉列表中选择"深蓝，文字2，淡色80%"选项。

8. 拖动"透明度"滑块，将其设置为 50%，然后单击"关闭"按钮。

   设置后的效果如图 7-29 所示。

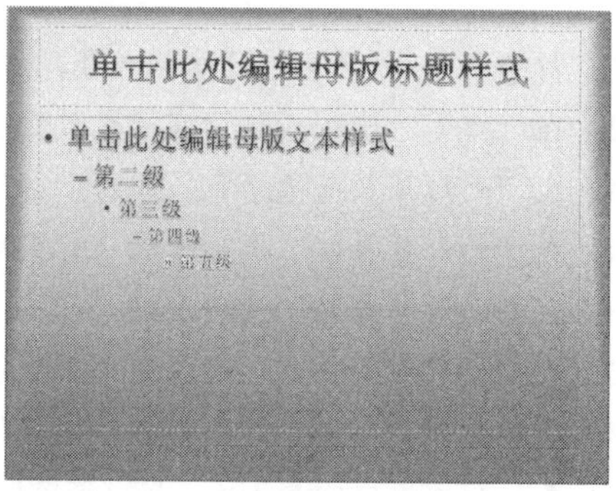

图 7-29

9. 在"幻灯片"选项卡中，单击第三张幻灯片。

10. 在"幻灯片母版"选项卡的"背景"组中，选择"背景样式"|"设置背景格式"命令。

11. 在"设置背景格式"对话框中，选择"纯色填充"单选按钮。

12. 在"颜色"下拉列表中选择"深蓝，文字2，淡色80%"选项，然后单击"关闭"按钮。

    设置后的效果如图 7-30 所示。

图 7-30

13. 在"幻灯片"选项卡中，单击第二张幻灯片。

14. 在"幻灯片母版"选项卡的"背景"组中，选择"背景样式"|"设置背景格式"命令。

15. 在"设置背景格式"对话框中，选择"图片和纹理填充"单选按钮。

16. 单击"文件"按钮，在弹出的"插入文件"对话框中选择"蓝山"，然后单击"插入"按钮。

17. 拖动"透明度"滑块，将其设置为 50%。

18. 单击"关闭"按钮，设置后的效果如图 7-31 所示。

19. 在"幻灯片母版"选项卡的"关闭"组中，单击"关闭母版视图"按钮。

图 7-31

20. 保存并关闭该演示文稿。

Microsoft Office PowerPoint 2007 专业级认证教程

技巧演练

本次演练中，将进一步练习应用背景和改变幻灯片母版颜色设计。

1. 打开"全局-学生"的演示文稿，并将其另存为"全局 3-学生"。

2. 在"视图"选项卡的"演示文稿视图"组中，单击"幻灯片母版"按钮。

3. 在"幻灯片"选项卡中，单击"分隔 1"幻灯片母版。

4. 在"幻灯片母版"选项卡的"背景"组中，选择"背景样式"|"样式 2"命令。

5. 在"幻灯片母版"选项卡的"背景"组中，选择"背景样式"|"设置背景格式"命令。

6. 在"设置背景格式"对话框中，在"颜色"下拉列表中选择"其他颜色"命令。

7. 在弹出的"颜色"对话框中，切换到"自定义"选项卡，在"红色"微调框中输入 204。在"绿色"微调框中输入 195。在"蓝色"微调框中输入 172，如图 7-32 所示。

8. 单击"确定"按钮后，单击"关闭"按钮。

9. 在"幻灯片"选项卡中，单击"分隔 2"幻灯片母版。

10. 在"幻灯片母版"选项卡的"背景"组中，选择"背景样式"|"样式 5"命令。

11. 在"幻灯片"选项卡中，单击"分隔 3"幻灯片母版。

12. 在"幻灯片母版"选项卡的"背景"组中，选择"背景样式"|"设置背景格式"命令。

13. 在"设置背景格式"对话框中，在"颜色"下拉列表中选择"其他颜色"命令。

14. 在"颜色"对话框中的"标准"选项卡中，选择"黑色"，如图 7-33 所示。

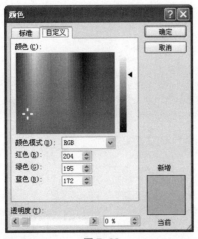
图 7-32

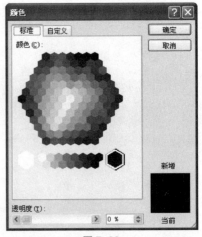
图 7-33

15. 单击"确定"按钮后，单击"关闭"按钮。

16. 在"幻灯片"选项卡中，单击"分隔 4"幻灯片母版。

17. 在"幻灯片母版"选项卡的"背景"组中，选择"背景样式"|"设置背景格式"命令。

18. 在"颜色"下拉列表中选择"其他颜色"命令，弹出"颜色"对话框，切换到"自定义"选项卡。

19. 在"红色"微调框中输入 235。在"绿色"微调框中输入 175。在"蓝色"微调框中输入 192。

20. 单击"确定"按钮后，单击"关闭"按钮。

21. 在"幻灯片母版"选项卡的"关闭"组中，单击"关闭母版视图"按钮。

22. 保存并关闭该演示文稿。

7.2.4 隐藏背景图形

尽管在标题或幻灯片母版上插入主题图形会使该图形出现在每一张幻灯片上，但仍可在幻灯片上覆盖它。由于在内容非常满的幻灯片上该图形可能会覆盖其他对象，因而有必要这么做。例如，可在所有幻灯片或部分幻灯片上隐藏插入到幻灯片母版的全部元素，如图形、标题和页脚等。

在"背景"对话框中选中一个复选框可忽略母版图片。如果在某些位置需要显示该图形，可取消选中该复选框。

要隐藏背景图片，可使用下述方法之一：

- 在幻灯片母版视图下，在"幻灯片母版"选项卡的"背景"组中，选中"隐藏背景图形"复选框。
- 在普通视图下，在"设计"选项卡的"背景"组中，选中"隐藏背景图形"复选框。
- 在幻灯片母版视图下，在"幻灯片母版"选项卡的"背景"组中，单击"对话框启动器"按钮后，在"设置背景格式"对话框中选中"隐藏背景图形"复选框。
- 在普通视图下，在"设计"选项卡的"背景"组中，单击"对话框启动器"按钮后，在"设置背景格式"对话框中选中"隐藏背景图形"复选框。
- 在幻灯片母版视图或普通视图下，右击幻灯片后，在弹出快捷菜单中选择"设置背景格式"命令，在"设置背景格式"对话框中选中"隐藏背景图形"复选框，如图 7-34 所示。

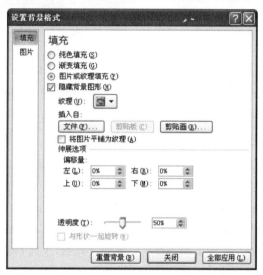

图 7-34

要隐藏或显示标题，在幻灯片母版视图下，在"幻灯片母版"选项卡的"母版版式"组中，选中"标题"复选框。

要隐藏或显示页脚（日期、页脚和幻灯片编号），在幻灯片母版视图下，在"幻灯片母版"选项卡的"母版版式"组中，选中"页脚"复选框。

 技巧演练

本次课堂中将练习隐藏背景图形。

1. 打开名为"主题1-学生"的演示文稿，并将其另存为"主题2-学生"。
2. 在"视图"选项卡的"演示文稿视图"组中，单击"幻灯片母版"按钮。
3. 在"幻灯片"选项卡中，单击第三张幻灯片。
4. 在"幻灯片母版"选项卡的"背景"组中，选中"隐藏背景图形"复选框，效果如图 7-35 所示。
5. 在"幻灯片"选项卡中，单击第二张幻灯片。
6. 在"幻灯片母版"选项卡的"母版版式"组中，选中"页脚"复选框，效果如图 7-36 所示。
7. 在"幻灯片母版"选项卡的"关闭"组中，单击"关闭母版视图"按钮。
8. 保存并关闭该演示文稿。

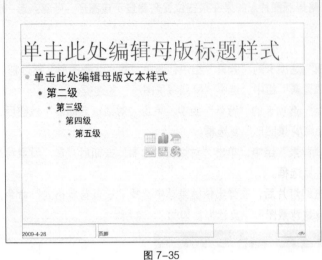

图 7-35 图 7-36

 技巧演练

本次演练中，将进一步练习在演示文稿中对幻灯片母版应用主题颜色、字体和效果，修改颜色设计和隐藏背景图形背景。

1. 创建一个空白演示文稿，并将其保存为"茵茵绿原-学生"。

2. 在"视图"选项卡的"演示文稿视图"组中，单击"幻灯片母版"按钮。

3. 在"幻灯片母版"选项卡的"编辑主题"组中，选择"主题"|"活力"命令。

4. 在"幻灯片母版"选项卡的"编辑主题"组中，选择"颜色"|"沉稳"命令。

5. 在"幻灯片母版"选项卡的"编辑主题"组中，选择"字体"|"华丽"命令。

6. 在"幻灯片母版"选项卡的"编辑主题"组中，选择"效果"|"流畅"命令。

7. 在"幻灯片母版"选项卡的"背景"组中，选择"背景样式"|"设置背景格式"命令。

8. 在"设置背景格式"对话框中，选择"渐变填充"单选按钮，然后在"预设颜色"下拉列表中选择"茵茵绿原"选项后，依次单击"全部应用"和"关闭"按钮，效果如图 7-37 所示。

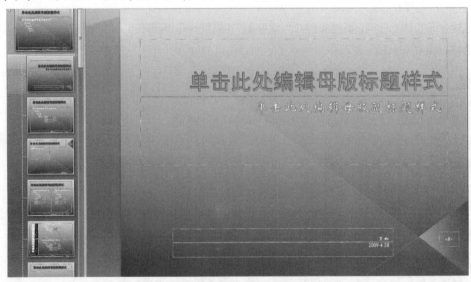

图 7-37

9. 在"幻灯片母版"选项卡的"背景"组中，选中"隐藏背景图形"复选框。

10. 在"幻灯片母版"选项卡的"母版版式"组中，选中"页脚"复选框，效果如图 7-38 所示。

图 7-38

11. 在"幻灯片母版"选项卡的"关闭"组中，单击"关闭母版视图"按钮。

12. 保存并关闭该演示文稿。

7.2.5 添加快速样式

快速样式是基于当前主题的各种样式的集合库。有包括文本、图表、SmartArt、艺术字和其他一些快速样式库。样式在简单/淡色到复杂/深色的范围内变化。

要在文本上应用快速样式，可在"开始"选项卡的"绘图"组中，单击"快速样式"按钮，弹出如图 7-39 所示的下拉菜单。

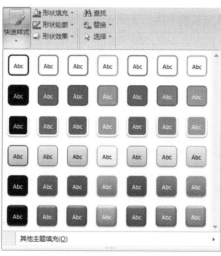

图 7-39

然后，在快速样式库中用鼠标指针指向某种样式，可以预览如果应用了该快速样式后，演示文稿的外观。

快速样式是否可用取决于选择的主题。

7.2.6 插入页眉/页脚

页眉和页脚是所有母版中都显示的占位符。如果需要在每张幻灯片上添加公司名称、"秘密"或"草稿"字样等诸如此类的信息，可使用页脚。页脚域还包括日期占位符和幻灯片编号占位符。尽管这些占位符在幻灯片母版视图下都可以看见，但只有在"页眉和页脚"对话框中选择相应的选项才被激活。

要在幻灯片母版视图下显示页脚域，可在"幻灯片母版"选项卡的"母版版式"组中，选中"页脚"复选框。

要添加页眉/页脚，可使用下述方法之一：

- 在幻灯片母版视图下，在"插入"选项卡的"文本"组中，单击"页眉和页脚"按钮。
- 在普通视图下，在"插入"选项卡的"文本"组中，单击"页眉和页脚"按钮。

在"页眉和页脚"对话框（见图7-40）中，可选中"页脚"复选框，在下面的文本框中输入文本，然后将该页脚设置应用到全部幻灯片，或者只应用到选择的幻灯片。

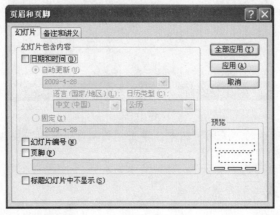

图 7-40

7.2.7 在幻灯片母版中添加文本框

如果需要在占位符之外添加额外的文本，可在幻灯片母版中根据需要添加多个文本框，然后，考虑易读性、一致性和连贯性等因素，设置文本框字体、字体大小、样式和项目符号等格式。

在一张幻灯片中，可根据需要插入许多文本框。当不再需要这些文本框时，也可删除它们。要插入一个文本框，可在"插入"选项卡的"文本"组中，单击"文本框"按钮。

7.2.8 插入幻灯片编号

在演示文稿中，每一张后续幻灯片的编号会自动增加。幻灯片编号在"页眉和页脚"对话框中设置。在母版中，尽管可在幻灯片编号占位符中输入一个数字，但每张幻灯片的该数字不会自动增加。通常在母版视图中调整幻灯片编号占位符位置和大小。

要添加幻灯片编号，可使用下述方法之一：

- 在幻灯片母版视图下，在"插入"选项卡的"文本"组中，单击"页眉和页脚"按钮。
- 在普通视图下，在"插入"选项卡的"文本"组中，单击"页眉和页脚"按钮。

在"页眉和页脚"对话框中，可选中"幻灯片编号"复选框（见图7-41），然后将该幻灯片编号应用到全部幻灯片，或者只应用到选择的幻灯片，还可选择在标题幻灯片中不显示幻灯片编号。

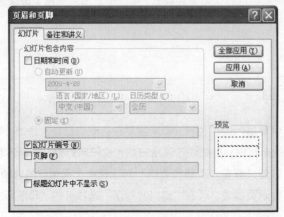

图 7-41

7.2.9 插入占位符

在幻灯片母版上可添加额外的占位符，通过添加的占位符，使得很容易在幻灯片中添加文本。这样添加文本不是通过创建独立的文本框进行的，独立的文本框在"大纲"选项卡中不会显示。

在幻灯片母版视图中，如果需要添加占位符，单击幻灯片窗口中幻灯片母版下面需要添加占位符的幻灯片。然后，在"幻灯片母版"选项卡的"母版版式"组中，单击"插入占位符"下拉按钮，选择一种占位符。

技巧演练

在本次课堂中，将练习对幻灯片母版应用快速样式、页眉和页脚、文本框、幻灯片编号和占位符。

1. 创建一个空白演示文稿，并将其保存为"种植园-学生"。
2. 显示幻灯片母版视图。
3. 在"幻灯片"选项卡中，单击第一张幻灯片。
4. 单击"单击此处编辑母版标题样式"占位符。
5. 在"开始"选项卡的"绘图"组中，选择"快速样式"|"细微效果，强调颜色 3"命令。
6. 单击"单击此处编辑母版文本样式"占位符。
7. 在"开始"选项卡的"绘图"组中，选择"快速样式"|"细微效果，强调颜色 1"命令。

设置后的效果如图 7-42 所示。

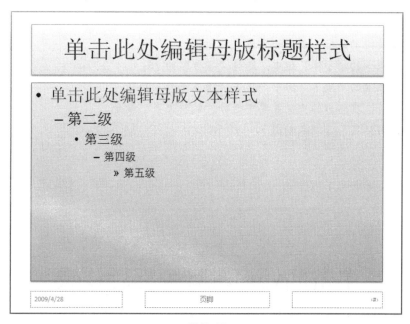

图 7-42

8. 在"插入"选项卡的"文本"组中，单击"页眉和页脚"按钮。
9. 选中"幻灯片编号"复选框。
10. 选中"页脚"复选框。
11. 在"页脚"文本框中输入"种植园主"。
12. 选中"标题幻灯片中不显示"复选框。
13. 单击"全部应用"按钮。
14. 在"插入"选项卡的"文本"组中，单击"文本框"按钮。
15. 在幻灯片左上角单击并输入"草拟"，效果如图 7-43 所示。

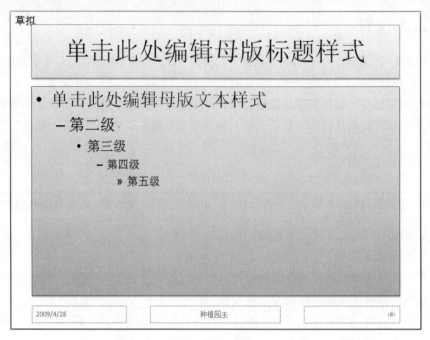

图 7-43

16. 在"幻灯片"选项卡中，单击第二张幻灯片。

17. 在"幻灯片母版"选项卡的"母版版式"组中，单击"插入占位符"按钮，然后选择"图片"占位符。

18. 在幻灯片右上角拖动鼠标，创建一个图片占位符。

19. 在"开始"选项卡的"字体"组中，选择"字号"为16。

20. 在"开始"选项卡的"段落"组中，单击"项目符号"按钮。

21. 右击图片占位符，在弹出的快捷菜单中选择"编辑文字"命令。

22. 输入"添加公司标志"，效果如图7-44所示。

图 7-44

23. 在"幻灯片母版"选项卡的"关闭"组中，单击"关闭母版视图"按钮。

24. 保存并关闭该演示文稿。

技巧演练

在本次演练中，将在演示文稿中进一步练习对幻灯片母版应用快速样式、页眉和页脚、文本框、幻灯片编号和占位符。

1. 打开"全局 3-学生"演示文稿，并将其另存为"全局 4-学生"。

2. 在"视图"选项卡的"演示文稿视图"组中，单击"幻灯片母版"按钮。

3. 在"幻灯片"选项卡中，单击"分隔 1"幻灯片母版。

4. 单击"单击此处编辑母版标题样式"占位符。

5. 在"开始"选项卡的"绘图"组中，选择"快速样式"|"彩色填充，强调颜色 6"命令。

6. 在"插入"选项卡的"文本"组中，单击"页眉和页脚"按钮。

7. 选中"幻灯片编号"复选框。

8. 选中"页脚"复选框。在其文本框中输入"全局分隔"。

9. 单击"全部应用"按钮。

10. 在"插入"选项卡的"文本"组中，单击"文本框"按钮。

11. 在幻灯片左上角单击并输入"机密"。选择合适的字体，使文本适合标题占位符的上边和幻灯片上边界之间的距离，效果如图 7-45 所示。

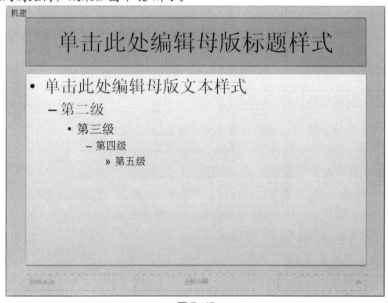

图 7-45

12. 在"幻灯片"选项卡中，单击第二张幻灯片。

13. 在"幻灯片母版"选项卡的"母版版式"组中，选择"插入占位符"|"剪贴画"命令。

14. 在幻灯片右上角拖动鼠标，创建一个剪贴画占位符。

15. 在"幻灯片"选项卡中，单击"分隔 2"幻灯片母版。

16. 单击"单击此处编辑母版标题样式"占位符。

17. 在"开始"选项卡的"绘图"组中，选择"快速样式"|"彩色填充，强调颜色 2"命令。

18. 在"插入"选项卡的"文本"组中，单击"文本框"按钮。

19. 在幻灯片左上角单击并输入"机密"。

20. 在"幻灯片"选项卡中，单击该幻灯片母版下的第一张幻灯片。

21. 在"幻灯片母版"选项卡的"母版版式"组中，选择"插入占位符"|"剪贴画"命令。

22. 在幻灯片右上角拖动鼠标，创建一个剪贴画占位符。

23. 在"幻灯片"选项卡中，单击"分隔 3"幻灯片母版。

24. 单击"单击此处编辑母版标题样式"占位符。

25. 在"开始"选项卡的"绘图"组中，选择"快速样式"|"彩色填充，强调颜色 1"命令。

26. 在"插入"选项卡的"文本"组中，单击"文本框"按钮。

27. 在幻灯片左上角单击并输入"机密"，并将其字体颜色设为"深红"。

28. 在"幻灯片母版"选项卡的"关闭"组中，单击"关闭母版视图"按钮。

　　保存并关闭该演示文稿。

7.2.10　插入图形

　　如果计算机上存储了如公司标志或照片等图片文件，可将其插入到 PowerPoint 幻灯片母版中。通常，幻灯片母版视图主要用于插入需要显示在每一张幻灯片中的图形。例如，可能需要将公司的标志在每一张幻灯片中显示。当在母版中插入了一个图形时，就像在幻灯片中调整其他任何图形一样，可重新设定其格式，调整其大小和位置。

插入剪贴画

　　剪贴画是图片、插图、声音和视频等文件的集合。可使用关键字或短语搜索需要使用的图像，然后将其插入到幻灯片母版中。

　　要在母版幻灯片中插入剪贴画，可在"插入"选项卡的"插图"组中，单击"剪贴画"按钮。

从文件插入

　　要在母版幻灯片中插入图片，可在"插入"选项卡的"插图"组中，单击"图片"按钮。

技巧课堂

　　在本次课堂中，将练习从剪贴画中插入图形到幻灯片母版中。

1. 打开"财政 1-学生"演示文稿，并将其另存为"财政 2-学生"。

2. 在"视图"选项卡的"演示文稿视图"组中，单击"幻灯片母版"按钮。

3. 在"插入"选项卡的"插图"组中，单击"剪贴画"按钮。

4. 在"剪贴画"任务窗格的"结果类型"下拉列表中选中"剪贴画"复选框（清除所有其他复选框）。

5. 在"搜索文字"文本框中输入"现金"，然后单击"搜索"按钮。

6. 在"剪贴画"任务窗格中，选择一个剪贴画。

7. 将该剪贴画移动到幻灯片的右上角，调整其大小，使其与任何文本占位符不重叠，效果如图 7-46 所示。

图 7-46

8. 在"幻灯片母版"选项卡的"关闭"组中,单击"关闭母版视图"按钮。

9. 保存并关闭该演示文稿。

技巧演练

在本次演练将进一步练习从文件插入图形到幻灯片母版中。

1. 打开"母版-学生"演示文稿,并将其另存为"母版 3-学生"。

2. 显示幻灯片母版视图。

3. 在"插入"选项卡的"插图"组中,单击"图片"按钮。

4. 选择"蓝山"图片文件,然后单击"插入"按钮。

5. 将该图片移动到幻灯片的左上角。

6. 在"幻灯片母版"选项卡的"关闭"组中,单击"关闭母版视图"按钮,效果如图 7-47 所示。

7. 保存并关闭该演示文稿。

图 7-47

7.2.11 用户插入日期和时间

可在母版的日期占位符中输入日期。然而,该日期只是简单的文本,不能自动更新。用户需要像插入幻灯片编号一样,插入一个可依据计算机时钟自动更新的日期,为此,必须在"页眉和页脚"对话框中进行设置。可在任何视图下访问该对话框。

要插入日期和时间,可使用下述方法之一:

- 在幻灯片母版视图下,在"插入"选项卡的"文本"组中,单击"页眉和页脚"按钮。
- 在普通视图下,在"插入"选项卡的"文本"组中,单击"页眉和页脚"按钮。
- 在幻灯片母版视图下,在"插入"选项卡的"文本"组中,单击"日期和时间"按钮。
- 在普通视图下,在"插入"选项卡的"文本"组中,单击"日期和时间"按钮。

技巧课堂

在本次课堂中,将练习在幻灯片母版上插入日期和时间。

1. 打开"财政 1-学生"演示文稿,并将其另存为"财政 3-学生"。

2. 显示幻灯片母版视图。

3. 在"插入"选项卡的"文本"组中，单击"页眉和页脚"按钮。

4. 选中"日期和时间"复选框。

5. 选择一个长日期格式，如图 7-48 所示。

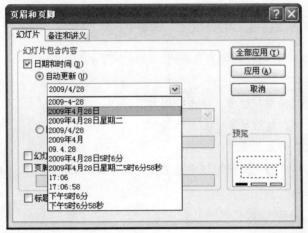

图 7-48

6. 单击"全部应用"按钮。

7. 在"幻灯片母版"选项卡的"关闭"组中，单击"关闭母版视图"按钮。

8. 保存并关闭该演示文稿。

 技巧演练

在本次演练中，将进一步练习在幻灯片母版上插入固定的日期和时间。

1. 打开"母版 3-学生"演示文稿，并将其另存为"母版 4-学生"。

2. 显示幻灯片母版视图。

3. 在"插入"选项卡的"文本"组中，单击"页眉和页脚"按钮。

4. 弹出"页眉和页脚"对话框，选中"日期和时间"复选框。

5. 选择"固定"单选按钮。

6. 在"固定"文本框中输入"2010-5-5"，如图 7-49 所示。

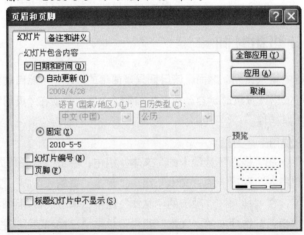

图 7-49

7. 单击"全部应用"按钮。

8. 在"幻灯片母版"选项卡的"关闭"组中，单击"关闭母版视图"按钮。

9. 保存并关闭该演示文稿。

7.2.12 插入对象

用户在幻灯片中可以插入多种对象，插入新对象或来自于文件的对象。新对象或来自文件的对象可将文件中的内容作为一个对象插入到幻灯片中，双击该对象可激活并在创建该对象的应用程序中打开它。

要插入一个对象，用户可以在幻灯片母版视图下，在"插入"选项卡的"文本"组中，单击"对象"按钮。

7.2.13 插入符号

用户可使用"符号"对话框插入键盘上没有的特殊符号，如¼ 和 © ；或者特殊字符，如长画线（—）。在幻灯片上可插入符号的类型与所选的字体相关。例如，一些字体包括分数符号（¼），而另一些字体包括货币符号（£，¥）。也可使用如 Wingdings 字体插入装饰符号。

要插入符号，可在幻灯片母版视图下，在"插入"选项卡的"文本"组中，单击"符号"按钮，弹出"符号"对话框，如图 7-50 所示。

图 7-50

 一些常用符号可使用快捷键插入，比如©（版权）符号可通过输入(c)插入，输入(r)则显示®（注册）符号，输入(tm)则显示™（商标）符号，等等。这些快捷键可在"自动更正选项"对话框中设置或查看。

 技巧课堂

在本次课堂中，将练习在幻灯片母版中添加符号。

1. 打开"种植园-学生"的演示文稿，并将其另存为"种植园1-学生"。
2. 显示幻灯片母版视图，然后在"幻灯片"选项卡中，单击第一张幻灯片。
3. 将光标定位在页脚文本"种植园主"前面。
4. 在"插入"选项卡的"文本"组中，单击"符号"按钮，弹出"符号"对话框。
5. 单击"字体"下拉按钮，选择"（普通文本）"命令。
6. 选择 © 符号，如图 7-51 所示。

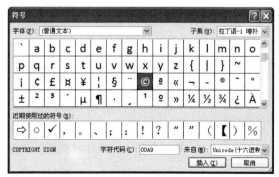

图 7-51

7. 单击"插入"按钮后，单击"关闭"按钮。

8. 在"幻灯片母版"选项卡的"关闭"组中，单击"关闭母版视图"按钮，如图 7-52 所示。

9. 保存并关闭该演示文稿。

图 7-52

 技巧演练

本次演练将在名为"全局 5-学生"的演示文稿中进一步练习在幻灯片母版上添加符号。

1. 打开"全局 4-学生"演示文稿，并将其另存为"全局 5-学生"。

2. 在"视图"选项卡的"演示文稿视图"组中，单击"幻灯片母版"按钮。

3. 在"幻灯片"选项卡中，单击"分隔 1"幻灯片母版。

4. 将"机密"文本框中的文本修改为"机密－全局分隔属性®"，效果如图 7-53 所示。

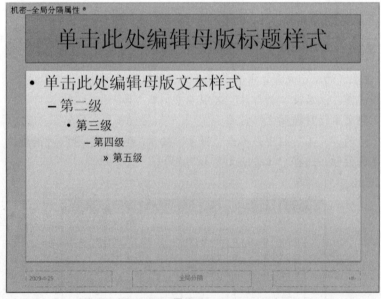

图 7-53

5. 在"幻灯片母版"选项卡的"关闭"组中，单击"关闭母版视图"按钮。

6. 保存并关闭该演示文稿。

7.3 小结

完成本课之后，应熟练掌握以下概念：

☑ 创建、修改和操作幻灯片母版　　　　☑ 在幻灯片母版上添加对象

☑ 设置幻灯片母版主题、背景和颜色　　☑ 操作幻灯片母版对象

7.4 习题

1. 如何创建幻灯片母版？

2. 如何对幻灯片母版重命名？

3. 如何保留幻灯片母版？

4. 如何插入新幻灯片版式？

5. 如何在背景中添加图片？

6. 如何隐藏指定幻灯片中的图形？

7. 如何对演示文稿中的幻灯片进行自动编号？

8. 如何在演示文稿中的每一张幻灯片上插入自动更新的日期？

9. 如何将键盘上不存在的字符插入到幻灯片的占位符中？

10. 如何在每张幻灯片上插入组织的标志？

11. 如何在幻灯片版式上插入占位符？

12. 如何改变背景颜色？

<table>
<tr><td>**8**
Lesson</td><td>## 使 用 动 画

课程目标

本课的目标主要是学习使用演示文稿中动画幻灯片的各种功能。成功地学完本课后，应能完成下面的操作：</td></tr>
</table>

☑添加、删除和修改动画 ☑添加、删除和修改自定义动画

本课内容将涉及下面的命令按钮：

"动画"选项卡

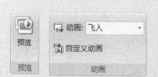

8.1 插入动画

成功的演示必须注重突出要点，控制信息量，并且把握观众的兴趣。动画是在幻灯片上简单地移动文本和对象的方法。例如，使项目符号从幻灯片左边依次飞入或一次性全部飞入，可使其更为生动。使图表、表格和图形等对象在屏幕上从上到下移动，或者使幻灯片标题或公司标志在屏幕上旋转，也可使其更为生动。

动画可以用于强调幻灯片中的文本或对象。动画也可帮助观众跟随演示的思路，引导观众从头至尾了解演示文稿中的重点。应该避免过度使用动画，否则，将使演示文稿过于忙碌，使观众无法关注演示的信息和内容。高效地、保守地使用动画将会吸引观众的注意力，在整个演示过程中引导他们。

PowerPoint 包含可应用于幻灯片中对象的内置动画库。PowerPoint 提供的动画分成三个主要动画类别：淡出、擦除和飞入。

要应用动画，可先选择占位符或对象，然后在"动画"选项卡的"动画"组中，单击"动画"下拉按钮，如图 8-1 所示。

图 8-1

如果改变了所选动画与之相适应的演示思路，将其改变为另一种动画，只需选择该占位符，在"动画"选项卡的"动画"组中，单击"动画"下拉按钮，然后选择另一种动画即可。

如果不希望对幻灯片中的文本或对象使用动画，可以很容易地从文本或对象上删除动画。要删除动画，选择该占位符，在"动画"选项卡的"动画"组中，选择"动画"|"无动画"命令即可。

在对幻灯片上的对象应用动画时，不希望一张幻灯片中的所有内容一次全部显示，可对幻灯片标题、项目符号、表格、图表和图形应用动画，使其按照演示的顺序依次显示。有两个选项："整批发送"和"按第一级段落"，也可指明出现的方式（溶解、向下），也包括声音效果等。

设置项目符号的动画是一种有用的方法，能够使观众的注意力集中在当前的要点上。但是必须注意，如果滥用动画，将会降低演示文稿内容本身的吸引力。

技巧课堂

本次课堂将练习添加、修改和删除动画。

1. 打开"航海"演示文稿，并将其另存为"航海-学生"。

2. 在"动画"选项卡的"预览"组中，单击"预览"按钮。

   注：标题已经应用的动画并且以淡出动画出现。

3. 单击"航海套餐"占位符。

4. 在"动画"选项卡的"动画"组中，选择"动画"|"飞入"命令。

   注：如何将动画由淡出改为飞入，标题如何由幻灯片底部向上飞入。

5. 单击项目符号系列表占位符。

6. 在"动画"选项卡的"动画"组中，选择"动画"|"擦除整批发送"命令。

   注：整个项目符号列表如何以整批发送形式擦除。

7. 在"动画"选项卡的"动画"组中，选择"动画"|"擦除 按第一级段落"命令。

   注：如何将动画改为按第一级段落擦除以及每个项目符号如何擦除。

8. 单击"航海套餐"占位符。

9. 在"动画"选项卡的"动画"组中，选择"动画"|"无动画"命令。

   注：如何从"航海套餐"占位符上删除动画。

10. 保存并关闭该演示文稿。

技巧演练

本次演练将进一步练习添加、修改和删除动画。

1. 打开"大洲"演示文稿，并将其另存为"大洲-学生"。

2. 在"动画"选项卡的"预览"组中，单击"预览"按钮。

 注：标题和副标题都已应用动画，都是从左边飞入。

3. 单击"了解四个大洲"占位符。

4. 在"动画"选项卡的"动画"组中，选择"动画"|"擦除 整批发送"命令。

 注：副标题动画从飞入变为擦除。

5. 单击"大洲"占位符。

6. 在"动画"选项卡的"动画"组中，选择"动画"|"无动画"命令。

 注："大洲"占位符的动画已被删除。

7. 单击"幻灯片"选项卡中的幻灯片 2。

8. 单击"介绍"占位符。

9. 在"动画"选项卡的"动画"组中，选择"动画"|"飞入"命令。

 注："介绍"占位符从屏幕底部飞入。

10. 单击项目符号列表占位符。

11. 在"动画"选项卡的"动画"组中，选择"动画"|"飞入 按第一级段落"命令。

 注：按第一级段落飞入动画使每个一级项目符号分别从屏幕底部飞入。

12. 单击幻灯片上的图形。

13. 在"动画"选项卡的"动画"组中，选择"动画"|"淡出"命令。

 注：该图形在幻灯片上是逐渐显现的。

14. 单击"幻灯片"选项卡中的幻灯片 3。

15. 单击"介绍"占位符。

16. 在"动画"选项卡的"动画"组中，选择"动画"|"飞入"命令。

17. 单击项目符号列表占位符。

18. 在"动画"选项卡的"动画"组中，选择"动画"|"飞入 按第一级段落"命令。

19. 单击幻灯片上的图形。

20. 在"动画"选项卡的"动画"组中，选择"动画"|"淡出"命令。

21. 按 F5 键，然后单击观察全部演示文稿动画。

 注：单击鼠标控制每个对象的进入动画。

22. 保存并关闭该演示文稿。

8.2 自定义动画

2.4

　　用户可对插入的图形、图表或表格等单个对象应用自定义动画，也可对指定的文本占位符应用。对幻灯片上的每个对象可应用不同的自定义动画。PowerPoint 将自定义动画分为四种类型，即进入、退出、强调和动作路径。

　　自定义动画还能更为灵活的控制如何启动动画、移动的方向和幅度、动画演示的速度。还可设置单击对象时其动画结束或者设置前一动画结束后再开始动画。

8.2.1 添加效果

　　要添加自定义动画，可使用下述方法之一：

- 在"动画"选项卡的"动画"组中，选择"动画"|"自定义动画"命令。
- 在"动画"选项卡的"动画"组中，单击"自定义动画"按钮。

"自定义动画"任务窗格如图 8-2 所示。

添加进入效果

对对象设置进入效果可使其在幻灯片显示时以动画形式进入。要添加进入效果，先选中对象后，选择"添加效果"|"进入"，然后选择一种效果，如图8-3所示。

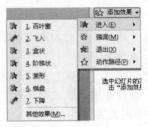

图8-2   图8-3

进入效果的应用在"自定义动画"任务窗格中用绿色的图标标示。

如果列出的效果仍然不合适，可选择"其他效果"命令，在可滚动的窗口中查看所有可用效果，包括那些在最初的简短列表中列出的效果，如图8-4所示。

"预览效果"复选框默认被选中，一旦选中某一个效果，即可在幻灯片窗口中看到该效果的作用。预览效果不会关闭该窗口，因而可以快速尝试各种不同的效果。如果对某个效果比较满意，单击"确定"按钮。当从该对话框中选择了多个效果后，最初的简短效果列表将会列出这些效果。

添加强调效果

在播放幻灯片时，强调效果可立即使对象变得生动。要添加强调效果，可先选择一个对象，单击"添加效果"下拉按钮，选择"强调"，然后选择一种效果，如图8-5所示。

强调效果的应用在"自定义动画"任务窗格中用黄色图标标示。

添加退出效果

退出效果使对象用动画形式退出显示的幻灯片。要添加退出效果，单击"添加效果"下拉按钮，选择"退出"，然后选择一种效果，如图8-6所示。

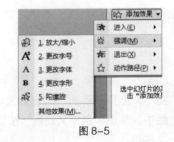

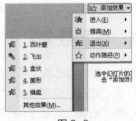

图8-4   图8-5   图8-6

退出效果的应用在"自定义动画"任务窗格中用红色图标标示。

设置了动画的项目在幻灯片上用不可打印的数字标签标记。图 8-7 中在幻灯片左边有六个数字标签。这些标签与"自定义动画"列表框中的动画相对应，显示在图标元素的左边，并且只在有"自定义动画"任务窗格的普通视图中显示。

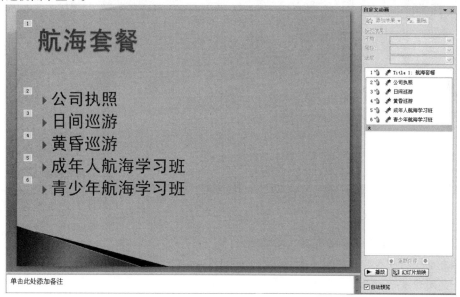

图 8-7

 技巧课堂

在本次课堂中，将练习添加进入、强调和退出自定义动画。

1. 打开"社区"演示文稿，并将其另存为"社区-学生"。

2. 单击"本地区社区奖励"占位符。

3. 在"动画"选项卡的"动画"组中，单击"自定义动画"按钮。

4. 在"自定义动画"任务窗格中，选择"添加效果"|"进入"|"其他效果"命令，弹出"添加进入效果"对话框。在"温和型"选项组中，选择"上升"选项，单击"确定"按钮。

   注：应用到"本地区社区奖励"的进入动画显示在"自定义动画"任务窗格中，幻灯片中不可打印的数字标签 1 显示在占位符的左边。

5. 在"自定义动画"任务窗格中，选择"添加效果"|"强调"|"其他效果"命令，弹出"添加强调效果"对话框。在"细微型"选项组中，选择"添加下画线"选项，单击"确定"按钮。

   注：应用到"本地区社区奖励"的强调动画显示在"自定义动画"任务窗格中，幻灯片中不可打印的数字标签 2 显示在占位符的左边。

6. 单击"一月"占位符。

7. 在"自定义动画"任务窗格中，选择"添加效果"|"进入"|"其他效果"命令，弹出"添加进入效果"对话框。在"温和型"选项组中，选择"伸展"选项，单击"确定"按钮。

8. 在"自定义动画"任务窗格中，选择"添加效果"|"强调"|"其他效果"命令，弹出"添加强调效果"对话框。在"华丽型"选项组中，选择"波浪型"选项，单击"确定"按钮。

9. 在"自定义动画"任务窗格中，选择"添加效果"|"退出"|"飞出"命令。

10. 单击"本地区社区奖励"占位符。

11. 在"自定义动画"任务窗格中，选择"添加效果"|"退出"|"其他效果"命令，弹出"添加退出效果"对话框。在"细微型"选项组中，选择"淡出"选项，单击"确定"按钮。

   注：在"自定义动画"任务窗格中显示有六个动画，并且幻灯片上的数字标签显示在占位符左边，如图 8-8 所示。

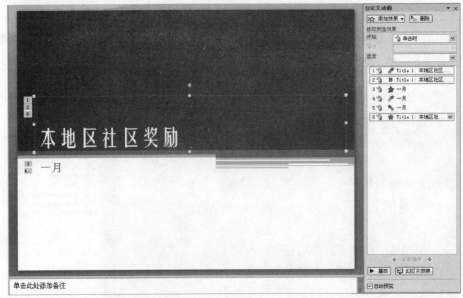

图 8-8

12. 按 F5 键, 用鼠标单击查看整个演示文稿动画。

　　注: 单击可控制进入、强调和退出动画。

13. 保存并关闭该演示文稿。

 技巧演练

本次演练中将进一步练习添加进入、强调和退出自定义动画。

1. 打开 "大洲" 演示文稿, 并将其另存为 "大洲 2-学生"。

2. 单击 "大洲" 占位符。

3. 在 "自定义动画" 任务窗格中, 单击 "删除" 按钮。

　　注: 应用于 "大洲" 上的动画在 "自定义动画" 任务窗格中消失, 幻灯片上不可打印的数字标签 1 也在占位符左边消失。

4. 单击 "了解四个大洲" 占位符。

5. 在 "自定义动画" 任务窗格中, 单击 "删除" 按钮。

　　注: 应用于 "了解四个大洲" 上的动画在 "自定义动画" 任务窗格中消失, 幻灯片上不可打印的数字标签 1 也在占位符左边消失。

6. 单击 "大洲" 占位符。

7. 在 "自定义动画" 任务窗格中, 选择 "添加效果" | "进入" | "伸展" 命令。

8. 在 "自定义动画" 任务窗格中, 选择 "添加效果" | "强调" | "陀螺旋" 命令。

9. 单击 "了解四个大洲" 占位符。

10. 在 "自定义动画" 任务窗格中, 选择 "添加效果" | "进入" | "飞入" 命令。

11. 在 "自定义动画" 任务窗格中, 选择 "添加效果" | "强调" | "陀螺旋" 命令。

12. 单击 "大洲" 占位符, 按住 Shift 键后单击 "了解四个大洲" 占位符, 选中两个占位符。

13. 在 "自定义动画" 任务窗格中, 选择 "添加效果" | "退出" | "飞出" 命令。

　　设置后的效果如图 8-9 所示。

　　注: 此时, 两个占位符一起飞出。

14. 在 "幻灯片" 选项卡中单击幻灯片 2。

15. 单击 "介绍" 占位符。

16. 在 "自定义动画" 任务窗格中, 选择 "添加效果" | "进入" | "其他效果" 命令, 弹出 "添加进入效果" 对话框。在 "温和型" 选项组中, 选择 "上升" 选项, 单击 "确定" 按钮。

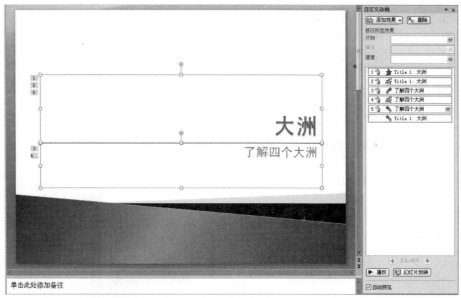

图 8-9

17. 在"自定义动画"任务窗格中，选择"添加效果"|"强调"|"其他效果"命令，弹出"添加强调效果"对话框。在"细微型"选项组中，选择"添加下画线"选项，单击"确定"按钮。

18. 单击项目符号列表占位符。

19. 在"自定义动画"任务窗格中，选择"添加效果"|"进入"|"其他效果"命令，弹出"添加进入效果"对话框。在"华丽型"选项组中，选择"浮动"选项，单击"确定"按钮。

20. 在"自定义动画"任务窗格中，选择"添加效果"|"强调"|"其他效果"命令，弹出"添加进入效果"对话框。在"华丽型"选项组中，选择"闪烁"，单击"确定"按钮。

21. 单击图形占位符。

22. 在"自定义动画"任务窗格中，选择"添加效果"|"进入"|"其他效果"命令，弹出"添加强调效果"对话框。在"华丽型"选项组中，选择"旋转"选项，单击"确定"按钮。

23. 单击"介绍"占位符，按住 Shift 键后单击项目符号列表占位符和图形，选中全部三个占位符。

24. 在"自定义动画"任务窗格中，选择"添加效果"|"退出"|"飞出"命令。

注：在"自定义动画"任务窗格中显示其九个动画，数字标签显示在占位符左边，效果如图 8-10 所示。

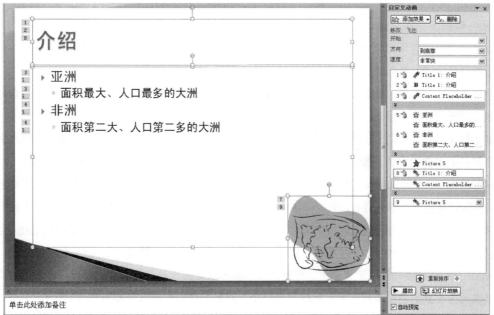

图 8-10

25. 在"幻灯片"选项卡中单击幻灯片 3。

26. 重复步骤 15～24，效果如图 8-11 所示。

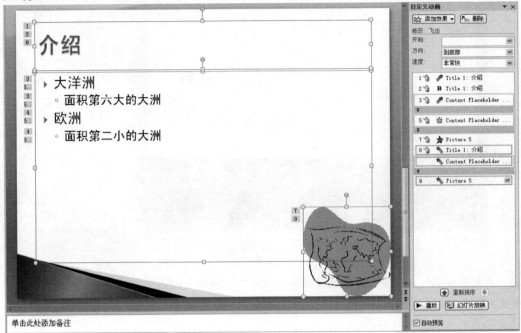

图 8-11

27. 按 F5 键，用鼠标单击即可查看整个演示文稿动画。

注：用鼠标单击可控制进入、强调和退出动画。

28. 保存并关闭该演示文稿。

添加动作路径

动作路径可使对象在播放幻灯片时运动。用户可对对象添加动作路径，使其沿着路径在幻灯片上运动。这不仅包括使对象简单地从幻灯片的一边运动到另一边，还包括使对象沿着复杂的曲线或路径运动。一旦将动作路径添加到对象上，移动该对象也会将其路径移动。

要添加动作路径，单击"添加效果"下拉按钮，选择"动作路径"，然后选择一种预设动作路径，效果如图 8-12 所示。

动作路径效果的应用在"自定义动画"任务窗格中用灰线图标标示。

图 8-12

列出的路径会随着最近的选择而发生变化。如果没有合适的路径选项，选择"其他动作路径"命令，可查看显示所有可用效果的对话框，如图 8-13 所示。该对话框中也包括了最初简短列表中列出的动作路径。

与其他效果不同，选定了动作路径后，可对其做出一些修改，从而改变动作路径的效果。修改方式分为多种且与路径类型密切相关。最简单的是直线路径，其在幻灯片上的显示效果如图 8-14 所示。

在这种情况下，标题从用绿色箭头标示的位置运动到用红色箭头标示的位置。如果将鼠标指针移动到路径上，鼠标指针将显示为四向箭头。然后可将整条路径拖动到另外一个位置。将鼠标指针放置在路径两端的任一小圆圈上，鼠标指针显示为双箭头。这时可拖动路径端点至另一个位置，路径仍然保持直线。注意，鼠标指针必须正对小圆圈才能移动路径端点，很容易误操作致使移动整个路径。

PowerPoint 也提供一些预定义形状，可使对象沿着形状轮廓运动，然后回到起点。不考虑端点，这样的路径就像预先设置的曲线路径。无论怎样调整路径，对象总是回到起点，如图 8-15 所示。

图 8-13

图 8-14

图 8-15

除预定义路径外，PowerPoint 允许用户使用"绘制自定义路径"命令创建路径，在级联菜单中有四种不同的自定义路径，如图 8-16 所示。对于所有的自定义路径，最终的路径都需要重新设置，使起点位于对象中心。如果不这样操做，那么结果可能会出现偏差。注意，移动对象也会移动对象上的路径。

"绘制自定义路径"级联菜单中的各选项介绍如表 8-1 所示。

表 8-1

直线	给对象绘制一条笔直的路径
曲线	通过单击一组定位点创建一条弯曲的路径
任意多边形	除了定位点之间用直线连接，其他都与曲线类似
自由曲线	使用手绘方式，在路径开始处单击，沿着需要的路径拖动鼠标这样的路径通常不会很平滑

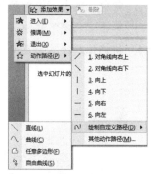

图 8-16

技巧课堂

本次课堂中将练习添加动作路径动画。

1. 打开"大洲"演示文稿，并将其另存为"大洲 3-学生"。

2. 单击"大洲"占位符。

3. 在"自定义动画"任务窗格中，选择"添加效果"|"动作路径"|"其他动作路径"命令，弹出"添加动作路径"对话框。在"基本"选项组中，选择"圆形扩展"选项，单击"确定"按钮。

   注：应用到"大洲"的动作路径动画显示在"自定义动画"任务窗格中，数字标签 3 显示在占位符的左边，圆形动作路径显示在幻灯片上，效果如图 8-17 所示。

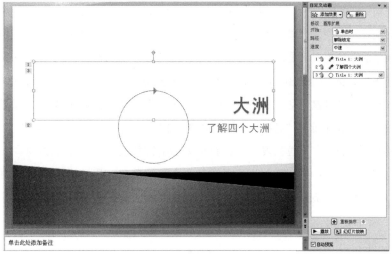

图 8-17

4. 单击"了解四个大洲"占位符。

5. 在"自定义动画"任务窗格中，选择"添加效果"|"动作路径"|"其他动作路径"命令，弹出"添加动作路径"对话框。在"直线和曲线"选项组中，选择"向右弹跳"选项，单击"确定"按钮。

    注：应用到"了解四个大洲"的动作路径动画显示在"自定义动画"任务窗格中。

6. 在"幻灯片"选项卡中单击幻灯片 2。

7. 单击图形，在"自定义动画"任务窗格中，选择"添加效果"|"动作路径"|"其他动作路径"命令，弹出"添加动作路径"对话框。在"直线和曲线"选项组中，选择"向右弧线"选项，单击"确定"按钮，效果如图 8-18 所示。

8. 将动作路径拖动到幻灯片上，效果如图 8-19 所示。

9. 在"幻灯片"选项卡中单击幻灯片 3。

10. 单击图形，在"自定义动画"任务窗格中，选择"添加效果"|"动作路径"|"其他动作路径"命令，弹出"添加动作路径"对话框。在"直线和曲线"选项组中，选择"向左弧线"选项，单击"确定"按钮。

11. 将动作路径拖动至幻灯片上，效果如图 8-20 所示。

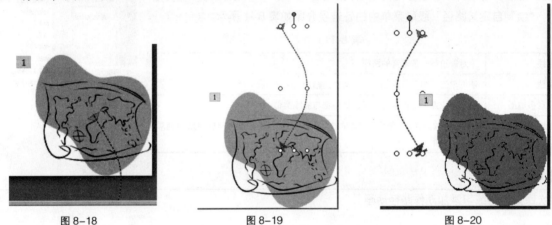

图 8-18 　　　　　　　　　　图 8-19 　　　　　　　　　　图 8-20

12. 按 F5 键，用鼠标单击查看整个演示文稿动画。

    注：单击鼠标可控制动画和动作路径。

13. 保存并关闭该演示文稿。

8.2.2　修改动画设置

在"自定义动画"任务窗格中，可以看见精确的设置和默认值，这些设置根据应用的效果不同而做出相应的改变，但多数时候，会使用"修改效果"选项组中的"开始"下拉列表和"速度"下拉列表进行设置。"开始"下拉列表中的选项用于设置效果何时开始，通常默认为"单击时"，表示运行该特殊效果前，演示文稿将暂停并等待单击鼠标，如图 8-21 所示。如果一组对象都带有该开始设置，那么每一个对象都需要鼠标控制其开始。其他通用的设置包括"之前"，表示对象与前面的效果同时显示；"之后"表示一旦前面的效果完毕，该对象立刻自动显示。"速度"下拉列表中的选项用于控制对象运动的快慢。

一些动画效果包括"方向"下拉列表，这表示可以控制该对象进入或退出的方向。

"自定义动画"任务窗格中的每个动画项都有一个下拉菜单，用于进行效果选项设置。如本例采用"上升"的进入效果。选择图 8-21 所示的下拉菜单中的"效果选项"命令，即可弹出"上升"对话框，如图 8-22 所示。

图 8-21

图 8-22

根据动画种类的不同，效果选项也会有相应的变化，但总有为动画添加声音这个选项。单击"声音"下拉按钮后，可从列表中选择声音。如果选择"其他声音"命令，则可选择自己的声音文件。

效果选项包括动画播放后变暗或隐藏对象以及按字母、按字词或整批发送等动画文本。

在"自定义动画"任务窗格底部，单击"重新排序"按钮，可上下移动所选的动画，控制动画进入、强调和退出的顺序。要查看动画效果和设置，可单击"自定义动画"窗格底部的"播放"或"观灯片放映"按钮。

要改变应用在对象上的进入、强调或退出动画，在"自定义幻灯片"任务窗格中选择该动画，然后单击"更改"按钮。

8.2.3 删除自定义动画

要删除应用在对象上的动画，可使用下述方法之一：

- 在"自定义动画"任务窗格中选择动画，然后单击"删除"按钮。
- 在"自定义动画"任务窗格中单击动画项右侧的下拉按钮，然后选择"删除"命令。

技巧课堂

在本次课堂中，将练习在当前演示文稿中改变动画的速度、次序和效果以及声音选项。

1. 打开"社区-学生"演示文稿，并将其另存为"社区 2-学生"。在"自定义动画"任务窗格中，选择列出的第一个动画。

2. 单击"速度"下拉按钮，然后选择"中速"。

3. 选择列出的第五个动画。

4. 单击"速度"下拉按钮，然后选择"中速"。

5. 单击"方向"下拉按钮，然后选择"到右下部"。

6. 选择列出的第六个动画。

7. 单击"重新排序"按钮。

8. 选择列出的第二个动画，按 Shift 键，单击其下的每一个动画。这样，除列出的第一个动画外，选中了所有动画。

9. 单击"开始"下拉按钮，选择"之前"。

10. 选择最后一个动画，单击其下拉按钮，然后选择"效果选项"命令。

11. 在弹出的对话框中单击"声音"下拉按钮，然后选择"鼓掌"。

12. 单击"动画文本"下拉按钮，然后选择"整批发送"，单击"确定"按钮。
    设置后的效果如图 8-23 所示。

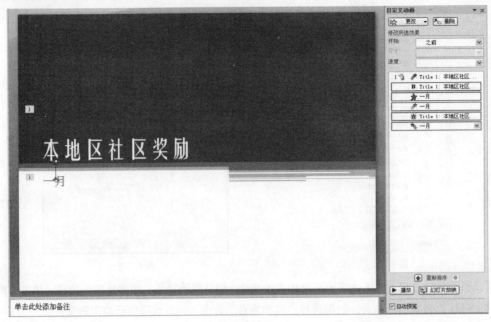

图 8-23

13. 在"自定义动画"任务窗格中单击"幻灯片放映"按钮后,用鼠标单击开始播放演示文稿。

14. 用鼠标单击直至演示文稿结束。

15. 保存并关闭该演示文稿。

 技巧演练

本次演练中,将进一步练习插入动作路径,改变动画的速度、顺序和效果,以及声音选项。

1. 打开"优胜者"演示文稿,将其另存为"优胜者-学生"。

2. 单击红色图片。

3. 在"动画"选项卡的"动画"组中,单击"自定义动画"按钮。

4. 单击红色图片。

5. 在"自定义动画"任务窗格中,选择"添加效果"|"进入"|"飞入"命令。

6. 单击"方向"下拉按钮,然后选择"自左侧"。

7. 选择"添加效果"|"动作路径"|"其他动作路径"命令,选择"向下弧线"选项,单击"确定"按钮。

8. 选择"添加效果"|"强调"|"其他效果"命令,选择"闪烁"选项,单击"确定"按钮。

9. 选择"添加效果"|"退出"|"飞出"命令。

10. 单击"方向"下拉按钮,然后选择"到右侧"。

11. 单击第三个动画的下拉按钮,选择"效果选项"。

12. 单击"声音"下拉按钮,然后选择"疾驰",单击"确定"按钮。

13. 单击蓝色图片。

14. 在"自定义动画"任务窗格中,选择"添加效果"|"进入"|"飞入"。

15. 单击"方向"下拉按钮,然后选择"自左侧"。

16. 单击"速度"下拉按钮,然后选择"快速"。

17. 选择"添加效果"|"动作路径"|"其他动作路径"命令。在弹出的"添加动作路径"对话框中,选择"向上弧线"选项,单击"确定"按钮。

18. 选择"添加效果"|"强调"|"其他效果"命令。在弹出的"添加动作路径"对话框,选择"闪烁"选项,单击"确定"按钮。

19. 选择"添加效果"|"退出"|"飞出"命令。

20. 单击"方向"下拉按钮，然后选择"到右侧"。

21. 单击"速度"下拉按钮，然后选择"快速"。

22. 单击第六个动画的下拉按钮，选择"效果选项"命令。

23. 单击"声音"下拉按钮，然后选择"疾驰"。单击"确定"按钮。

24. 单击"第一名"占位符。

25. 在"自定义动画"任务窗格中，选择"添加效果"|"进入"|"轮子"命令。

26. 单击"第二名"占位符。

27. 在"自定义动画"任务窗格中，选择"添加效果"|"进入"|"轮子"命令。

28. 选择第九个动画，单击"重新排序上移"按钮，将其移至第一。

29. 选择第十个动画，单击"重新排序上移"按钮，将其移至第六。

30. 单击"第一名"占位符。选择"更改"|"退出"|"淡出"命令。

31. 单击"第二名"占位符。选择"更改"|"退出"|"淡出"命令。

32. 单击"终点线"占位符。选择"添加效果"|"退出"|"淡出"命令。

33. 按 Ctrl 键，除第一个动画外，选中所有动画。

34. 单击"开始"下拉按钮，选择"之后"。

设置后的效果如图 8-24 所示

图 8-24

35. 单击"幻灯片放映"按钮后，开始播放演示文稿。用鼠标单击直至演示文稿结束。

36. 保存并关闭该演示文稿。

8.3 小结

完成本课之后，应能熟练掌握以下概念：

☑ 添加、删除和修改动画   ☑ 添加、删除和修改自定义动画

8.4 习题

1. 如何添加动画?
2. 可以添加到对象上的四种自定义动画效果是什么?
3. 如何添加强调动画?
4. 什么是动作路经?
5. 如何添加任意多边形动作路经?
6. 如何修改自定义动画?
7. 如何删除自定义动画?
8. 如何为动画添加声音文件?
9. 如何修改动画的方向?
10. 如何改变动画的速度?
11. 如何重新排列动画的顺序?
12. 如何在前一动画结束后立即开始动画?

完成演示文稿

本章目标

本课的目标主要是学习定稿交付之前，打印和设置演示文稿的各种方法。成功完成本课之后，应能完成下面的操作：

☑ 创建备注和讲义
☑ 设置并进行幻灯片放映
☑ 设置幻灯片切换选项

☑ 设置各种打印选项和打印演示文稿
☑ 使用放映中的演示文稿工具
☑ 在不同的分辨率下放映演示文稿

本课内容将涉及下面的按钮:

"动画"选项卡

"幻灯片放映"选项卡

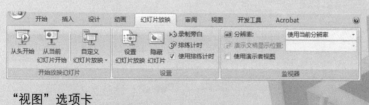

"视图"选项卡

"备注母版"选项卡

"讲义母版"选项卡

9.1 创建备注

备注页是可打印的，在对应的幻灯片下面，显示了作者对该幻灯片添加的备注，如图 9-1 所示。创建备注就是在演示文稿中加上注释，以提示作者关于该幻灯片详细而精确的细节信息；或者将其分发给观众，使观众关注该演示文稿并且作为进一步的参考。备注可在普通视图的备注窗口中输入。

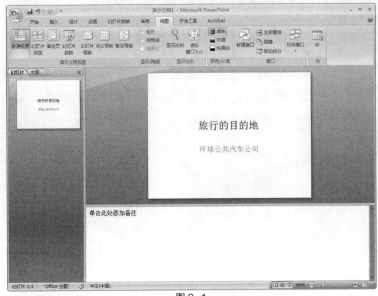

图 9-1

通过向上拖动调整大小的鼠标指针，扩大备注窗口有助编写备注。

在普通视图的备注窗口中，可以输入备注并设置其格式。而在备注页视图中，每一页都显示一张包含幻灯片以及该幻灯片备注的图像；在备注页视图中，可以查看打印时备注页如何显示，查看文本格式的全部效果，如字体颜色等；另外，还可通过绘制/插入图片等方法用图表、表格或者其他插图丰富备注；在备注页视图中还可以查看和修改页眉和页脚。

要创建备注，可在"视图"选项卡的"演示文稿视图"组中，单击"备注页"按钮，效果如图 9-2 所示。

备注页视图中的页面上半部分是当前幻灯片的图片，可在页面下半部分的"单击此处添加文本"占位符中添加备注。

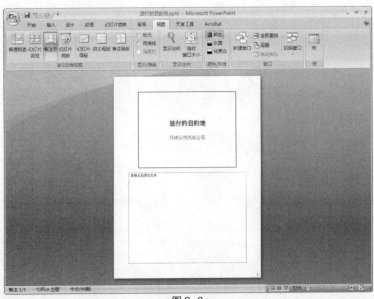

图 9-2

为了方便编写备注，可以使用 PowerPoint 中的各种缩放工具。在备注页视图中缩放可使用下述方法之一：

- 在"视图"选项卡的"显示比例"组中，单击"显示比例"按钮。
- 在状态栏上，单击"缩放级别"按钮。
- 在状态栏上，单击"放大"按钮。
- 在状态栏上，右移"显示比例"滑块。

在备注页中所做的修改、添加和删除等操作只应用在该备注页和普通视图的该备注文本上。在备注页视图中添加的图片或对象只显示在备注页中，在普通视图中不显示。

用户要将备注内容或格式应用到演示文稿的所有备注页中，则需要修改备注母版。例如，要在所有备注页中放上公司标志或其他内容，可在备注母版中添加该内容。如果需要改变所有备注的字体样式，可修改备注母版中的样式。在备注母版中还可以修改幻灯片区域、备注区域、页眉、页脚、页面编号和日期等位置和外观。

要查看备注母版，可在"视图"选项卡的"演示文稿视图"组中，单击"备注母版"按钮，效果如图 9-3 所示。

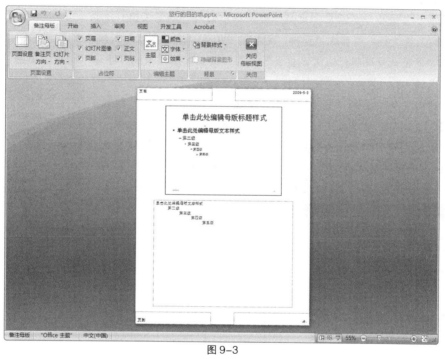

图 9-3

如果要改变备注中的文本、页眉和页脚的文本、日期和页面编号等外观、位置和大小，则必须修改备注母版。

要改变备注页的方向，可使用下述方法之一：

- 在"备注母版"选项卡的"页面设置"组中，单击"备注页方向"下拉按钮。
- 在普通视图下，在"设计"选项卡的"页面设置"组中，单击"页面设置"按钮。

要显示或隐藏备注母版中的页眉、页脚、幻灯片图像、日期、正文和页码等占位符，可在"备注母版"选项卡的"占位符"组中，选中或取消选中相应的占位符复选框，如图 9-4 所示。

要应用或修改主题或主题元素，在"备注母版"选项卡的"编辑主题"组中，使用适当的命令按钮，如图 9-5 所示。

图 9-4

图 9-5

要设置备注母版背景的格式，可使用下述方法之一：

- 在"备注母版"选项卡的"背景"组中，单击"背景样式"按钮。
- 在"备注母版"选项卡的"背景"组中，单击"对话框启动器"按钮。
- 右击幻灯片，在快捷菜单中选择"设置背景格式"命令。

要关闭备注母版视图，可使用下述方法之一：

- 在"备注母版"选项卡的"关闭"组中，单击"关闭母版视图"按钮。
- 在"视图"选项卡的"演示文稿视图"组中，单击"普通视图"按钮。

 技巧课堂

在本次课堂中，将练习自定义备注母版和创建备注。

1. 打开"动物王国"演示文稿，并将其另存为"动物王国-学生"。
2. 在"视图"选项卡的"演示文稿视图"组中，单击"备注母版"按钮。
3. 在"插入"选项卡的"文本"组中，单击"页眉和页脚"按钮，弹出"页眉和页脚"对话框，如图 9-6 所示。
4. 选中"页眉"复选框，然后在"页眉"文本框中输入"动物王国"。
5. 选中"页脚"复选框，然后在"页脚"文本框中输入"演讲备注"，然后单击"全部应用"按钮。
6. 选择文本"单击此处编辑母版文本样式"。在"开始"选项卡的"字体"组中，单击"字号"下拉按钮，选择 16。
7. 在"备注母版"选项卡的"关闭"组中，单击"关闭母版视图"按钮。
8. 在"视图"选项卡的"演示文稿视图"组中，单击"备注页"按钮。
9. 在"视图"选项卡的"显示比例"组中，单击"显示比例"按钮，然后选择 66%。
10. 在垂直滚动条的底部单击"下一张幻灯片"按钮，移动到第二张幻灯片。
11. 输入"节肢动物以神话人物阿拉克尼命名。"，如图 9-7 所示。

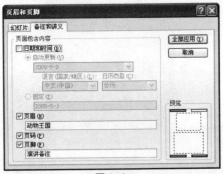

图 9-6

图 9-7

12. 在垂直滚动条的底部单击"下一张幻灯片"按钮，移动到第三张幻灯片。
13. 输入"水栖脊椎动物是典型的冷血动物，身体被鳞片覆盖，有两组成对的鳍和几个单鳍。"。
14. 在垂直滚动条的底部单击"下一张幻灯片"按钮，移动到第四张幻灯片。
15. 输入"节肢动物的主要种类"。
16. 在垂直滚动条的底部单击"下一张幻灯片"按钮，移动到第五张幻灯片。
17. 输入"有三个亚纲：迷齿亚纲、壳椎亚纲和滑体亚纲。"，如图 9-8 所示。
18. 在"视图"选项卡的"演示文稿视图"组中，单击"普通视图"按钮，选择第一张幻灯片。
19. 保存并关闭该演示文稿。

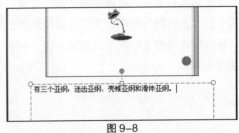

图 9-8

技巧演练

在本次演练中，将进一步练习自定义备注母版和创建备注。

1. 打开"提议"演示文稿，并将其另存为"提议-学生"。
2. 在"视图"选项卡的"演示文稿视图"组中，单击"备注母版"按钮。
3. 在"备注母版"选项卡的"页面设置"组中，选择"备注页方向"|"横向"命令。
4. 在"插入"选项卡的"文本"组中，单击"页眉和页脚"按钮。
5. 选中"日期和时间"复选框，然后选择"固定"单选按钮，在其文本框中输入"2010-5-5"。
6. 选中"页眉"复选框，然后在"页眉"文本框中输入"建议"。
7. 选中"页脚"复选框，然后在"页脚"文本框中输入"演讲备注"，如图9-9所示。然后单击"全部应用"按钮。

   注：固定日期、页眉和页脚在备注母版中显示。

8. 选择文本"单击此处编辑母版文本样式"。在"开始"选项卡的"字体"组中，单击"字号"下拉按钮，选择14，并选择"加粗"。
9. 在"备注母版"选项卡的"关闭"组中，单击"关闭母版视图"按钮。
10. 在"视图"选项卡的"演示文稿视图"组中，单击"备注页"按钮。
11. 在"视图"选项卡的"显示比例"组中，单击"显示比例"按钮，然后选择100%。
12. 输入"欢迎并感谢各位"。
13. 在垂直滚动条的底部单击"下一张幻灯片"按钮，移动到第二张幻灯片。
14. 输入"今年我们有六种令人兴奋的新产品"。
15. 在"视图"选项卡的"演示文稿视图"组中，单击"普通视图"按钮。
16. 在垂直滚动条的底部单击"下一张幻灯片"按钮，移动到第三张幻灯片。
17. 单击备注窗口，然后输入"将于六月投放市场，并且附带全部营销材料。"，如图9-10所示。

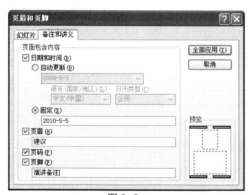

图 9-9

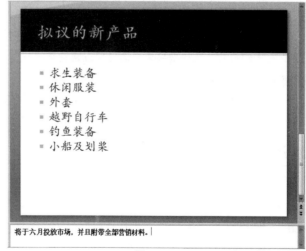

图 9-10

18. 保存并关闭该演示文稿。

9.2 创建讲义

用户可以以讲义的形式打印演示文稿，在一张打印页面上可以打印一张、两张、三张、四张、六张或九张幻灯片。用户在得到打印的演示文稿后，会更易理清演讲的思路。在打印预览中，可先整理编排讲义的内容，然后进行预览，从而准确地查看打印稿的样式。用户还可以设置横向或纵向打印页面，指明每页显示的幻灯片的编号，添加、预览和编辑页眉和页脚。

如果需要改变讲义上的页眉、页脚文本，日期或页码的大小，外观和位置，用户则必须修改讲义母版。如果期望在每页讲义上显示某个名称或标志，则需要将该名称或标志添加到母版上。

要查看讲义母版，可在"视图"选项卡的"演示文稿视图"组中，单击"讲义母版"按钮。

为了方便查看讲义母版，可以使用 PowerPoint 中的缩放工具。在讲义母版视图中缩放可使用下述方法之一：

- 在状态栏上，单击"缩放级别"按钮。
- 在状态栏上，单击"放大"按钮。
- 在状态栏上，右移"显示比例"滑块。

要改变讲义方向，可使用下述方法之一：

- 在"讲义母版"选项卡的"页面设置"组中，单击"讲义方向"下拉按钮。
- 在普通视图下，在"设计"选项卡的"页面设置"组中，单击"页面设置"按钮。

要修改每一页中幻灯片的数量，在"讲义母版"选项卡的"页面设置"组中，单击"每页幻灯片数量"按钮。

要显示或隐藏页眉、页脚、日期和页码等讲义母版的占位符，在"讲义母版"选项卡的"占位符"组中，选中或取消选中相应的占位符复选框，如图9-11所示。

要应用或修改主题或主题元素，在"讲义母版"选项卡的"编辑主题"组中，使用适当的命令按钮，如图9-12所示。

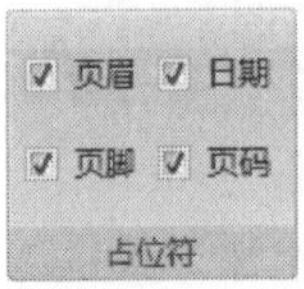

图 9-11

图 9-12

要设置讲义母版背景的格式，可使用下述方法之一：

- 在"讲义母版"选项卡的"背景"组中，单击"背景样式"按钮。
- 在"讲义母版"选项卡的"背景"组中，单击"对话框启动器"按钮。
- 右击幻灯片，在快捷菜单中选择"设置背景格式"命令。

要关闭讲义母版视图，可使用下述方法之一：

- 在"讲义母版"选项卡的"关闭"组中，单击"关闭母版视图"按钮。
- 在"视图"选项卡的"演示文稿视图"组中，单击"普通视图"按钮。

技巧课堂

在本次课堂中，将练习自定义讲义母版。

1. 打开"动物王国-学生"演示文稿，并将其另存为"动物王国1-学生"。
2. 在"视图"选项卡的"演示文稿视图"组中，单击"讲义母版"按钮。
3. 在"讲义母版"选项卡的"页面设置"组中，选择"每页幻灯片数量"|"6张幻灯片"命令，如图9-13所示。
4. 在"讲义母版"选项卡的"页面设置"组中，选择"讲义方向"|"横向"命令。
5. 在"讲义母版"选项卡的"占位符"组中，取消选中"页脚"、"日期"复选框，效果如图9-14所示。
6. 在"讲义母版"选项卡的"关闭"组中，单击"关闭母版视图"按钮。
7. 单击"Office 按钮"|"打印"|"打印预览"命令。
8. 在"打印预览"选项卡的"页面设置"组中，选择"打印内容"|"讲义（每页6张幻灯片）"命令。

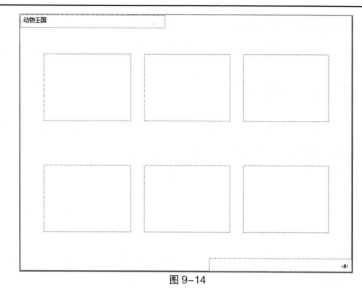

图 9-13

图 9-14

9. 在"打印预览"选项卡的"预览"组中，单击"关闭打印预览"按钮。

10. 保存并关闭该演示文稿。

技巧演练

在本次演练中，将进一步练习自定义讲义母版。

1. 打开"提议-学生"演示文稿，并将其另存为"提议 1-学生"。

2. 在"视图"选项卡的"演示文稿视图"组中，单击"讲义母版"按钮。

3. 在"讲义母版"选项卡的"页面设置"组中，选择"讲义方向"|"横向"命令。

4. 在"讲义母版"选项卡的"页面设置"组中，选择"每页幻灯片数量"|"4 张幻灯片"命令。

5. 在"讲义母版"选项卡的"占位符"组中，取消选中"日期"复选框。

6. 在"插入"选项卡的"文本"组中，单击"页眉和页脚"按钮，弹出"页眉和页脚"对话框。

7. 选中"页眉"复选框，然后在"页眉"文本框中输入"建议"。

8. 选中"页脚"复选框，然后在"页脚"文本框中输入"观众讲义"。然后单击"全部应用"按钮。

9. 在"讲义母版"选项卡的"背景"组中，选择"背景样式"|"样式 2"命令，效果如图 9-15 所示。

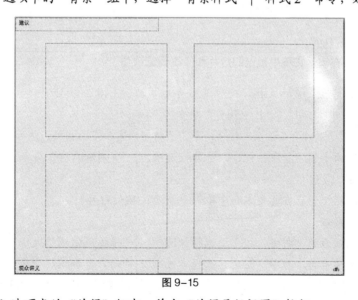

图 9-15

10. 在"讲义母版"选项卡的"关闭"组中，单击"关闭母版视图"按钮。

11. 单击"Office 按钮"|"打印"|"打印预览"命令。

12. 在"打印预览"选项卡的"页面设置"组中，选择"打印内容"|"讲义（每页 4 张幻灯片）"命令。

13. 在"打印预览"选项卡的"预览"组中，单击"关闭打印预览"按钮。

14. 保存并关闭该演示文稿。

9.3 预览演示文稿

有时，用户需要预览演示文稿。例如，在打印幻灯片之前可能需要查看它们的显示效果，可能需要在随后的现场演示前检查给观众放映的效果，或者需要查看彩色的演示文稿打印为黑白时的显示效果。

在打印前，应确保打印出的演示文稿效果与所期望的一致，对于彩色或者黑白背景的幻灯片更应该如此。使用打印预览工具可以在打印之前看到打印的效果。

要查看打印预览，可使用下述方法之一：

- 单击"Office 按钮"｜"打印"｜"打印预览"命令。
- 单击"Office 按钮"｜"打印"｜"预览"命令。
- 按 Ctrl + F2 组合键。

要选择打印内容，可在"打印预览"选项卡的"页面设置"组中，单击"打印内容"下拉按钮，然后选择需要打印的内容，如图 9-16 所示。

要改变打印输出的方向，可以在"打印预览"选项卡的"页面设置"组中，单击"纸张方向"下拉按钮，然后选择"纵向"或"横向"命令，如图 9-17 所示。

要设置其他打印选项，可以在"打印预览"选项卡的"打印"组中，单击"选项"下拉按钮，然后选择合适的选项，如图 9-18 所示。

图 9-16

图 9-17

图 9-18

设置好打印选项以后，可在"打印预览"选项卡的"打印"组中，单击"打印"按钮开始打印。

技巧课堂

在本次课堂中，将练习在演示文稿中预览幻灯片和修改预览选项。

1. 打开"动物王国 1-学生"演示文稿，并将其另存为"动物王国 2-学生"。

2. 单击"Office 按钮"｜"打印"｜"打印预览"命令。

3. 在"打印预览"选项卡的"页面设置"组中，单击"打印内容"下拉按钮，然后选择"幻灯片"命令。

4. 在"打印预览"选项卡的"打印"组中，选择"选项"｜"页眉和页脚"命令。

5. 选中"幻灯片编号"复选框。

6. 选中"页脚"复选框，然后在其文本框中输入"演示文稿幻灯片"。

7. 单击"全部应用"按钮。

8. 在"打印预览"选项卡的"打印"组中，选择"选项"｜"根据纸张调整大小"命令。

9. 在"打印预览"选项卡的"打印"组中，选择"选项"｜"幻灯片加框"命令。

10. 在"打印预览"选项卡的"打印"组中，选择"选项"｜"颜色/灰度"｜"纯黑白"命令。

11. 在"打印预览"选项卡的"预览"组中，单击"下一页"按钮，浏览每一张幻灯片，直至最后一张。

12. 在"打印预览"选项卡的"预览"组中，单击"上一页"按钮，浏览每一张幻灯片，直至第一张，如图 9-19 所示。

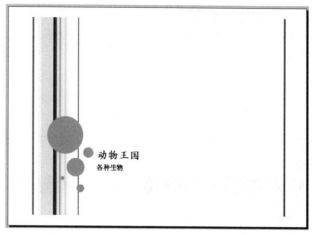

图 9-19

13. 在"打印预览"选项卡的"预览"组中，单击"关闭打印预览"按钮。

14. 保存并关闭该演示文稿。

 技巧演练

在本次演练中，将进一步练习在演示文稿中预览幻灯片和修改预览选项。

1. 打开"提议 1-学生"演示文稿，并将其另存为"提议 2-学生"。

2. 单击"Office 按钮" | "打印" | "打印预览"命令。

3. 在"打印预览"选项卡的"页面设置"组中，选择"打印内容" | "幻灯片"命令。

4. 在"打印预览"选项卡的"打印"组中，选择"选项" | "页眉和页脚"命令。

5. 选中"日期和时间"复选框，然后选择"固定"单选按钮，在其文本框中输入"2010-5-5"。

6. 选中"幻灯片编号"复选框。

7. 选中"页脚"复选框，然后在其文本框中输入"提议幻灯片"。

8. 选中"标题幻灯片中不显示"复选框。

9. 单击"全部应用"按钮。

10. 在"打印预览"选项卡的"打印"组中选择"选项" | "根据纸张调整大小"命令。

11. 在"打印预览"选项卡的"打印"组中选择"选项" | "幻灯片加框"命令。

12. 在"打印预览"选项卡的"打印"组中选择"选项" | "颜色/灰度" | "纯黑白"命令。

13. 在"打印预览"选项卡的"预览"组中单击"下一页"按钮，浏览每一张幻灯片，直至最后一张，
如图 9-20 所示。

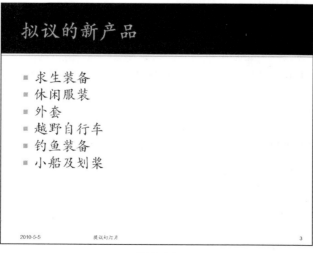

图 9-20

14. 在"打印预览"选项卡的"预览"组中单击"上一页"按钮，浏览每一张幻灯片，直至第一张。

15. 在"打印预览"选项卡的"预览"组中单击"关闭打印预览"按钮。

16. 保存并关闭该演示文稿。

9.4 打印幻灯片

4.4

用户可以打印单张幻灯片、整个演示文稿或选定的部分幻灯片。要打印幻灯片，可使用下述方法之一打开"打印"对话框，如图 9-21 所示。

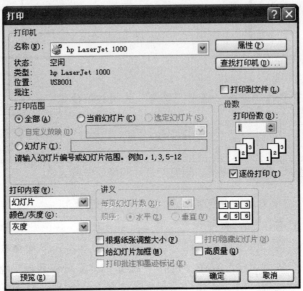

图 9-21

- 在"打印预览"选项卡的"打印"组中，单击"打印"按钮。
- 单击"Office 按钮"|"打印"命令。
- 按 Ctrl + P 组合键。

"打印"对话框中的各选项介绍如表 9-1 所示。

表 9-1

全部	打印所有幻灯片
当前幻灯片	打印当前正在显示的幻灯片
幻灯片	打印由输入的幻灯片编号或者幻灯片范围指定的一组幻灯片，如 1,3,5-12 等
颜色/灰度	打印的灰度、颜色或纯黑白
根据纸张调整大小	调整打印输出，使之适合纸张大小
给幻灯片加框	在幻灯片图片四周加上边框

用户还可以打印演示文稿中除幻灯片之外的其他部分，如讲义、备注页或大纲视图中的演示文稿。

9.4.1 修改打印选项

"打印"对话框中的其他打印选项包括打印份数、打印范围和是否逐份打印，如图 9-22 所示。

图 9-22

9.4.2　打印备注

备注页中含有在备注页视图中或在普通视图的备注窗口中输入的备注。在打印备注页时，备注页上部的幻灯片也将被打印。要打印备注，可使用下述方法之一：

- 在"打印预览"选项卡的"打印"组中，单击"打印"按钮。
- 单击"Office 按钮"｜"打印"命令。
- 按 Ctrl + P 组合键。

执行完上述任一操作后，弹出"打印"对话框，单击"打印内容"下拉按钮，选择"备注页"，如图 9-23 所示。

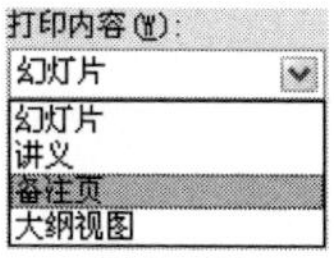

图 9-23

9.4.3　打印讲义

用户可将演示文稿以讲义的形式打印，在一张打印页面上打印一张、两张、三张、四张、六张或九张幻灯片。要打印讲义，可使用下述方法之一：

- 在"打印预览"选项卡的"打印"组中，单击"打印"按钮。
- 单击"Office 按钮"｜"打印"命令。
- 按 Ctrl + P 组合键。

执行完上述任一操作后，弹出"打印"对话框，单击"打印内容"下拉按钮，选择"讲义"，然后单击"每页幻灯片数"下拉按钮，选择每张讲义页上幻灯片的数目，然后再选择顺序为"水平"或"垂直"单选按钮，如图 9-24 所示。

图 9-24

9.4.4　打印大纲

打印大纲可以将由演示文稿中每张幻灯片的标题和主要文本组成的大纲打印输出。大纲视图非常便于只需要打印演示文稿的文字性概括。要打印大纲视图，可使用下述方法之一：

- 在"打印预览"选项卡的"打印"组中，单击"打印"按钮。
- 单击"Office 按钮"｜"打印"命令。
- 按 Ctrl + P 组合键。

执行完上述操作后，弹出"打印"对话框，单击"打印内容"下拉按钮，选择"大纲视图"。

 技巧课堂

在本次课堂中，将练习打印幻灯片、备注、讲义和大纲。

1. 打开"动物王国 2-学生"演示文稿。
2. 单击"Office 按钮"｜"打印"命令，弹出"打印"对话框。。
3. 单击"打印内容"下拉按钮，然后选择"讲义"。
4. 单击"每页幻灯片数"下拉按钮，选择 4。
5. 选择顺序为"垂直"单选按钮。
6. 单击"颜色/灰度"下拉按钮，然后选择"灰度"。

   设置后如图 9-25 所示。
7. 单击"确定"按钮。
8. 单击"Office 按钮"｜"打印"命令，弹出"打印"对话框。

图 9-25

9. 单击"打印内容"下拉按钮，然后选择"备注页"。

10. 选中"给幻灯片加框"复选框。

11. 选中"高质量"复选框，然后单击"确定"按钮。

12. 单击"Office 按钮"|"打印"命令。

13. 单击"打印内容"下拉按钮，然后选择"大纲视图"。

14. 取消选中"高质量"复选框。

15. 单击"颜色/灰度"下拉按钮，然后选择"纯黑白"，单击"确定"按钮。

16. 单击"Office 按钮"|"打印"命令。

17. 单击"打印内容"下拉按钮，然后选择"幻灯片"。

18. 单击"颜色/灰度"下拉按钮，然后选择"颜色"。

19. 选中"幻灯片加框"复选框，单击"确定"按钮。

20. 关闭该演示文稿。

 技巧演练

本次演练将进一步练习打印幻灯片、备注、讲义和大纲。

1. 打开"提议 2-学生"演示文稿。

2. 单击"Office 按钮"|"打印"命令。

3. 单击"打印内容"下拉按钮，然后选择"讲义"。

4. 单击"每页幻灯片数"下拉按钮，选择 9。

5. 选择顺序"垂直"单选按钮。

6. 单击"颜色/灰度"下拉按钮，然后选择"颜色"。

7. 单击"确定"按钮。

8. 单击"Office 按钮"|"打印"命令，弹出"打印"对话框。

9. 单击"打印内容"下拉按钮，然后选择"备注页"。

10. 选中"幻灯片加框"复选框。

11. 选中"根据纸张调整大小"复选框。

12. 选中"高质量"复选框，然后单击"确定"按钮。

13. 单击"Office 按钮"|"打印"命令，弹出"打印"对话框。

14. 单击"打印内容"下拉按钮，然后选择"大纲视图"。

15. 取消选中"高质量"复选框。

16. 取消选中"根据纸张调整大小"复选框。

17. 单击"颜色/灰度"下拉按钮，然后选择"纯黑白"，单击"确定"按钮。

18. 单击"Office 按钮"｜"打印"命令，弹出"打印"对话框。

19. 单击"打印内容"下拉按钮，然后选择"幻灯片"。

20. 单击"颜色/灰度"下拉按钮，然后选择"颜色"。

21. 单击"每页幻灯片数"下拉按钮，选择 2。

22. 选中"幻灯片加框"复选框，然后单击"确定"按钮。

23. 关闭该演示文稿。

9.4.5　发送演示文稿到 Microsoft Word

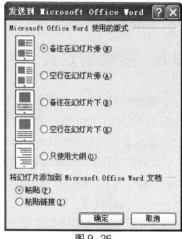

图 9-26

　　如果在 PowerPoint 中没有找到内置的讲义打印格式，发送到 Word 是一个有效的替换办法。发送到 Word 可以产生幻灯片缩略图、备注或空行，并且可对其根据需要进行修改，向观众提供自定义的讲义。

　　要将演示文稿发送到 Microsoft Word，可单击"Office 按钮"｜"发布"｜"使用 Microsoft Office Word 创建讲义"命令，弹出如图 9-26 所示的对话框。

　　选择合适的"Microsoft Office Word 使用的版式"单选按钮和"粘贴"或"粘贴链接"。"粘贴"是发送演示文稿的"快照"到 Microsoft Office Word，而"粘贴链接"是在演示文稿和文档之间建立一个链接。因此，如果修改了演示文稿，Microsoft Office Word 文档也会自动修改。单击"确定"按钮，演示文稿就会转换成一个 Microsoft Office Word 文档并且自动打开以便查看、编辑和保存。

 技巧课堂

在本次课堂中，练习将演示文稿发送给 Microsoft Office Word。

1. 打开"动物王国 2-学生"演示文稿。

2. 单击"Office 按钮"｜"发布"｜"使用 Microsoft Office Word 创建讲义"命令。

3. 在弹出的对话框中，选择"备注在幻灯片下"单选按钮。

4. 选择"粘贴链接"单选按钮。

5. 单击"确定"按钮。

6. 在快速访问工具栏中，单击"保存"命令，将其保存为名为"动物王国文档-学生"的 Office Word 文档。

7. 选择"Office 按钮"｜"退出"命令，退出 Microsoft Office Word 并返回 Microsoft Office PowerPoint。

 技巧演练

本次演练将进一步练习发送演示文稿给 Microsoft Office Word、打印预览讲义、修改 PowerPoint 中打印和打印预览的选项。

1. 打开"提议 2-学生"演示文稿。

2. 单击"Office 按钮"｜"发布"｜"使用 Microsoft Office Word 创建讲义"命令。

3. 在弹出的对话框中，选择"空行在幻灯片旁"单选按钮。

4. 单击"确定"按钮。

5. 在任务栏上单击合适的按钮，切换到 Word 文档。然后在快速访问工具栏中，单击"保存"按钮，将其保存为名为"提议文档-学生"的 Word 文档。

6. 单击"Office 按钮"｜"退出"命令，退出 Microsoft Office Word 并返回 Microsoft Office PowerPoint。

7. 单击"Office 按钮"|"打印"|"打印预览"命令。

8. 在"打印预览"选项卡的"页面设置"组中，单击"打印内容"下拉按钮，选择"讲义（每页 3 张幻灯片）"。

9. 在"打印预览"选项卡的"打印"组中，选择"选项"|"页眉和页脚"命令。

10. 在弹出的"页眉和页脚"对话框中的"页眉"文本框中输入"提议演示文稿讲义"。

11. 单击"全部应用"按钮。

12. 在"打印预览"选项卡的"打印"组中，单击"打印"按钮。

13. 在"打印份数"微调框中输入 3。

14. 选中"高质量"复选框，然后单击"确定"按钮。

15. 在"打印预览"选项卡的"预览"组中，单击"关闭打印预览"按钮。

16. 保存并关闭该演示文稿。

9.5 放映幻灯片

要播放幻灯片，必须使用幻灯片放映视图。幻灯片放映全屏显示时，所有选项卡和窗格都将消失，屏幕上只剩下幻灯片的内容。在幻灯片放映视图下，用户所看到的演示文稿与观众看到的一样。

要查看幻灯片放映视图，可使用下述方法之一：

• 在"视图"选项卡的"演示文稿视图"组中，单击"幻灯片放映"按钮。这将从头开始放映幻灯片。

• 在"幻灯片放映"选项卡的"开始放映幻灯片"组中，单击"从头开始"按钮。无论当前正显示哪一张幻灯片，都将从第一张幻灯片开始放映。

• 在"幻灯片放映"选项卡的"开始放映幻灯片"组中，单击"从当前幻灯片开始"按钮。这将从正在显示的幻灯片开始放映。

技巧课堂

本次课堂将练习放映幻灯片。

1. 打开"动物王国 2-学生"演示文稿。

2. 在"幻灯片放映"选项卡的"开始放映幻灯片"组中，单击"从头开始"按钮，即可从图 9-27 所示的幻灯片开始播放。

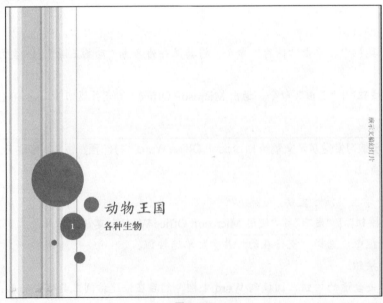

图 9-27

3. 用鼠标单击即可逐张放映每一张幻灯片直至放映结束。

技巧演练

本次演练将进一步练习放映幻灯片。

1. 打开"提议 2-学生"演示文稿。

2. 按 F5 键。

3. 用鼠标单击逐张放映每一张幻灯片直至放映结束。

9.6 设置幻灯片放映选项

在第一次放映幻灯片之后，可能需要检查放映类型设置和放映选项。这些选项包括是否连续放映、是否使用过渡功能、使用何种演示文稿工具和使用不同的分辨率放映幻灯片。

要设置幻灯片放映选项，在"幻灯片放映"选项卡的"设置"组中，单击"设置幻灯片放映"按钮，弹出"设置放映方式"对话框，如图 9-28 所示。

在"设置放映方式"对话框中，可以设置一些选项，如放映幻灯片的页码范围、使用绘图笔的颜色、放映选项的设置等。循环放映是指最后一张幻灯片放映后，从演示文稿的第一张幻灯片重新开始放映。也可设置在窗口中和在展台上自动放映，观众可以按照自己的节奏浏览演示文稿。

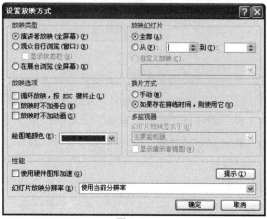

图 9-28

技巧课堂

本次课堂中将练习设置放映选项。

1. 打开"动物王国 2-学生"演示文稿。

2. 在"幻灯片放映"选项卡的"设置"组中，单击"设置幻灯片放映"按钮，弹出"设置放映方式"对话框，如图 9-29 所示。

3. 选中"循环放映，按 ESC 键终止"复选框。

4. 选择"观众自行浏览（窗口）"单选按钮。

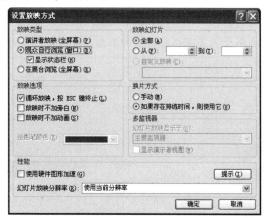

图 9-29

5. 单击"确定"按钮。

6. 在"幻灯片放映"选项卡的"开始放映幻灯片"组中，单击"从头开始"按钮，幻灯片即可开始放映，如图 9-30 所示。

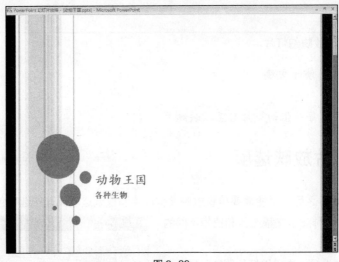

图 9-30

7. 使用垂直滚动条逐张放映每张幻灯片。

注：不能鼠标切换幻灯片，在演示文稿循环放映时，最后一张幻灯片放映后，将显示第一张幻灯片。

8. 按 Esc 键终止幻灯片放映。

9. 在"幻灯片放映"选项卡的"设置"组中，单击"设置幻灯片放映"按钮，弹出"设置放映方式"对话框。

10. 选中"循环放映，按 ESC 键终止"复选框。

11. 选择"演讲者放映（全屏幕）"单选按钮后，单击"确定"按钮。

技巧演练

本次演练将进一步练习设置幻灯片放映选项。

1. 打开"水循环"演示文稿，并将其另存为"水循环-学生"。

2. 在"幻灯片放映"选项卡的"设置"组中，单击"设置幻灯片放映"按钮，弹出"设置放映方式"对话框。

3. 选择"在展台浏览（全屏幕）"单选按钮。

4. 单击"确定"按钮。

5. 按 F5 键开始幻灯片播放。

使用第三个按钮向后播放幻灯片，第二个按钮向前回放幻灯片，如图 9-31 所示。此时，不能使用鼠标切换幻灯片，并且由于在展台上是循环放映，所以最后一张幻灯片放映后，将显示第一张幻灯片。

图 9-31

6. 单击"停止"标记停止幻灯片放映。

7. 保存并关闭该演示文稿。

9.6.1 使用演示文稿工具

　　PowerPoint 提供了在幻灯片放映视图中放映演示文稿时所使用的各种演示文稿工具。使用演示文稿工具可以查看下一张、上一张幻灯片，定位至指定的幻灯片，或者结束放映，还可以选择如圆珠笔、毡尖笔、荧光笔等指针选项。在正在放映的幻灯片上右击，弹出的快捷菜单如图9-32所示。

图 9-32

　　在幻灯片放映视图中，有许多快捷键有助于放映演示文稿，分别介绍如表9-2所示。

表 9-2

从头开始	按 F5 键
前进到下一张幻灯片或下一个动画对象	按 N 键或者用鼠标单击
返回到上一张幻灯片或上一个动画对象	按 Backspace 或 P 键
转至指定编号的幻灯片	输入幻灯片编号，然后按 Enter 键
显示黑屏，或者返回到演示文稿	按 B 键
显示白屏，或者返回到演示文稿	按 W 键
显示或隐藏箭头指针	按 A 键
停止或重新启动自动播放演示文稿	按 S 键
结束幻灯片放映	按 Esc 键
返回到第一张幻灯片	按住两个鼠标按键 2 秒
将指针变成绘图笔	按 Ctrl + P 组合键
擦除屏幕上的注释	按 E 键
将绘图笔变成指针	按 Ctrl + A 组合键
显示快捷菜单	右击

 技巧课堂

　　在本次课堂中，将练习使用演示文稿工具。

1. 打开"动物王国2-学生"演示文稿。

2. 在"幻灯片放映"选项卡的"开始放映幻灯片"组中，单击"从头开始"按钮。

3. 右击幻灯片，选择"下一张"命令。

4. 右击幻灯片，选择"上一张"命令。

5. 右击幻灯片，选择"定位至幻灯片"|"3 鱼类"命令。

6. 右击幻灯片，选择"上次查看过的"命令。

7. 右击幻灯片，选择"屏幕"|"黑屏"命令。

8. 右击幻灯片，选择"屏幕"|"屏幕还原"命令。

9. 右击幻灯片，选择"屏幕"|"白屏"命令。

10. 右击幻灯片，选择"屏幕"|"取消白屏"命令。

11. 右击幻灯片，选择"指针选项"|"箭头选项"|"永远隐藏"命令。

12. 右击幻灯片，选择"指针选项"|"箭头选项"|"可见"命令。

13. 右击幻灯片，选择"结束放映"命令。

 ## 技巧演练

本次演练将进一步练习使用演示文稿工具。

1. 打开"动物王国 2-学生"演示文稿。

2. 在"幻灯片放映"选项卡的"开始放映幻灯片"组中，单击"从头开始"按钮。

3. 用鼠标单击，移动到幻灯片 2。

4. 右击幻灯片，选择"指针选项"|"毡尖笔"命令。

5. 用绘图笔将"八"圈住，在"六"上加下画线，效果如图 9-33 所示。

6. 右击幻灯片，选择"指针选项"|"箭头"命令。

7. 用鼠标单击，移动到幻灯片 3。

8. 右击幻灯片，选择"指针选项"|"荧光笔"命令。

9. 将文本"脊椎"、"腮"涂成高亮。

10. 右击幻灯片，选择"指针选项"|"箭头"命令。

设置后的效果如图 9-34 所示。

节肢动物

○ 节肢动物很容易与昆虫区别。节肢动物有八条腿，而昆虫只有六条。

鱼类

○ 带有脊椎、终身用腮呼吸的动物，少数还有鳍状肢。

图 9-33

图 9-34

11. 右击幻灯片，选择"指针选项"|"擦除幻灯片上的所有墨迹"命令。

12. 右击幻灯片，选择"结束放映"命令。

13. 单击"放弃"按钮，擦除所有墨迹。

9.6.2 应用、修改和删除切换效果

在 PowerPoint 中，可以使用切换效果和切换选项控制不同幻灯片间的切换。默认情况下是无切换效果。但有时出于内容或者美观方面的考虑，需要在一张幻灯片到另一张幻灯片的切换过程中产生不同的效果。切换效果是显示在第二张幻灯片上，即显示在正在出现的那一张幻灯片上，而不是正在消失的那一张。应该注意不要添加过多的或过于夸张的切换效果，这会影响观众对演示文稿的阅读。

要添加或修改切换效果，可在"动画"选项卡的"切换到此幻灯片"组中，选择一种切换效果，各种切换效果如图 9-35 所示。

选择的切换效果将被应用在当前幻灯片上。要将切换效果应用到演示文稿的所有幻灯片上，可在"动画"选项卡的"切换到此幻灯片"组中，单击"全部应用"按钮。要将切换效果应用到一组幻灯片上，在"幻灯片"选项卡或幻灯片浏览视图中，按住 Ctrl 键选择多张幻灯片，然后选择一种切换效果。

要删除切换效果，在"动画"选项卡的"切换到此幻灯片"组中，选择"无切换效果"。

图 9-35

要添加切换声音，无论是内置声音或是来自于文件的声音，都可在"动画"选项卡的"切换到此幻灯片"组中，单击"切换声音"下拉按钮。

要修改切换速度，可在"动画"选项卡的"切换到此幻灯片"组中，单击"切换速度"下拉按钮。

要使用鼠标切换幻灯片，在"动画"选项卡的"切换到此幻灯片"组中，选中"单击鼠标时"复选框；另外可通过选中"在此之后自动设置动画效果"复选框并设置时间段，使得在该时间段后自动切换到下一张幻灯片。

 技巧课堂

在本次课堂中，将练习应用、修改和删除切换效果。

1. 打开"动物王国 2-学生"演示文稿，并将其另存为"动物王国 3-学生"。
2. 在"动画"选项卡的"切换到此幻灯片"组中，选择"其他"|"顺时针回旋，8 根轮辐"命令。
3. 在"动画"选项卡的"切换到此幻灯片"组中，单击"全部应用"按钮。
4. 在"幻灯片放映"选项卡的"开始放映幻灯片"组中，单击"从头开始"按钮。
5. 用鼠标单击，放映整个演示文稿，观察切换效果。
6. 在"动画"选项卡的"切换到此幻灯片"组中，选择"其他"|"无切换效果"命令。
7. 在"动画"选项卡的"切换到此幻灯片"组中，选择"其他"|"圆形"命令。
8. 在"动画"选项卡的"切换到此幻灯片"组中，单击"全部应用"按钮。
9. 在"幻灯片放映"选项卡的"开始放映幻灯片"组中，单击"从头开始"按钮。
10. 用鼠标单击，放映整个演示文稿，观察切换效果。
11. 保存该演示文稿。

 技巧演练

在本次演练中，将进一步练习对一组幻灯片应用、修改和删除切换效果。

1. 打开"动物王国 3-学生"演示文稿，并将其另存为"动物王国 4-学生"。
2. 在"动画"选项卡的"切换到此幻灯片"组中，选择"其他"|"无切换效果"命令。
3. 在"动画"选项卡的"切换到此幻灯片"组中，单击"全部应用"按钮。

4. 在 "幻灯片" 选项卡中，单击幻灯片 1。

5. 在左侧的 "动画" 选项卡的 "切换到此幻灯片" 组中，选择 "其他" | "溶解" 命令。

6. 在左侧的 "幻灯片" 选项卡中，单击幻灯片 1，按住 Ctrl 键后单击幻灯片 3。

7. 在 "动画" 选项卡的 "切换到此幻灯片" 组中，选择 "其他" | "条纹右下展开" 命令。

8. 在左侧的 "幻灯片" 选项卡中，单击幻灯片 4，按住 Ctrl 键后单击幻灯片 5。

9. 在 "动画" 选项卡的 "切换到此幻灯片" 组中，选择 "其他" | "条纹右上展开" 命令。

10. 在 "幻灯片放映" 选项卡的 "开始放映幻灯片" 组中，单击 "从头开始" 按钮。

11. 用鼠标单击，放映整个演示文稿，观察切换效果。

12. 保存并关闭该演示文稿。

9.6.3 使用不同的分辨率放映演示文稿

用户可能会使用两个显示器放映演示文稿，一个用于自己放映操作，另一个给观众观看。这使得在放映演示文稿时，可以运行另一个程序，或者使用带有工具的演示者视图方便放映。如果投影仪支持的分辨率与计算机显示器的分辨率不同，就需要重设屏幕分辨率，以便更好地放映演示文稿。

要在不同分辨率下放映演示文稿，可使用下述方法之一：

- 在 "幻灯片放映" 选项卡的 "监视器" 组中，单击 "分辨率" 下拉按钮。
- 在 "幻灯片放映" 选项卡的 "设置" 组中，单击 "设置幻灯片放映" 按钮，弹出 "设置放映方式" 对话框。在 "幻灯片放映分辨率" 下拉列表框中选择分辨率。

9.7 小结

学完本课之后，应能熟练掌握以下概念：

☑ 创建备注和讲义 ☑ 设置各种打印选项和打印演示文稿

☑ 设置并进行幻灯片放映 ☑ 使用幻灯片放映中的演示文稿工具

☑ 设置幻灯片切换选项 ☑ 在不同的分辨率下放映演示文稿

9.8 习题

1. 创建备注所用的两种视图是什么？

2. 如何在讲义上添加页脚文本？

3. 如何在打印预览中给幻灯片加上边框？

4. 如何打印演示文稿的大纲视图？

5. 在讲义上最多可以打印多少张幻灯片？

6. 如何以纯黑白方式打印？

7. 如何将幻灯片和备注发送给 Microsoft Office Word？

8. 如何自动从幻灯片 1 开始幻灯片放映，而不用考虑当前正在查看的幻灯片？

9. 如何循环放映幻灯片，直至按 Esc 键结束？

10. 如何改变幻灯片放映中所用绘图笔的默认颜色？

11. 如何将切换效果应用到全部幻灯片？

12. 如何以不同分辨率观看幻灯片反映？

10 Lesson

使用外部内容

本章目标

本课小图标主要是学习在创建演示文稿时，插入超链接和控制外部内容。成功完成本课之后，应能完成下面的操作：

☑ 从大纲创建演示文稿   ☑ 从 Word 大纲创建演示文稿

☑ 从另一个演示文稿导入幻灯片   ☑ 使用超链接

☑ 使用动作按钮   ☑ 使用媒体剪辑

☑ 插入和播放影片剪辑   ☑ 插入和播放声音

本课内容将涉及下面的按钮：

"开始"选项卡   "插入"选项卡

"影片工具 | 选项"选项卡

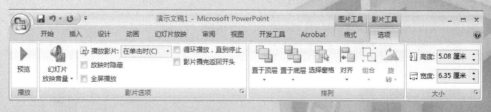

"声音工具 | 选项"选项卡

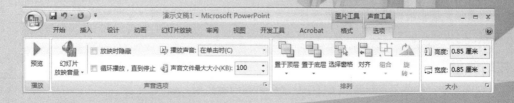

10.1 从大纲创建演示文稿

为演示文稿建立一个纯文本的大纲，将有助于整理思路和观点。在创建一个演示文稿时，可以使用大纲视图输入文本，而不是直接在幻灯片中输入。在 PowerPoint 中，可以在幻灯片左侧的"大纲"选项卡中查看大纲。创建演示文稿的大部分工作都是添加文本。一般来说，在"幻灯片"窗口中创建或编辑文本只需要简单地单击文本占位符，然后开始输入。用户可以同时进行文本输入和格式设置，也可先输入文本，稍后再设置格式。后者可以通过在"大纲"选项卡中，先输入演示文稿中的所有文本，然后再设置这些文本的格式。

要从大纲创建演示文稿，可单击幻灯片窗口左边的"大纲"选项卡，输入幻灯片标题，然后使用下面的方法建立大纲。

要添加一张新幻灯片，可使用下述方法之一：

- 按 Enter 键。
- 按 Ctrl + M 键。
- 在"开始"选项卡的"幻灯片"组中，单击"新建幻灯片"按钮。

按 Enter 键可以连续输入同级标题文本。例如，在输入一个项目标题后，按 Enter 键即可输入下一个同级项目标题。只使用三个键盘命令，可在大纲中快速添加文本。

建立大纲的一项重要工作是，降低标题级别，使之成为副标题（降级）；或提高标题级别，使之成为高一级的标题（升级）。

要降低标题级别，例如将幻灯片标题变成项目标题，可使用下述方法之一：

- 按 Tab 键。
- 按 Alt + Shift + → 组合键。
- 在"开始"选项卡的"段落"组中，单击"提高列表级别"按钮。

要提高标题级别，例如将项目标题变成幻灯片标题，可使用下述方法之一：

- 按 Shift + Tab 组合键。
- 按 Alt + Shift + ← 组合键。
- 在"开始"选项卡的"段落"组中，单击"降低列表级别"按钮。

演示文稿像其他写作一样，可从草稿开始，逐渐修改、完善，最后得到正式稿。在刚开始创建演示文稿时，不可能非常准确地知道幻灯片的顺序。随着演讲思路逐渐清晰，用户可能需要重新排列大纲中的幻灯片。要改变幻灯片的顺序，可使用下述方法之一：

- 按 Alt + Shift + ↑ 组合键。
- 按 Alt + Shift + ↓ 组合键。
- 单击幻灯片标题左边的幻灯片图标，以选中该幻灯片中的所有文本，然后在大纲中上下拖动幻灯片图标和文本，将其移至演示文稿中的新位置。

在"大纲"选项卡中，要在幻灯片之间移动，可使用下述方法之一：

- 按 Ctrl + ↑ 组合键。
- 按 Ctrl + ↓ 组合键。

折叠大纲，只显示较高级别的标题；或者只在一张幻灯片中展开大纲，查看详细信息，这些操作对于比较大的演示文稿非常有用。折叠和展开标题有助于快速滚动演示文稿，查看感兴趣的详细信息。要折叠和展开标题，可在"大纲"选项卡中双击幻灯片图标。

技巧课堂

在本次课堂中，将练习在新演示文稿中从大纲创建演示文稿。

1. 新建一个空白演示文稿，并将其保存为"地理-学生"。

2. 选择幻灯片窗口左边的"大纲"选项卡。

3. 输入"地理"，然后按 Enter 键。

4. 按 Tab 键。输入"研究地球与人类的相互影响"，然后按 Enter 键。

5. 按 Shift + Tab 组合键。输入"山脉"，然后按 Enter 键。

6. 按 Tab 键。输入"比周围地面高的陆地"，然后按 Enter 键。

7. 输入"滑雪和登山"，然后按 Enter 键。

8. 按 Shift + Tab 组合键。输入"河流"，然后按 Enter 键。

9. 按 Tab 组合键。输入"流动的条状水体"，然后按 Enter 键。

10. 输入"小艇"，然后按 Enter 键。

11. 按 Shift + Tab 组合键。输入"湖泊"，然后按 Enter 键。

12. 按 Tab 键。输入"被陆地包围的水体"，然后按 Enter 键。

13. 输入"滑水"，然后按 Enter 键。

14. 按 Shift + Tab 组合键。输入"海洋"，然后按 Enter 键。

15. 按 Tab 键。输入"巨大的咸水水体"，然后按 Enter 键。输入"渔业"。

16. 单击"大纲"选项卡中的幻灯片 2 图标，将其拖动到"大纲"选项卡的底部，使幻灯片 2 变成幻灯片 5，设置后的效果如图 10-1 所示。

图 10-1

17. 保存并关闭该演示文稿。

 ## 技巧演练

在本次演练中，将进一步练习在新演示文稿中从大纲创建演示文稿。

1. 新建一个空白演示文稿，并将其保存为"概览-学生"。

2. 单击幻灯片窗口左边的"大纲"选项卡。

3. 输入"财政概览"，然后按 Enter 键。

4. 按 Tab 键。输入"风险投资公司"，然后按 Enter 键。

5. 按 Shift + Tab 组合键。输入"介绍"，然后按 Enter 键。

6. 按 Tab 键。输入"我们在全球范围内为人们提供产品和服务"，然后按 Enter 键。

7. 输入"这是我们的财政绩效概览"，然后按 Enter 键。

8. 输入"所有信息都已公布"，然后按 Enter 键。

9. 按 Shift + Tab 组合键。输入"要点"，然后按 Enter 键。

10. 按 Tab 键。输入"收益净额"，然后按 Enter 键。年

11. 按 Tab 键。输入"增加 150%"，然后按 Enter 键。

12. 按 Shift + Tab 组合键。输入"每股盈利"，然后按 Enter 键。

13. 按 Tab 键。输入"增加 55%"，然后按 Enter 键。

14. 按 Shift + Tab 组合键。输入"资产总计"，然后按 Enter 键。

15. 按 Tab 键。输入"增加 80%"，然后按 Enter 键。

设置后的效果如图 10-2 所示。

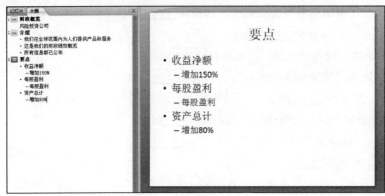

图 10-2

16. 保存并关闭该演示文稿。

10.2 从 Word 大纲创建演示文稿

用户可以将 Microsoft Office Word 大纲导入 PowerPoint，创建幻灯片。Word 大纲中每个一级标题都成为各张幻灯片的标题，大纲的子级别标题将包含在幻灯片中。在 Word 中创建大纲可以使用 Word 的全部功能灵活处理大纲文本，而且很容易打印。

需要注意的是，Word 文档中的图像不会被导入到幻灯片，只能导入文本大纲。

要从 Word 大纲创建演示文稿，要先打开一个 Word 文档，可单击"**Office 按钮**"|"打开"命令。由于在 PowerPoint 中打开的最常见的文件类型是 PowerPoint 演示文稿，所以将会看见"文件类型"下拉列表框中的默认设置是"所有 PowerPoint 演示文稿"。要打开一个 Word 文档，单击"文件类型"|"所有大纲"命令，然后打开需要的 Microsoft Office Word 文档。

技巧课堂

本次课堂将练习在新演示文稿中从 Microsoft Office Word 大纲创建演示文稿内容。

1. 单击"Office 按钮"|"打开"命令。

2. 单击"文件类型"下拉按钮，选择"所有大纲"。

3. 选择"计划"文件，然后单击"打开"按钮。

4. 单击"大纲"选项卡，查看 Word 大纲，效果如图 10-3 所示。

图 10-3

5. 将该演示文稿保存为"计划-学生"，然后关闭。

技巧演练

本次演练将进一步练习在新演示文稿中从 Microsoft Office Word 大纲创建演示文稿内容。

1. 单击"Office 按钮"|"打开"命令。
2. 单击"文件类型"下拉按钮,选择"所有大纲"。
3. 选择"概览"文件,然后单击"打开"按钮。
4. 单击"大纲"选项卡,查看 Word 大纲,如图 10-4 所示。

图 10-4

5. 将该演示文稿保存为"财政议程-学生",然后关闭。

10.3 复用幻灯片

如果需要使用另一个演示文稿中的部分幻灯片,可以将它们导入到当前的演示文稿中。复用不需要重新创建幻灯片,并且能够保证幻灯片在复用前后保持一致,因此这将节约很多时间。

要复用已存在的演示文稿中的幻灯片,在"开始"选项卡的"幻灯片"组中,选择"新建幻灯片"|"重用幻灯片"命令,打开"重用幻灯片"任务窗格,如图 10-5 所示。

图 10-5

技巧课堂

在本次课堂中，将在新演示文稿中练习重用已存在演示文稿中的幻灯片。

1. 打开"社会科学"演示文稿，并将其另存为"社会科学-学生"。

2. 右击"幻灯片"选项卡中的幻灯片 2，在弹出的快捷菜单中选择"删除幻灯片"命令。

3. 单击"幻灯片"选项卡中的幻灯片 1。

4. 在"开始"选项卡的"幻灯片"组中，选择"新建幻灯片"|"重用幻灯片"命令。

5. 在"重用幻灯片"任务窗格中，选择"浏览"|"浏览文件"命令。

6. 选择"地理"，然后单击"打开"按钮。

7. 在"重用幻灯片"任务窗格中，选中"保留源格式"复选框。

8. 在"重用幻灯片"任务窗格中，单击"地理"幻灯片，将其插入到当前演示文稿。

9. 在"重用幻灯片"任务窗格中，单击"河流"幻灯片，将其插入到当前演示文稿。

10. 在"重用幻灯片"任务窗格中，单击"湖泊"幻灯片，将其插入到当前演示文稿。

11. 在"重用幻灯片"任务窗格中，单击"海洋"幻灯片，将其插入到当前演示文稿。

12. 在"重用幻灯片"任务窗格中，单击"山脉"幻灯片，将其插入到当前演示文稿。

13. 单击"关闭"按钮，关闭"重用幻灯片"任务窗格。

重用幻灯片的效果如图 10-6 所示。

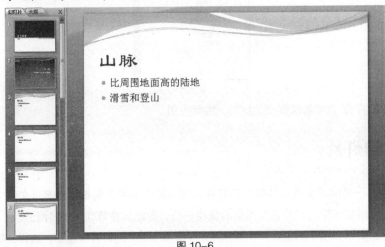

图 10-6

注：在"社会科学-学生"演示文稿中重用了五张"地理"演示文稿中的幻灯片，它们保留了原来的格式。

14. 保存并关闭该演示文稿。

 技巧演练

在本次演练中，将进一步练习在新演示文稿中重用已存在演示文稿中的幻灯片。

1. 打开"概览-学生"演示文稿，并将其另存为"概览2-学生"。

2. 右击"幻灯片"选项卡中的幻灯片 3，在弹出的快捷菜单中选择"删除幻灯片"命令。

3. 在"开始"选项卡的"幻灯片"组中，选择"新建幻灯片"|"重用幻灯片"命令。

4. 在"重用幻灯片"任务窗格中，选择"浏览"|"浏览文件"命令。

5. 选择"财政议程-学生"，然后单击"打开"按钮。

6. 在"重用幻灯片"任务窗格中，单击"议程"幻灯片，将其插入到当前演示文稿。

7. 在"重用幻灯片"任务窗格中，单击"要点"幻灯片，将其插入到当前演示文稿。

8. 单击"关闭"按钮，关闭"重用幻灯片"任务窗格。

重用幻灯片的效果如图 10-7 所示。

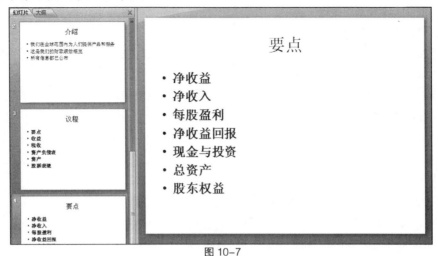

图 10-7

注：在"概览2-学生"演示文稿中重用了两张"财政议程-学生"演示文稿中的幻灯片。

9. 保存并关闭该演示文稿。

10.4 插入超链接

超链接是文本或对象，例如，图片、图形、形状或艺术字等。单击正在查看幻灯片上的超连接可以跳转到另一张幻灯片或是另一个演示文稿，甚至可以是一些其他类型的文档，如 Word 文档、Excel 工作簿等。超链接还可以引导至 Internet 页面、打开邮件消息或创建一个新文件。

需要注意的是，必须在幻灯片放映视图下使用超级链接。

要创建超连接，先选择准备用做超链接的文本和对象，然后使用下述方法之一：

- 在"插入"选项卡的"链接"组中，单击"超链接"按钮。
- 按 Ctrl + K 组合键。
- 右击，在快捷菜单中选择"超链接"命令。

执行上述操作之一，均可弹出"插入超链接"对话框，如图 10-8 所示。

图 10-8

在"链接到"选项组中，可以选择是链接到一个已存在的文件、一个 Web 页面或是本演示文稿中的一个位置，还可以创建一个新文件或电子邮件链接。

要编辑超链接，选择文本或对象后，使用下述方法之一：

- 在"插入"选项卡的"链接"组中，单击"超链接"按钮。
- 在"插入"选项卡的"链接"组中，单击"动作"按钮。
- 按 Ctrl + K 组合键。
- 右击，在快捷菜单中选择"编辑超链接"命令。

要删除超链接，选择文本或对象后，使用下述方法之一：

- 在"插入"选项卡的"链接"组中，单击"超链接"按钮后，在弹出"编辑超链接"对话框中，然后单击"删除链接"命令。
- 在"插入"选项卡的"链接"组中，单击"动作"按钮后，在弹出的"动作设置"对话框中选择"无动作"单选按钮。
- 按 Ctrl + K 组合键后，在弹出"编辑超链接"对话框中，然后单击"删除链接"按钮。
- 右击，在快捷菜单中选择"取消超链接"命令。

技巧课堂

在本次课堂中，将练习在新演示文稿中插入超链接。

1. 新建一个空白演示文稿，并将其保存为"链接-学生"。
2. 在"开始"选项卡的"幻灯片"组中，选择"版式"|"仅标题"。
3. 单击"单击此处添加标题"占位符，输入"自然概论"。
4. 在"绘图工具 | 插入"选项卡的"文本"组中，单击"文本框"按钮。在"自然概论"标题下面插入一个文本框。输入"地理"，然后选择该文本，效果如图 10-9 所示。
5. 在"绘图工具 | 插入"选项卡的"链接"组中，单击"超链接"按钮。
6. 选择"地理"文件。
7. 单击"屏幕提示"按钮，在弹出对话框的"屏幕提示文字"文本框中，输入"单击查看地理演示文稿"，然后单击"确定"按钮，如图 10-10 所示。

图 10-9

图 10-10

8. 单击"确定"按钮，退出"插入超链接"对话框。
9. 在"绘图工具 | 插入"选项卡的"文本"组中，单击"文本框"按钮，在"地理"文本框下面插入一个文本框。输入"水"，然后选择该文本。
10. 在"绘图工具 | 插入"选项卡的"链接"组中，单击"超链接"按钮，在弹出的"插入超链接"对话框中，选择"水"文件。
11. 单击"屏幕提示"按钮，输入"单击查看水演示文稿"，然后单击"确定"按钮。
12. 按 F5 键，观看幻灯片放映。
13. 用鼠标指针指向"地理"超链接，查看屏幕题目提示，然后单击该超链接，打开"地理"演示文稿。
14. 如果出现安全对话框，选择"是"标记。
15. 用鼠标单击，浏览"地理"演示文稿中的所有幻灯片，返回到"链接-学生"演示文稿。
16. 按 Esc 键，退出幻灯片放映。

17. 在"绘图工具 | 插入"选项卡的"文本"组中，单击"文本框"按钮，在"水"文本框下面插入一个文本框。

18. 输入"Web 站点"，然后选择该文本。

19. 在"绘图工具 | 插入"选项卡的"链接"组中，单击"超链接"按钮，弹出"插入超链接"对话框。

20. 在"地址"文本框中输入 www.nature.com。

21. 单击"屏幕提示"按钮，输入"访问我们的 web 站点"，然后单击"确定"按钮两次。

22. 在"绘图工具 | 插入"选项卡的"文本"组中，单击"文本框"按钮，在"Web 站点"文本框下面插入一个文本框。输入"联系我们"，然后选择该文本。

23. 在"绘图工具 | 插入"选项卡的"链接"组中，单击"超链接"按钮。

24. 在弹出的"插入超链接"对话框中的"链接到"选项组中选择"电子邮件地址"。

25. 在"电子邮件地址"文本框中输入 contact@nature.com，如图 10-11 所示。

26. 单击"确定"按钮。

27. 按 F5 键，观看幻灯片放映。

28. 用鼠标指针指向"联系我们"超链接（见图 10-12），查看屏幕题目提示，然后单击该超链接，打开电子邮件。

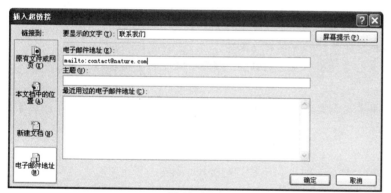

图 10-11

图 10-12

29. 关闭电子邮件。

30. 按 Esc 键，退出幻灯片放映。

31. 保存并关闭该演示文稿。

 技巧演练

本次演练将进一步练习插入超链接。

1. 打开"概览 2-学生"演示文稿，并然后将其另存为"概览 3-学生"。

2. 定位至幻灯片 3。选择项目文本"收益"。

3. 在"绘图工具 | 插入"选项卡的"链接"组中，单击"超链接"按钮。

4. 在弹出的"插入超链接"对话框中，选择"风险投资"文件。

5. 单击"书签"按钮，弹出"在文档中选择位置"对话框。选择"2.收益"，然后单击"确定"按钮，如图 10-13 所示。

现在，已经创建了一个链接到"风险投资"演示文搞中第二张幻灯片"收益"的超链接。

6. 单击"屏幕提示"按钮，在对话框中的"屏幕提示文字"文本框中输入"单击查看收益"，然后单击"确定"按钮，如图 10-14 所示。

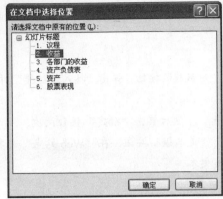

图 10-13

图 10-14

7. 单击"确定"按钮，退出"插入超链接"对话框。

8. 选择项目文本"税收"。

9. 在"绘图工具 | 插入"选项卡的"链接"组中，单击"超链接"按钮。

10. 在弹出的"插入超链接"对话框中，选择"风险投资"文件。

11. 单击"书签"按钮，弹出"在文档中选择位置"对话框。选择"3.各部门的收益"，然后单击"确定"按钮。

12. 单击"屏幕提示"按钮，在对话框中的"屏幕提示文字"文本框中输入"单击查看税收"，然后单击"确定"按钮。

13. 选择项目文本"资产负债表"。

14. 在"绘图工具 | 插入"选项卡的"链接"组中，单击"超链接"按钮。

15. 在弹出的"插入超链接"对话框中选择"风险投资"文件。

16. 单击"书签"按钮，弹出"在文档中选择位置"对话框。选择"4.资产负债表"，然后单击"确定"按钮。

17. 单击"屏幕提示"按钮，在"屏幕提示文字"文本框中输入"单击查看资产负债表"，然后单击"确定"按钮。

18. 选择项目文本"资产"。

19. 在"绘图工具 | 插入"选项卡的"链接"组中，单击"超链接"按钮。

20. 在弹出的"插入超链接"对话框中，选择"风险投资"文件。

21. 单击"书签"按钮，弹出"在文档中选择位置"对话框，选择"5.资产"，然后单击"确定"按钮。

22. 单击"屏幕提示"按钮，在"屏幕提示文字"文本框中输入"单击查看资产"，然后单击"确定"按钮。

23. 选择项目文本"股票表现"。

24. 在"绘图工具 | 插入"选项卡的"链接"组中，单击"超链接"按钮。

25. 在弹出的"插入超链接"对话框中，选择"风险投资"文件。

26. 单击"书签"按钮，弹出"在文档中选择位置"对话框，选择"6.股票表现"，然后单击"确定"按钮。

27. 单击"屏幕提示"按钮，在"屏幕提示文字"文本框中输入"单击查看股票表现"，然后单击"确定"按钮。

28. 在"绘图工具 | 幻灯片放映"选项卡的"开始幻灯片放映"组中，单击"从当前幻灯片开始"按钮。

29. 用鼠标指针指向超链接，即可查看屏幕题目提示。

注：此时已经创建了五个链接到"风险投资"演示文搞中指定幻灯片的超链接，如图 10-15 所示。

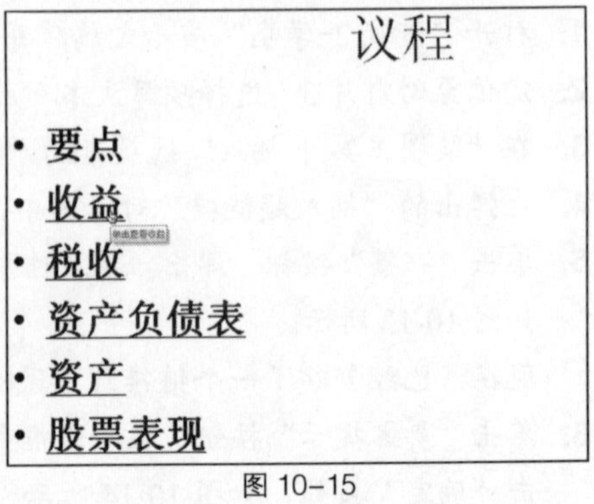

议程

- **要点**
- **收益**
- **税收**
- **资产负债表**
- **资产**
- **股票表现**

图 10-15

30. 单击任一超链接查看"风险投资"演示文搞中的幻灯片，然后按 Esc 键，返回"概览 3-学生"演
示文稿。如果出现安全对话框，单击"是"按钮。

31. 按 Esc 键，退出幻灯片放映。

32. 保存并关闭该演示文稿。

在幻灯片放映时，动作按钮可以使用户快速、高效地浏览幻灯片。用户也可将动作按钮设置为超链接，
将其链接到放映幻灯片之外使用的 Web 站点、另一个演示文稿或
Office 文件。要创建一个动作按钮，须将动作添加到所选的对象上，
指明如果单击该对象或者用鼠标指针指向该对象，会发生何种动
作。动作按钮包含箭头等形状和前一张、后一张、第一张、最后
一张以及播放影片或声音等常用符号。动作按钮常用于自运行的
演示文稿，使用它必须在幻灯片播放视图下。要创建动作按钮，
可先选择一个对象，然后在"插入"选项卡的"链接"组中，单
击"动作"按钮，弹出"动作设置"对话框，如图 10-16 所示。

然后，设置单击鼠标或者鼠标移动时所发生的动作。该动作
可以是超链接，也可以是运行程序，还可以是播放声音。

要编辑一个动作，先选择文本或者对象，然后使用下述方法
之一：

图 10-16

- 在"插入"选项卡的"链接"组中，单击"动作"按钮。
- 在"插入"选项卡的"链接"组中，单击"超链接"按钮。
- 按 Ctrl + K 组合键。
- 右击，在快捷菜单上选择"编辑超链接"命令。

要删除一个动作，先选择文本或者对象，然后使用下述方法之一：

- 在"插入"选项卡的"链接"组中，单击"超链接"按钮，选择"无动作"单选按钮。
- 在"插入"选项卡的"链接"组中，单击"动作"按钮后，弹出"动作设置"对话框，选择"无动
  作"单选按钮。
- 按 Ctrl + K 组合键后，选择"无动作"单选按钮。
- 右击，在快捷菜单上选择"编辑超链接"命令后，选择"无动作"单选按钮。

技巧课堂

本次课堂将练习在演示文稿中插入和修改动作按钮。

1. 打开"议程"演示文稿，并将其另存为"议程 3-学生"。

2. 在"幻灯片"选项卡中选择第二张幻灯片。

3. 在"插入"选项卡的"插图"组中，选择"形状"|"动作按钮：自定义"命令。

4. 在文本"资产负债表"的右边画出一个高约 1cm、宽约 3cm 的形状。

5. 选择"超链接到"单选按钮，在其下的下拉列表框中选择"幻灯片"。

6. 选择"4.资产负债表"，然后单击"确定"按钮两次。

7. 输入"资产"，如图 10-17 所示。

8. 在"插入"选项卡的"插图"组中，选择"形状"|"动作按钮：自定义"命令。

9. 在"资产"按钮的右边画出一个形状。

10. 选择"超链接到"单选按钮，在其下的下拉列表框中选择"幻灯片"。

11. 选择"5.资产负债表"，然后单击"确定"按钮两次。输入"债务"。

12. 在"插入"选项卡的"插图"组中，选择"形状"|"动作按钮：自定义"命令。

13. 在"债务"按钮的右边画出一个形状。

14. 选择"超链接到"单选按钮，在其下的下拉列表框中选择"幻灯片"。选择"6.资产负债表"，然后单击"确定"按钮两次。输入"资产净值"，效果如图 10-18 所示。

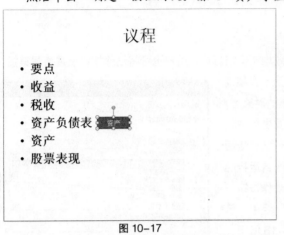

图 10-17

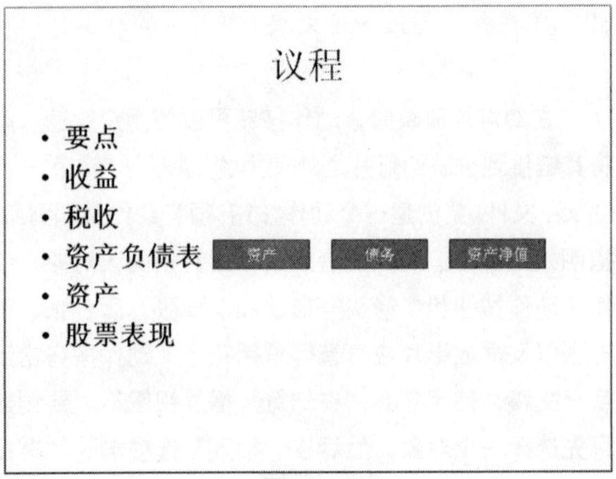

图 10-18

15. 在"幻灯片"选项卡中选择幻灯片 4。在"插入"选项卡的"插图"组中，选择"形状"|"动作按钮：上一张"命令。

16. 在幻灯片的右下角画出一个形状，如图 10-19 所示。

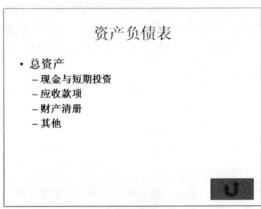

图 10-19

17. 单击"确定"按钮，接受"最近观看的幻灯片"选项设置。

注：在这张幻灯片上已经添加了一个单击就会返回到最近观看的幻灯片的按钮。

18. 对幻灯片 5、6 重复步骤 15 和 16。

19. 在"幻灯片"选项卡中选择第二张幻灯片，在"幻灯片放映"选项卡的"开始幻灯片放映"组中，单击"从当前幻灯片开始"按钮。

20. 单击"资产"动作按钮切换到"资产负债表"幻灯片，然后单击"返回"按钮返回到"议程"幻灯片。

21. 单击"债务"动作按钮切换到"资产负债表"幻灯片，然后单击"返回"按钮返回到"议程"幻灯片。

22. 单击"资产净值"动作按钮切换到"资产负债表"幻灯片，然后单击"返回"按钮返回到"议程"幻灯片。

23. 按 Esc 键，退出幻灯片放映。

24. 保存并关闭该演示文稿。

 技巧演练

本次演练将进一步练习在演示文稿中插入和修改动作按钮。

1. 打开"水"演示文稿，并将其另存为"水-学生"。

2. 在"视图"选项卡的"演示文稿视图"组中，单击"幻灯片母版"按钮。

3. 在"幻灯片"选项卡中选择第一张幻灯片。

4. 在"插入"选项卡的"插图"组中，选择"形状"|"动作按钮：开始"命令。

5. 在幻灯片的底部偏左画出一个形状，效果如图 10-20 所示。

6. 单击"确定"按钮，接受"第一张幻灯片"选项设置。

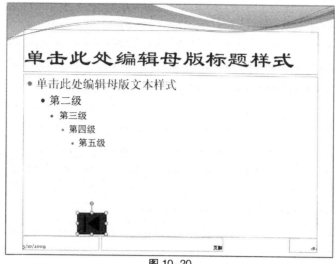

图 10-20

7. 在"插入"选项卡的"插图"组中，选择"形状"|"动作按钮：后退或前一项"命令。

8. 在幻灯片的底部的第一个动作按钮右边，画出一个形状。

9. 单击"确定"按钮，接受超链接到"上一张幻灯片"设置。

10. 在"插入"选项卡的"插图"组中，选择"形状"|"动作按钮：前进或下一项"命令。

11. 在幻灯片的底部的第二个动作按钮右边，画出一个形状。

12. 单击"确定"按钮，接受超链接到"下一张幻灯片"设置。

13. 在"插入"选项卡的"插图"组中，选择"形状"|"动作按钮：结束"命令。

14. 在幻灯片的底部的第三个动作按钮右边，画出一个形状。

15. 单击"确定"按钮，接受超链接到"最后一张幻灯片"设置。

16. 在"插入"选项卡的"插图"组中，选择"形状"|"棱台"命令。

17. 在幻灯片的右下角画出一个形状，然后输入"停止"。

18. 在"插入"选项卡的"链接"组中，单击"动作"按钮，弹出"动作设置"对话框。

19. 选择"超链接到"单选按钮，并单击"超链接到"下拉按钮，选择"结束放映"后，单击"确定"按钮。设置后的效果如图 10-21 所示。

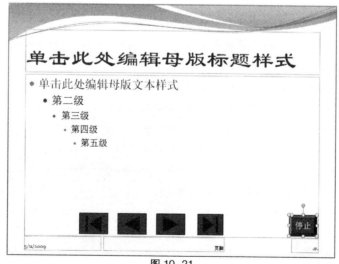

图 10-21

20. 在"幻灯片母版"选项卡的"关闭"组中，单击"关闭母版视图"按钮。

21. 按 F5 键，观看幻灯片放映。

22. 在幻灯片放映过程中，单击动作按钮浏览幻灯片，然后单击"停止"结束幻灯片放映。

23. 保存并关闭该演示文稿。

10.5 插入媒体剪辑

2.3

在幻灯片上添加视频剪辑和声音可以增强其视觉感染力。在幻灯片上适度地插入视频剪辑（影片剪辑或文件）或者添加声音可以增添演示文稿的效果，并可以很快地吸引观众的注意力。

10.5.1 使用影片

在任何幻灯片中，用户可以插入一段或多段影片剪辑。例如，播放一段包含经理讲话视频或者为筹集资金活动播放一段记录影片。影片是具有一定格式的，如 AVI 或 MPEG 的桌面视频文件，其文件扩展名为.avi、.mov、.mpg 和.mpeg。

为了避免链接出现问题，可以在将影片添加到演示文稿之前，将该影片复制到演示文稿所在的文件夹中，使它们处于同一个文件夹中。

要从文件插入视频，在"插入"选项卡的"媒体剪辑"组中，单击"影片"按钮，然后从中选择相应的命令，如图 10-22 所示。

选择是从文件插入影片，还是从剪辑管理器中插入影片。

在将剪辑添加到演示文稿之前，可以先预览该剪辑。在"剪贴画"任务窗格中，在显示可用剪辑的结果框中将鼠标指针指向剪辑缩略图。单击展开下拉按钮后，选择"预览/属性"命令。

在幻灯片中插入影片文件后，将会显示"影片工具"选项卡，如图 10-23 所示。

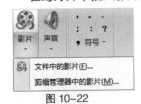

图 10-22

图 10-23

技巧课堂

本次课堂将练习从剪辑管理器中插入影片。

1. 打开"地理"演示文稿，并将其另存为"地理 2-学生"。
2. 在"插入"选项卡的"媒体剪辑"组中，选择"影片"|"剪辑管理器中的影片"命令。
3. 在"搜索文字"文本框中输入"地球"，然后单击"搜索"按钮。
4. 单击一个影片的下拉按钮，在下拉菜单中选择"预览/属性"命令，如图 10-24 所示。
5. 预览后单击"关闭"按钮。
6. 单击该影片将其插入幻灯片，拖动该影片，将其调整到适当的位置，效果如图 10-25 所示。

图 10-24

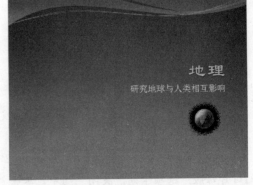

图 10-25

7. 按 F5 键，观看幻灯片和影片放映。按 Esc 键，停止幻灯片放映。
8. 在"幻灯片"选项卡中选择幻灯片 2。

9. 在"搜索文字"文本框中输入"水",然后单击"搜索"按钮。

10. 单击一个影片的下拉按钮,在下拉菜单中选择"预览/属性"命令。

11. 预览后单击"关闭"按钮。

12. 单击该影片将其插入幻灯片,拖动该影片,将其调整到适当的位置,效果如图 10-26 所示。

13. 按 F5 键,观看幻灯片和影片放映。按 Esc 键停止幻灯片放映。

14. 关闭"剪贴画"任务窗格。

15. 保存并关闭该演示文稿。

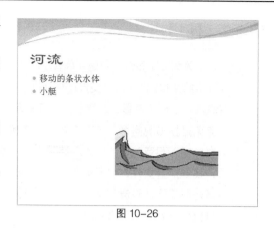

图 10-26

 技巧演练

在本次演练中,将练习从文件插入影片。

1. 打开"水"演示文稿,并将其另存为"水 1-学生"。

2. 在"插入"选项卡的"媒体剪辑"组中,单击"影片"按钮。

3. 选择"水影片"文件,然后单击"确定"按钮,弹出提示对话框,如图 10-27 所示。

4. 单击"自动"按钮。

5. 将影片移至文本"生命的本质"下面,效果如图 10-28 所示。

图 10-27

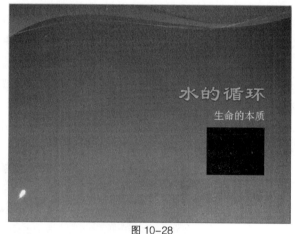

图 10-28

6. 在"影片工具 | 选项"选项卡的"播放"组中,单击"预览"按钮。

7. 按 F5 键,在幻灯片放映中观看影片。按 Esc 键停止幻灯片放映。

8. 在"影片工具 | 选项"选项卡的"影片选项"组中,单击"全屏播放"按钮。

9. 在"影片工具 | 选项"选项卡的"影片选项"组中,选择"幻灯片放映音量"|"静音"命令。

10. 按 F5 键,在幻灯片放映中观看影片。按 Esc 键停止幻灯片放映。

11. 在"影片工具 | 选项"选项卡的"影片选项"组中,选择"全屏播放"按钮。

12. 在"影片工具 | 选项"选项卡的"影片选项"组中,选择"幻灯片放映音量"|"高"命令。

13. 在"选项"选项卡的"影片选项"组中,选择"播放影片"|"在单击时"命令。

14. 按 F5 键,在幻灯片放映中观看影片,单击该影片开始播放。按 Esc 键,停止幻灯片放映。

15. 在"影片工具 | 选项"选项卡的"影片选项"组中,选择"播放影片"|"自动"命令。

16. 在"影片工具 | 选项"选项卡的"影片选项"组中,选择"播放时隐藏"。

17. 按 F5 键,在幻灯片放映中观看影片。按 Esc 键,停止幻灯片放映。

18. 保存并关闭该演示文稿。

10.5.2 使用声音

使用声音效果（比如音乐和语音录音），可以进一步提高幻灯片演示文稿的专业水平。音乐可以设置在演示文稿的开头或结尾，即将音乐安排在观众进入和离开演讲房间的时候，音乐会给观众带来不错的感觉，例如，对于一些幻灯片，可将电影主题歌曲作为背景音乐，或者播放插入到单张幻灯片中包含广告语的语音录音。

为了避免链接出现问题，可以在将声音添加到演示文稿之前，将声音文件复制到文稿所在的文件夹中。

要从文件插入声音，在"插入"选项卡的"媒体剪辑"组中，单击"声音"按钮，如图 10-29 所示。然后，找到声音文件，如果需要，可以即时录制。

在将声音剪辑添加到演示文稿之前，可以先预览该剪辑。在"剪贴画"任务窗格中，在显示可用剪辑的结果框中将鼠标指针指向剪辑缩略图。展开下拉按钮后，选择"预览/属性"命令。

在幻灯片中插入声音文件后，将会显示"声音工具"选项卡，如图 10-30 所示。

图 10-29

图 10-30

 技巧课堂

在本次课堂中，将练习从剪辑管理器插入声音。

1. 打开"地理 2-学生"演示文稿，然后将其另存为"地理 3-学生"。

2. 选中幻灯片 1。在"插入"选项卡的"媒体剪辑"组中，选择"声音"|"剪辑管理器中的声音"命令。

3. 在"搜索文字"文本框中输入 jazz，然后单击"搜索"按钮。

4. 单击一个声音的下拉按钮，在下拉菜单中选择"预览/属性"命令。

5. 预览后单击"关闭"按钮。

6. 单击该声音后，单击"自动"按钮，将其插入幻灯片。拖动该声音图标，将其移至幻灯片右下角，效果如图 10-31 所示。

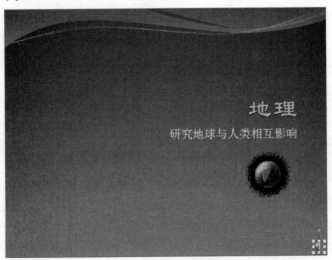

图 10-31

7. 关闭"剪贴画"任务窗格。

8. 在"声音工具 | 选项"选项卡的"播放"组中，单击"预览"按钮。

9. 按 F5 键，在幻灯片放映中观察影片和声音。按 Esc 键，停止幻灯片放映。

10. 在"声音工具 | 选项"选项卡的"声音选项"组中，选择"播放声音"|"跨幻灯片播放"命令。

11. 在"声音工具 | 选项"选项卡的"声音选项"组中，选择"幻灯片放映音量"|"低"命令。

12. 在"声音工具 | 选项"选项卡的"声音选项"组中，选中"放映时隐藏"复选框。

13. 在"声音工具 | 选项"选项卡的"声音选项"组中，选中"循环播放，直到停止"复选框。

14. 按 F5 键，在幻灯片放映中观察影片和声音。声音播放时，用鼠标单击切换幻灯片。

15. 保存并关闭该演示文稿。

技巧演练

在本次演练中练习将声音文件插入演示文稿中。

1. 打开"水1-学生"演示文稿，然后将其另存为"水2-学生"。如果必要，选中幻灯片1。

2. 在"插入"选项卡的"媒体剪辑"组中，单击"声音"按钮。

3. 选择名为"水声"的文件，单击"确定"按钮。

4. 单击"在单击时"按钮。

5. 将声音图标拖动到幻灯片1的右下角，效果如图10-32所示。

6. 在"声音工具 | 选项"选项卡的"播放"组中，单击"预览"按钮。

7. 按 F5 键，在幻灯片放映中观察影片。在影片放映完毕后，单击声音图标，即可听见插入的声音。按 Esc 键，停止幻灯片放映。

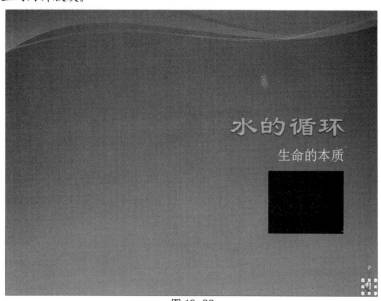

图 10-32

8. 在"声音工具 | 选项"选项卡的"声音选项"组中，选择"播放声音"|"跨幻灯片播放"命令。

9. 按 F5 键，在幻灯片放映中观察影片和声音。声音播放时，用鼠标单击切换幻灯片。

10. 在"声音工具 | 选项"选项卡的"声音选项"组中，选择"幻灯片放映音量"|"低"命令。

11. 在"声音工具 | 选项"选项卡的"声音选项"组中，选中"放映时隐藏"复选框。

12. 在"声音工具 | 选项"选项卡的"声音选项"组中，选中"循环播放，直到停止"复选框。

13. 按 F5 键，在幻灯片放映中观察影片和声音。声音播放时，用鼠标单击切换幻灯片。

14. 保存并关闭该演示文稿。

10.6 复制幻灯片上的元素

2.3

  制作演示文稿是从最初的草稿逐步完善的工作过程。在幻灯片上添加各种元素时，制作人员并不能确定哪些元素是最适合的。在将元素添加到幻灯片中以后，可以使用"复制"和"粘贴"将幻灯片上的元素进行操作。"复制"用于产生该元素的一个副本，"粘贴"用于将元素的副本放置在另外一个位置。

要复制元素，产生它的一个副本，可使用下述方法之一：

- 在"开始"选项卡的"剪贴板"组中，单击"复制"按钮。
- 按 Ctrl + C 组合键。
- 右击，在快捷菜单中选择"复制"命令。

要粘贴元素，先单击目标位置，然后可使用下述方法之一：

- 在"开始"选项卡的"剪贴板"组中，单击"粘贴"按钮。
- 按 Ctrl + V 组合键。
- 右击，在快捷菜单中选择"粘贴"命令。

技巧课堂

在本次课堂中，练习将一张幻灯片中的元素复制到另一张幻灯片。

1. 打开"地理 3-学生"演示文稿，并将其另存为"地理 4-学生"。
2. 单击"幻灯片"选项卡中的幻灯片 2。
3. 选择幻灯片 2 中的影片，在"开始"选项卡的"剪贴板"组中，单击"复制"按钮。
4. 单击"幻灯片"选项卡中的幻灯片 3。
5. 在"开始"选项卡的"剪贴板"组中，单击"粘贴"按钮。
6. 单击"幻灯片"选项卡中的幻灯片 4。
7. 在"开始"选项卡的"剪贴板"组中，单击"粘贴"按钮。

执行完操作后的效果如图 10-33 所示。

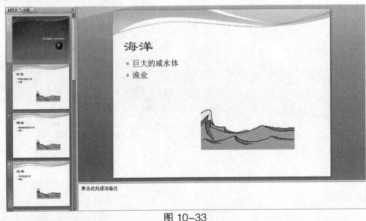

图 10-33

8. 保存并关闭该演示文稿。

技巧演练

在本次演练中，将进一步练习将一张幻灯片中的元素复制到另一张幻灯片。

1. 打开"地理 4-学生"演示文稿，并将其另存为"地理 5-学生"。
2. 单击"幻灯片"选项卡中的幻灯片 1。
3. 选择幻灯片 1 中的影片，在"开始"选项卡的"剪贴板"组中，单击"复制"按钮。
4. 单击"幻灯片"选项卡中的幻灯片 2。
5. 在"开始"选项卡的"剪贴板"组中，单击"粘贴"按钮。然后将影片拖动到幻灯片 2 上影片的左边，效果如图 10-34 所示。
6. 选择幻灯片 2 中的影片，在"开始"选项卡的"剪贴板"组中，单击"复制"按钮。

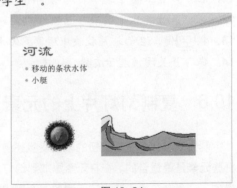

图 10-34

7. 单击"幻灯片"选项卡中的幻灯片 3。在"开始"选项卡的"剪贴板"组中，单击"粘贴"按钮。

注：从幻灯片 2 上复制过来的影片被粘贴在幻灯片 3 上相同的位置。

8. 单击"幻灯片"选项卡中的幻灯片 4。在"开始"选项卡的"剪贴板"组中，单击"粘贴"按钮。

9. 单击"幻灯片"选项卡中的幻灯片 5。在"开始"选项卡的"剪贴板"组中，单击"粘贴"按钮。

10. 保存并关闭该演示文稿。

10.7 小结

学完本课之后，应能熟练掌握以下概念：

☑ 从大纲创建演示文稿   ☑ 从 Word 大纲创建演示文稿

☑ 从另一个演示文稿导入幻灯片   ☑ 使用超级连接

☑ 使用动作按钮   ☑ 使用媒体剪辑

☑ 插入和播放影片剪辑   ☑ 插入和播放声音

10.8 习题

1. 在大纲视图中创建演示文稿时，如何降低文本级别？

2. 在大纲视图中，如何对幻灯片重新排序？

3. 在 PowerPoint 中，如何从 Word 大纲创建幻灯片？

4. 如何重用其他演示文稿中的所有幻灯片？

5. 如何插入链接到另一个演示文稿的超链接？

6. 如何删除超链接？

7. 如何创建切换到演示文稿中最后一张幻灯片的动作按钮？

8. 如何删除动作按钮中的动作？

9. 如何从文件插入影片？

10. 如何从剪辑管理器中插入一个声音？

11. 如何将声音修改为跨所有幻灯片播放？

12. 如何将影片从一张幻灯片复制到另一张幻灯片？

11 Lesson

演示文稿的共享和协作

本章教学目标

本课的目标主要是将学习在审阅和保护共享演示文稿时所用到的各种协作功能，同时，也将学习与其他人共享演示文稿以及保证共享演示文稿安全的各种方法。成功完成本课之后，应能完成下面的操作：

- ☑ 显示标记
- ☑ 增加数字签名
- ☑ 在以不同的文件格式保存时，检查可能丢失的功能
- ☑ 避免演示文稿被修改
- ☑ 在 Web 服务器上发布演示文稿

- ☑ 使用 CD 数据包功能
- ☑ 插入、修改和删除批注
- ☑ 增加密码
- ☑ 从演示文稿中删除隐藏数据和个人信息
- ☑ 创建自运行演示文稿
- ☑ 压缩演示文稿图像

本课内容将涉及下面的命令按钮：

"审阅"选项卡

杂项

数字签名

11.1 审阅演示文稿

在制作幻灯片演示文稿是一个协作项目时,可能需要将最近完成的演示文稿幻灯片传送给其他人审阅和批注。用户可能需要再次审阅演示文稿,加上自己的批注,并且编辑或删除已有的批注。

批注是附加在幻灯片中对象、文本或是整张幻灯片上的注释。在其他人审阅自己创建的演示文稿并且提供反馈意见时,或是合作者需要关于演示文稿的反馈意见时,需要使用批注。不管如何使用 PowerPoint,批注功能将帮助在演示文稿上添加更多的信息。

在 PowerPoint 中使用批注的情形包括:

- 对正在审阅的幻灯片提出修改建议。
- 插入向审阅者提出的问题。
- 在幻灯片上添加注释,提醒自己寻找关于主题的更多信息,信息的引用源、修订图片和文本或者做出其他的修改。

一般情况下,需要在幻灯片上添加更多的信息,可以使用批注添加这些信息,但是别期望这些信息可以在幻灯片放映时显示。

11.1.1 插入批注

PowerPoint 中的批注看起来像在演示文稿中各要点上插入的标签。在 PowerPoint 中,可以在幻灯片的任何位置插入批注。

要插入批注,可使用下述方法之一:

- 在"审阅"选项卡的"批注"组中,单击"新建批注"按钮。
- 右击批注,在快捷菜单中选择"插入批注"命令。

批注显示为一个小方块,其中包含标识符。标识符由添加批注用户名的首字母缩写和批注编号组成。

BG1

当用鼠标指针指向批注,或者双击它时,就会打开一个窗口,显示批注中保存的文本,审阅者的姓名和批注添加到幻灯片上的日期。

BG1 **Bill Gates** 2009-5-19
修改为"小船"

要自定义添加批注的用户名和缩写,在"PowerPoint 选项"对话框中,修改"常用"栏中的用户信息。

当将鼠标指针放在批注上时,PowerPoint 显示批注框(类似于浮动窗口)及其内容。当将鼠标指针离开批注时,PowerPoint 将关闭批注框。要在将鼠标指针离开批注后仍然保持批注框打开,单击批注,PowerPoint 将显示批注框直到单击其他项目。

11.1.2 浏览批注

当收到经过审阅者审阅并且添加了批注的 PowerPoint 演示文稿时,可能需要依次浏览这些批注并加以处理。PowerPoint 可以很容易地逐条浏览演示文稿中的所有批注。

要向前或者向后移动到下一条或前一条批注,在"审阅"选项卡的"批注"组中,单击"下一条"或"上一条"按钮。

11.1.3 修改批注

对于尚未完成的大多数演示文稿,在处理一张幻灯片时,可能需要对其做较多的改动,包括修改批注中的文本。要修改批注,可双击批注打开批注框。输入修改文本之后,在批注框外单击关闭批注框。

要编辑批注，可使用下述方法之一：

- 在"审阅"选项卡的"批注"组中，单击"编辑批注"按钮。
- 右击批注，在快捷菜单中选择"编辑批注"命令。
- 双击批注。

在幻灯片中插入批注后，可能需要将一些批注移动。要移动批注，可单击需要移动的批注，然后将其拖动至幻灯片中的新位置。

11.1.4 删除批注

当已经处理完批注，幻灯片上不再需要批注时，可以将批注删除。

要删除批注，可使用下述方法之一：

- 在"审阅"选项卡的"批注"组中，单击"删除"按钮。
- 右击批注，在快捷菜单中选择"删除批注"命令。
- 单击批注指示器，然后按 Delete 键。

11.1.5 显示和隐藏标记

可以选择是显示还是隐藏所有批注。要阅读审阅者添加到演示文稿中的批注，就必须显示批注标记。

要显示或隐藏标记，在"审阅"选项卡的"批注"组中，单击"显示标记"按钮。

11.1.6 打印批注

很多情况下，有必要将演示文稿中的批注打印出来。要打印批注，可使用下述方法之一：

- 单击"Office 按钮" | "打印"命令，然后选中"打印批注和墨迹标记"复选框。

也可以按 Ctrl + P 键，显示"打印"对话框。

- 单击"Office 按钮" | "打印" | "打印预览"命令。在"打印预览"选项卡的"打印"组中，选中"选项" | "打印批注和墨迹标记"命令。

也可以按 Ctrl + F2 键，激活打印预览模式。

技巧课堂

在本次课堂中，将练习插入和修改批注，隐藏标记。

1. 打开"乘法表"演示文稿，并将其另存为"乘法表-学生"。
2. 选择"表"占位符，然后在"审阅"选项卡的"批注"组中，单击"新建批注"按钮。
3. 输入"将标题改为乘法表"。
4. 双击"将 30 修改为 32"批注，用 36 替换 32。
5. 双击"将 140 修改为 142"批注，用 144 替换 142。
6. 单击幻灯片背景，然后在"审阅"选项卡的"批注"组中，单击"新建批注"按钮。
7. 输入"改为浅色背景"。

   设置后的效果如图 11-1 所示。
8. 在"审阅"选项卡的"批注"组中，单击关闭"显示标记"按钮，隐藏批注标记。
9. 保存并关闭该演示文稿。

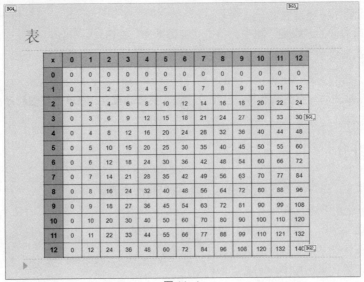

图 11-1

技巧演练

本次演练将进一步练习浏览、删除和打印批注。

1. 打开"天气"演示文稿，并将其另存为"天气-学生"。

2. 单击"Office 按钮"|"打印"命令，选中"打印批注和墨迹标记"复选框，单击"确定"按钮。

3. 在"审阅"选项卡的"批注"组中，单击"下一条"按钮。

4. 在"审阅"选项卡的"批注"组中，单击"删除"按钮。

5. 在"审阅"选项卡的"批注"组中，单击"下一条"按钮。

6. 阅读该条批注。

7. 在"审阅"选项卡的"批注"组中，单击"下一条"按钮。

8. 在文本"空气湿度"后单击，按 Enter 键，输入"方向"。

9. 在"审阅"选项卡的"批注"组中，单击"上一条"按钮。

10. 删除每条项目的开始文本"空气"。

11. 在"审阅"选项卡的"批注"组中，选择"删除"|"删除当前幻灯片中的所有标记"命令，效果如图 11-2 所示。

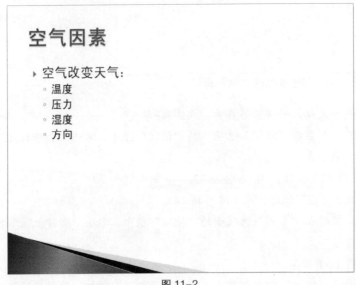

图 11-2

12. 保存并关闭该演示文稿。

11.2 保护演示文稿

PowerPoint 采取了多种方法防止演示文稿被修改或篡改。用户在演示文稿中加上数字签名，以便使其他人可以确切地知道演示文稿的制作者。数字签名可使其他人能够鉴别演示文稿的制作者，并且确信在加上数字签名后，演示文稿内容完整，没有被篡改。PowerPoint 检测数字签名，如果数字签名存在问题，PowerPoint 会发出警示信息。PowerPoint 还可以给演示文稿加上密码，防止不知道密码的人打开该演示文稿，修改演示文稿的内容。

11.2.1 添加数字签名

如果需要保证演示文稿的真实性、完整性和原年始性，可以给演示文稿加上不可见的数字签名。

要添加数字签名，单击"Office 按钮"|"准备"|"添加数字签名"命令，弹出"签名"对话框，如图 11-3 所示。

如果没有数字签名，则需要向第三方数字签名服务提供商购买数字签名，或者自己创建数字签名。如果自己创建数字签名，请参考本课后面的自选练习，创建一个简单的数字签名。在对演示文稿进行数字签名以后，演示文稿就成为只读的，以防止修改。数字签名在演示文稿本身的内容中是不可见的，但是演示文稿的接收者可以决定查看文档的数字签名。

要查看数字签名，可使用下述方法之一：
- 单击状态栏上的签名图标。
- 单击"Office 按钮"|"准备"|"查看签名"命令。

要修改数字签名的详细资料，在如图 11-3 所示的"签名"对话框中，单击"更改"按钮，弹出"选择证书"对话框，如图 11-4 所示。

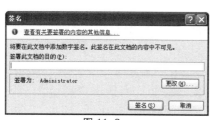

图 11-3

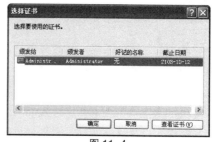

图 11-4

要查看数字签名证书，在"签名"任务窗格中单击签名的下拉按钮，选择"签名详细信息"命令，然后单击"查看"按钮命令，弹出"证书"对话框，如图 11-5 所示。

图 11-5

要删除签名的详细资料，在"签名"任务窗格中单击签名的下拉按钮，选择"删除签名"命令。

11.2.2 设置密码

如果只允许授权的人员观看或者修改演示文稿的内容,用户可以对整个演示文稿文件设置密码,而且应该使用由大写字符、小写字符、数字和符号组成的强度较高的密码。密码长度通常应该是八位或者多于八位,但使用 14 位和多于 14 位长度的密码会更保险一些。

要添加密码以防止未授权人员打开演示文稿,在"另存为"对话框中,单击对话框左下方的"工具"下拉按钮,然后选择"常规选项"命令,弹出"常规选项"对话框,如图 11-6 所示。

该对话框中的各选项介绍如表 11-1 所示。

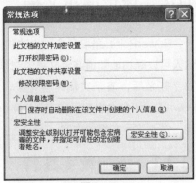

图 11-6

表 11-1

打开权限密码	设置一个要求在打开该文件之前必须输入的密码。设置密码时,要求输入密码两次,以证实确是要对该文件设置这个密码
修改权限密码	设置一个要求在修改该文件之前必须输入的密码。与设置打开权限密码一样,设置密码时,要求输入密码两次,以证实确实要对该文件的修改设置这个密码
个人信息选项	设置 PowerPoint 是否自动删除通常保存在文件属性中的个人以信息
宏安全性	设置或者修改任何使用宏文件的安全选项

要修改密码,先使用密码打开文件,在"常规选项"对话框,删除已有的密码,然后输入新密码并再次保存文件。

要删除密码,先使用密码打开文件,在"常规选项"对话框,删除已有的密码,然后保存文件。

 技巧课堂

在本次课堂中,将练习在演示文稿中添加密码和数字签名。

1. 打开"乘法表"演示文稿,并将其另存为"乘法表 2-学生"。
2. 单击"Office 按钮"|"另存为"命令。
3. 单击"另存为"对话框左下方的"工具"下拉按钮,然后选择"常规选项"命令。
4. 在"修改权限密码"文本框中输入 table,然后单击"确定"按钮 ,如图 11-7 所示。
5. 在"重新输入修改权限密码"文本框中输入 table,然后单击"确定"按钮 。
6. 在"文件名"文本框中输入"乘法表 2-学生"。
7. 单击"保存"按钮 ,然后单击"是"按钮。
8. 单击"Office 按钮"|"准备"|"添加数字签名"命令,单击"确定"按钮。
9. 在"签署此文档的目的"文本框中输入 Restrict changes,如图 11-8 所示。

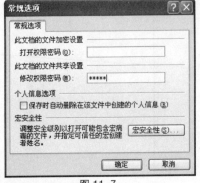

图 11-7

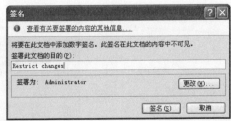

图 11-8

10. 单击"签名"按钮。

11. 单击"确定"按钮，确认签名，效果如图 11-9 所示。

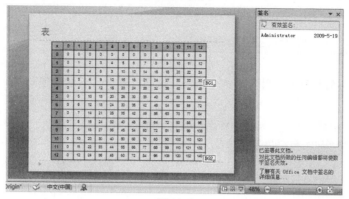

图 11-9

此时，已经成功地在演示文稿上添加了数字签名，这可以从"签名"任务窗格，以及状态栏中显示的数字签名按钮得到验证。

12. 关闭并保存该演示文稿。

 技巧演练

在本次演练中，将进一步练习对演示文稿添加密码和数字签名。

1. 打开"天气-学生"演示文稿，并将其另存为"天气 2-学生"。

2. 单击"Office 按钮" | "另存为"命令，或者按 F12 键。

3. 单击"另存为"对话框左下方的"工具"下拉按钮，然后选择"常规选项"命令。

4. 在"打开权限密码"文本框中输入 bg，然后单击"确定"按钮。

5. 选中"保存时自动删除在该文件中创建的个人信息"复选框，如图 11-10 所示。

6. 在"重新输入打开权限密码"文本框中输入 bg，然后单击"确定"按钮。

7. 在"文件名"文本框中输入"天气 2-学生"。

8. 单击"保存"按钮，然后单击"是"按钮。

9. 单击"Office 按钮" | "准备" | "添加数字签名"命令，然后单击"确定"按钮。

10. 在弹出的"签名"对话框中的"签署此文档的目的"文本框中输入 Restrict Access，如图 11-11 所示。

图 11-10

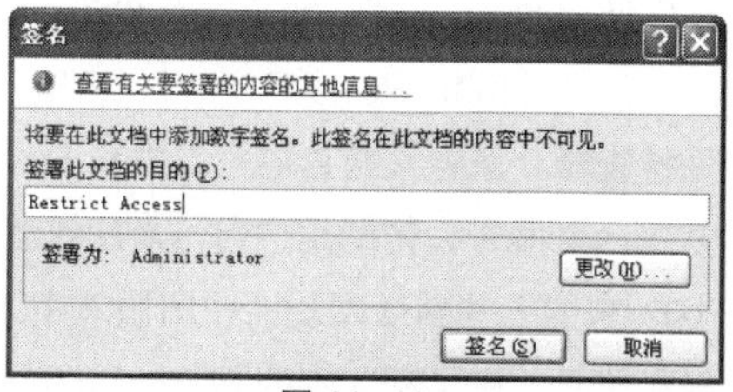

图 11-11

11. 单击"签名"按钮。

12. 单击"确定"按钮，确认签名。在"签名"任务窗格中，可以看到已经成功地对该演示文稿添加了数字签名。

13. 关闭该演示文稿。

 技巧演练

在本次练习中，将练习创建自己的数字签名。

1. 单击"Office 按钮" | "准备" | "添加数字签名"命令，弹出如图 11-12 所示的对话框。

图 11-12

2. 当需要创建一个新的数字签名时，单击"确定"按钮，弹出"获取数字标识"对话框，如图 11-13 所示。

3. 选择"创建自己的数字标识"，单击"确定"按钮，弹出"创建数字标识"对话框，如图 11-14 所示。

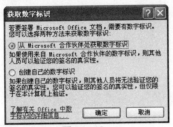

图 11-13

图 11-14

4. 根据鉴别数字签名的需要，输入详细资料，然后单击"创建"按钮，弹出"签名"对话框，如图 11-15 所示。

5. 输入目的以说明为何要对该文件添加数字签名。然后单击"签名"按钮。

6. 在弹出的"签名确认"对话框中单击"确定"按钮，如图 11-16 所示。

图 11-15

图 11-16

现在已经创建了可对任何 PowerPoint 演示文稿使用的数字签名。在每次选择添加数字签名时，PowerPoint 将显示"签名"对话框，要求输入目的。

11.2.3 识别兼容问题

目前，正在使用的 PowerPoint 版本有很多，包括早期版本 PowerPoint 2003。要确认在 PowerPoint 的早期版本中可以打开 Office PowerPoint 2007 演示文稿，并且功能和真实度损失最小，可以在 PowerPoint 中运行兼容性检查器。兼容性检查器可以发现 PowerPoint 2007 和早期版本 PowerPoint 之间潜在的兼容性问题，并且创建一个报告，帮助用户自己解决这些问题。

PowerPoint 中的一些新版本功能在旧版本中无法得到支持。例如 PowerPoint 2007 中的一些新的形状效果（如反射和放光）在早期版本的 PowerPoint 中仅作为一张图片显示，图表不能够编辑，并且 SmartArt 图形也不可转换为编辑的图片。

要运行兼容性检查器，单击"Office 按钮"|"准备"|"运行兼容性检查器"命令。

在演示文稿中不被早期版本的 PowerPoint 所支持的任何功能被列出，并且显示在演示文稿中的事件编号。用户可以单击"帮助"按钮找到不兼容的解决方案，或者手动解决不兼容问题。

技巧课堂

本次课堂将练习在演示文稿中运行兼容性检查器。

1. 打开"水"演示文稿。

2. 单击"Office 按钮"|"准备"|"运行兼容性检查器"命令，弹出如图 11-17 所示的对话框。

图 11-17

3. 单击"确定"按钮。

4. 保存并关闭该演示文稿。

 技巧演练

本次演练将进一步练习运行兼容性检查器。

1. 打开"附录"演示文稿。

2. 单击"Office 按钮"|"准备"|"运行兼容性检查器"命令，弹出如图 11-18 所示的对话框。

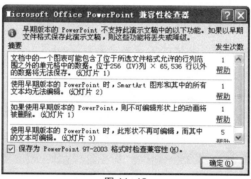

图 11-18

3. 单击"确定"按钮。

11.2.4 使用文档检查器

演示文稿中的隐藏信息可能会带来安全风险。PowerPoint 演示文稿包含演示文稿属性的元数据，可以显示关于作者、组织机构或者演示文稿本身的详细信息，还包括在演示文稿的内容中不可见的其他信息。作者可能不愿意和获得该演示文稿的人员分享所有这些信息。

演示文稿中存在的隐藏信息的类型如表 11-2 所示。

表 11-2

元数据	演示文稿属性，如作者、科目、最近保存该文档副本的人员以及该演示文稿的创建日期
不可见内容	被格式化为不可见的对象
批注	由审阅者产生的批注
页眉、页脚、幻灯片外内容、演示文稿注释	被拖动到幻灯片之外的对象是不可见的，注释部分可能包含作者不愿共享的信息

文档检查器可以发现并删除多种隐藏信息。因而，在与同事或客户共享重要演示文稿的电子副本之前，采取措施审阅演示文稿中的隐藏数据和个人信息，这些信息和数据可能存储在演示文稿中或者是在文档属性中。由于隐藏信息可能会泄露有关组织机构或者演示文稿本身的详细信息，而这些信息是不愿被公开分享的，因此可以在和其他人共享该演示文稿之前删除这些隐藏信息。

要运行文档检查器，单击"Office 按钮"I"准备"I"检查文档"命令，弹出"文档检查器"对话框，如图 11–19 所示。

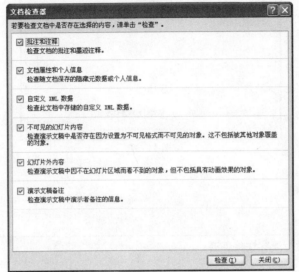

图 11–19

 技巧课堂

在本次课堂中，将练习对演示文稿进行文档检查。

1. 确信"附录"演示文稿已经打开，并将其另存为"附录-学生"。
2. 单击"Office 按钮"|"准备"|"检查文档"命令。
3. 选择所有检查选项，然后单击"检查"按钮，检查结果如图 11-20 所示。
4. 依次单击对话框中的"全部删除"按钮，即可删除演示文稿中的批注和注释、文档属性和个人信息、幻灯片外的内容和演示文稿备注，效果如图 11-21 所示。

图 11–20

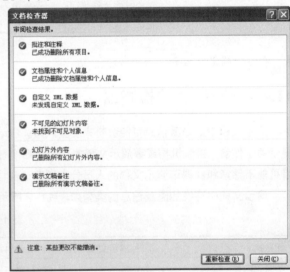

图 11–21

5. 单击"关闭"按钮。
6. 保存并保存该演示文稿。

11.2.5 使用信息权限管理

PowerPoint 提供信息权限管理（IRM）。IRM 与 Windows 权限管理服务（RMS）共同工作，使用户能够对演示文稿进行操作。其目的在于防止观众编辑、复制、打印或者保存演示文稿中的信息。甚至可以在 IRM 保护的演示文稿中设置期限，使得接受者在过期之后不能够查看或使用该演示文稿。

IRM 是在 Windows 2003 Server 和 Windows Vista 系统中可用。在使用之前需要设置适当的 Microsoft passport 账户。本书使用 Windows Vista 系统显示该功能的界面。

在对任何演示文稿进行该操作过程之前，强烈建议保存好文件。

要限制权限，单击"Office 按钮"|"准备"|"限制权限"|"限制访问"命令，弹出"权限"对话框，如图 11-22 所示。

"权限"对话框中的选项设置介绍如表 11-3 所示。

表 11-3

限制对此演示文稿的权限	打开或者关闭该功能
读取或更改	用于输入可以阅读或修改该演示文稿的用户的电子邮件地址
其他选项	单击该按钮，弹出如图 11-23 所示的界面，在其中可以指定其他附加权限，包括演示文稿的有效期限、打印内容的权限、允许具有读取权限的用户复制内容和允许以编程的方式访问演示文稿。另外，用户可以提供电子邮件地址，以便其他用户可以要求附加权限，或要求一个连接以便验证用户的权限。用户可以将这些权限设置为所有限制了权限的文档、工作簿、表单和演示文稿的默认权限。通过单击"名称"后面的"访问级别"列，在下拉列表框中选择"读取"、"更改"或"完全控制"，可以给予不同用户以不同的权限

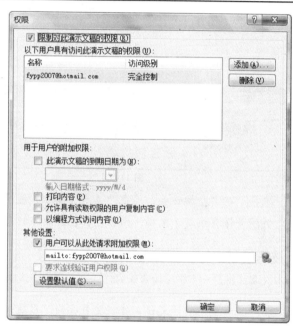

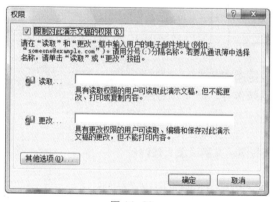

图 11-22

图 11-23

一旦设置了权限，演示文稿顶部的信息栏上显示的通知说明访问已受到限制。

11.2.6 标记演示文稿为最终状态

出于对演示文稿安全和信息完整的考虑，在与其他人共享演示文稿的电子副本之前，需要使演示文稿只读，从而防止对其修改。在 PowerPoint 中，单击"Office 按钮"|"准备"|"标记为最终状态"命令，弹出提示对话框，如图 11-24 所示。

图 11-24

当演示文稿被标记为最终状态后，所有的输入、编辑命令和校验标记都将禁用或者关闭，演示文稿成为只读，因而不能被修改。演示文稿的状态属性被设置为最终。标记演示文稿为最终状态则向接受该演示文稿的人员表明，所共享的是该演示文稿的最终版本，不会再做进一步的修改。然而"标记为最终状态"命令并不是一个安全的功能，因为只需简单地删除最终状态标记，即可编辑该演示文稿。

技巧课堂

在本次课堂中，将练习标记一个演示文稿为最终状态。

1. 确信"附录-学生"演示文稿已经打开，并将其另存为"附录2-学生"。

2. 单击"Office 按钮"|"准备"|"标记为最终状态"命令，单击"确定"按钮，弹出提示对话框，如图 11-25 所示。

3. 单击"确定"按钮。

   此时，演示文稿已经被标记为最终状态，状态栏会显示 图标。

4. 单击"Office 按钮"|"准备"|"属性"命令。

5. 单击"文档属性"下拉按钮后，选择"高级属性"命令。

6. 切换到"自定义"选项卡，注意属性列表框中属性"_MarkAsFinal"的值为"是"，如图 11-26 所示。

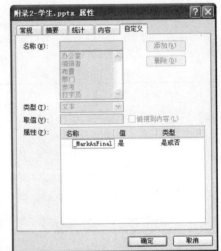

图 11-25　　　　　　　　　　　　图 11-26

7. 单击"确定"按钮后，单击"关闭"按钮，关闭文档信息面板。

8. 关闭并保存该演示文稿（由于在标记为最终状态时已经保存，故不保存修改）。

技巧演练

本次演练将进一步练习检查兼容性问题、删除个人信息及将演示文稿设置为最终状态。

1. 打开"水展"演示文稿，并将其另存为"水展-学生"。

2. 单击"Office 按钮"|"准备"|"运行兼容性检查器"命令，弹出如图 11-27 所示的对话框。

3. 单击"确定"按钮。

4. 单击"Office 按钮"|"准备"|"检查文档"命令。

5. 选择所有检查选项，然后单击"检查"按钮，显示效果如图 11-28 所示。

6. 依次单击"全部删除"按钮，即可删除所有文档属性和演示文稿中的个人信息。

图 11-27

7. 单击"重新检查"按钮。

8. 单击"检查"按钮。

9. 单击"关闭"按钮。

10. 单击"Office 按钮"|"保存"命令。

11. 单击"Office 按钮"|"准备"|"标记为最终状态"命令。在弹出的对话框中依次单击"确定"按钮。

图 11-28

11.3　保存为指定的文件类型

在保存 PowerPoint 演示文稿时，其默认扩展名为.pptx（见图 11-29），如水.pptx。用户可以将演示文稿保存为多种文件类型，不同的类型都有不同的文件扩展名。例如，如果将演示文稿保存为大纲，在 Word 中打开该演示文稿，可将其保存为"大纲/RTF 文件"类型，该类型文件扩展名为.rtf。而如果与用早期版本 PowerPoint 的人员共享演示文稿，可将演示文稿保存为"PowerPoint 97-2003 演示文稿"文件类型，文件扩展名为.ppt。另一个例子是将演示文稿中的一张或全部幻灯片保存为图形文件，以便在其他文件中使用，如 Web 页面或宣传单。

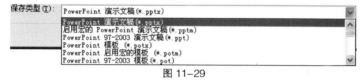

图 11-29

要用指定的文件类型保存演示文稿，可使用下述方法之一：

* 单击"Office 按钮"|"另存为"|"其他格式"命令，然后选择"保存类型"下拉列表中除"PowerPoint 演示文稿"之外的文件类型。
* 单击"Office 按钮"|"另存为"命令，在"保存类型"下拉列表中选择"PowerPoint 97-2003 演示文稿"选项。
* 单击"Office 按钮"|"另存为"命令，然后单击"保存类型"下拉按钮，选择除"PowerPoint 演示文稿"之外的文件类型。
* 按 F12 键，然后单击"保存类型"下拉按钮，选择除"PowerPoint 演示文稿"之外的文件类型。

11.3.1　使用 PPS 进行幻灯片放映

可将演示文稿保存为 PowerPoint 放映，这是另一种文件类型，文件扩展名为.ppsx。保存为 PowerPoint 放映后，双击该文件时，将自动启动进入幻灯片放映模式。这使得在发布演示文稿时显得更为专业，并且不必在打开 PowerPoint 软件、打开 PowerPoint 演示文稿文件、最后启动幻灯片放映上花费时间。这也使得那些不熟悉 PowerPoint 的人员只需双击该文件即可观看演示文稿。

要将 PowerPoint 演示文稿保存为 PowerPoint 放映，可使用下述方法之一：

- 单击"Office 按钮"丨"另存为"丨"PowerPoint 放映"命令。
- 单击"Office 按钮"丨"另存为"命令，然后单击"保存类型"下拉按钮，选择"PowerPoint 放映"选项。
- 按 F12 键，然后单击"保存类型"下拉按钮，选择"PowerPoint 放映"选项。

 技巧课堂

本次课堂练习将演示文稿保存为 PowerPoint 放映。

1. 确信"水展-学生"演示文稿已经打开。
2. 单击"Office 按钮"丨"另存为"丨"PowerPoint 放映"命令。
3. 在"文件名"文本框中输入"水展 2-学生.ppsx"。
4. 关闭该演示文稿。
5. 打开"我的电脑"窗口，找到"水展 2-学生.ppsx"文件后，双击观看幻灯片放映。
6. 关闭"我的电脑"窗口，返回 PowerPoint。

 技巧演练

本次演练将进一步练习将演示文稿保存为 PowerPoint 放映。

1. 打开"销售"演示文稿。
2. 单击"Office 按钮"丨"另存为"丨"PowerPoint 放映"命令。
3. 在"文件名"文本框中输入"销售-学生.ppsx"。
4. 关闭该演示文稿。
5. 打开"我的电脑"窗口，找到"销售-学生.ppsx"文件后，双击观看幻灯片放映。
6. 关闭"我的电脑"窗口，返回 PowerPoint。

11.3.2 压缩图片

在将图片添加到 PowerPoint 演示文稿后，PowerPoint 文件可能变得很大。这种情况可能引起一些问题，如演示文稿的性能降低。另外，较大的文件较难通过电子邮件发送。在将图片添加到 PowerPoint 中时，这些图片以非优化的格式存储。例如，在裁剪一张图片时，裁剪掉的部分仍然占用空间。如果需要，以后就不裁剪图片。如果图片的分辨率很高，无论是否缩减图片的宽高，仍会保留精细的细节。压缩图片非常重要，它有助于减小 PowerPoint 文件的大小。

要压缩图片，单击"Office 按钮"丨"另存为"命令，然后单击"工具"丨"压缩图片"命令，弹出"压缩图片"对话框，如图 11-30 所示。

需要注意的是，可以压缩整个文件的大小，或者只压缩所选文件中的图片。如果单击"选项"按钮，可以进一步确定压缩设置，弹出如图 11-31 所示的对话框。

图 11-30

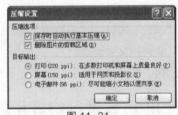

图 11-31

该对话框中的各选项介绍如表 11-4 所示。

表 11-4

打印	在打印时具有良好质量的压缩
屏幕	适合在网页或投影仪上观看的压缩
电子邮件	适合在电子邮件中观看质量的压缩

技巧课堂

在本次课堂中将练习压缩演示文稿中的图片。

1. 打开"水展"演示文稿。

2. 单击"Office 按钮"|"另存为"命令。

3. 单击"视图"下拉按钮，选择"详细信息"，如图 11-32 所示。

   注：名为"水展"的演示文稿大小当前是 213KB。

4. 单击"工具"|"压缩图片"命令，弹出"压缩图片"对话框。

5. 单击"选项"按钮，弹出"压缩设置"对话框。

6. 选择"电子邮件（96ppi）：尽可能缩小文档以便共享"单选按钮，然后单击"确定"按钮。

图 11-32

7. 单击"确定"按钮。

8. 在"文件名"文本框中输入"水展 3-学生"，然后单击"保存"按钮。

9. 单击"Office 按钮"|"打开"命令。

   注：名为"水展 3-学生"的演示文稿小于前面的大小。

   水展3-学生.pptx   146 KB

10. 单击"取消"按钮，关闭该演示文稿。

技巧演练

本次演练将进一步练习压缩演示文稿中的图片。

1. 打开"销售"演示文稿。

2. 单击"Office 按钮"|"另存为"命令。

   注：名为"水展"的演示文稿大小当前是 290KB。

   销售.pptx   290 KB

3. 单击"工具"|"压缩图片"命令，弹出"压缩图片"对话框。

4. 单击"选项"按钮，弹出"压缩设置"对话框。

5. 选择"打印（220ppi）：在多数打印机和屏幕上质量良好"单选按钮，然后单击"确定"按钮。

6. 单击"确定"按钮。

7. 在"文件名"文本框中输入"销售 2-学生"，然后单击"保存"按钮。

8. 单击"Office 按钮"|"打开"命令。

   注：名为"销售 2-学生"的演示文稿的大小减少少许。

   销售2-学生.pptx   288

9. 单击"取消"按钮。

11.3.3 保存为网页

在 PowerPoint 中创建演示文稿后，可以选择将其保存为网页。PowerPoint Web 演示文稿是将演示文稿转换为 Web 页面（如 HTML 文档）和图片文件。将演示文稿保存为网页，可以将其复制到 Web 服务器上供在线浏览。Internet 浏览器可以打开 Web 演示文稿，观众不必在自己的计算机上安装 PowerPoint 即可观看 Web 演示文稿。由于观众不能修改网页，这也能确保演示文稿内容完整。

要将 PowerPoint 演示文稿保存为网页，在"另存为"对话框中，单击"保存类型"下拉按钮，选择"网页"，如图 11-33 所示。

图 11-33

对话框中部分选项、按钮介绍如表 11-5 所示。

表 11-5

更改标题	更改网页的标题
页标题	给演示文稿输入一个标题
发布	选择要发布的幻灯片，单击该按钮，弹出"发布为网页"对话框，如图 11-34 所示

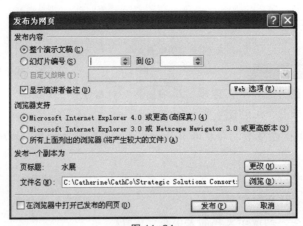

图 11-34

 技巧课堂

本次课堂练习将演示文稿保存为网页。

1. 打开"销售 2-学生"演示文稿。

2. 单击"Office 按钮" | "另存为"命令，弹出"另存为"对话框。然后单击"保存类型"下拉按钮，选择"网页"。

3. 单击"更改标题"按钮后，在"页标题"文本框中输入"销售建议"，然后单击"确定"按钮，如图 11-35 所示。

4. 在"文件名"文本框中输入"销售 3-学生"，单击"确定"按钮。

5. 单击"发布"按钮，弹出"发布为网级"对话框，如图 11-36 所示。

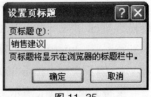

图 11-35

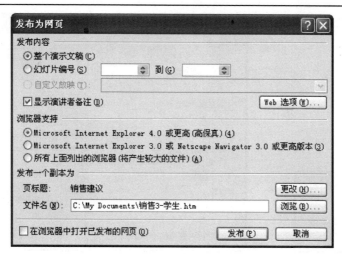

图 11-36

6. 单击"Web 选项"按钮，弹出"Web 选项"对话框，如图 11-37 所示。

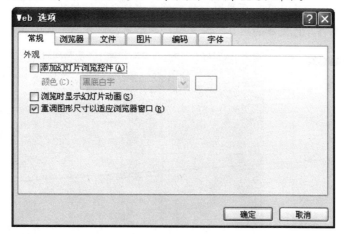

图 11-37

7. 取消选中"添加幻灯片浏览控件"复选框，单击"确定"按钮。

8. 选中"在浏览器中打开已发布的网页"复选框，然后单击"发布"按钮。

9. 关闭浏览器。

10. 保存并关闭该演示文稿。

 技巧演练

本次演练进一步练习将演示文稿保存为网页和压缩图片。

1. 打开"水展"演示文稿。

2. 单击"Office 按钮"|"另存为"命令，弹出"另存为"对话框。然后单击"保存类型"下拉按钮，选择"网页"。

3. 单击"更改标题"按钮后，在"设置页标题"对话框中的"页标题"文本框中输入"水循环"，然后单击"确定"按钮，如图 11-38 所示。

4. 单击"工具"|"压缩图片"命令，然后单击"选项"按钮，弹出"压缩设置"对话框。

5. 选择"屏幕（150ppi）：适用于网页和投影仪"单选按钮，然后单击"确定"按钮。

6. 单击"确定"按钮。

7. 在"文件名"文本框中输入"水展 4-学生"。

8. 单击"发布"按钮，弹出"发布为网页"对话框，如图 11-39 所示。

9. 单击"Web 选项"按钮。

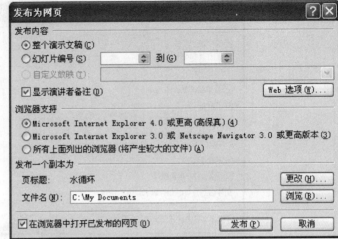

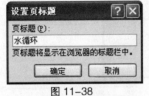

图 11-38　　　　　　　　　　　　　　　图 11-39

10. 单击"颜色"下拉按钮，选择"白底黑字"。

11. 选中"浏览时显示幻灯片动画"复选框，然后单击"确定"按钮。

12. 选中"在浏览器中打开已发布的网页"复选框，然后单击"发布"按钮，效果如图 11-40 所示。

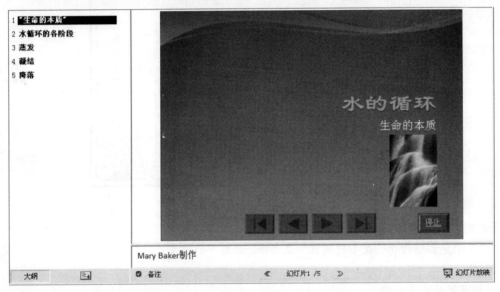

图 11-40

13. 关闭浏览器。

14. 保存并关闭该演示文稿。

11.4　将演示文稿打包成 CD

　　将 PowerPoint 演示文稿打包成 CD 或文件夹，可使演示文稿易于在装有 CD/DVD 驱动器的计算机上或在通过网络连接到该文件夹的计算机上观看。打包成的 CD 中包括 PowerPoint 查看器，使得在任何计算机上都可以放映演示文稿，甚至那些没有安装 PowerPoint 的计算机。PowerPoint 的"打包成 CD 命令"自动收集放映演示文稿所必需的各方面数据（包括字体、多媒体、链接的内容和 PowerPoint 查看器），并将其放置在一个文件夹中以便刻录成 CD。甚至可以在 CD 上保存多个演示文稿，并自己安排演示文稿的播放次序。

　　要将演示文稿打包成 CD，单击"Office 按钮"|"发布"|"CD 数据包"命令，弹出"打包成 CD"对话框，如图 11-41 所示。

如果这是第一次使用该命令，PowerPoint 将显示一条信息，指明将更新包括在该数据包中的所有演示文稿、模板和放映文件，以便和 PowerPoint 97～2003 兼容。

"打包成 CD"对话框中的选项、按钮介绍如表 11-6 所示。

表 11-6

将 CD 命名为	输入 CD 的名称
添加文件	添加其他演示文稿到当前演示中
选项	指明包中包含的文件和演示文稿如何打包等设置，单击该按钮，弹出"选项"对话框，如图 11-42 所示
复制到 CD/复制到文件夹	开始复制演示文稿到指定的位置

图 11-41

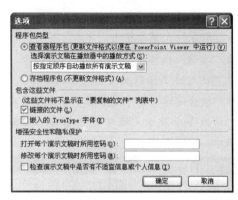
图 11-42

"选项"对话框中的选项介绍如表 11-7 所示。

表 11-7

程序包类型	指明演示文稿如何播放。如果确定观众将在安装了 PowerPoint 或 PowerPoint 查看器的计算机上观看，选择"存档程序包（不更新文件格式）"单选按钮
包含这些文件	确定链接到演示文稿中的文件包含在程序包中，TrueType 字体也嵌入演示文稿中
增强安全性和隐私保护	要求其他用户在打开或者编辑演示文稿的副本时提供密码
检查演示文稿中是否有不适宜信息或个人信息	检查演示文稿中的隐藏数据和个人信息

 技巧课堂

本次课堂练习将演示文稿打包成文件夹。

1. 打开"水展"演示文稿。
2. 单击"Office 按钮"|"发布"|"CD 数据包"命令，弹出"打包成 CD"对话框，如图 11-43 所示。
3. 单击"选项"按钮，弹出"选项"对话框。
4. 选中"嵌入的 TrueType 字体"复选框后，单击"确定"按钮。
5. 单击"复制到文件夹"按钮。
6. 在"文件夹名称"文本框中输入"水"，然后单击"确定"按钮，如图 11-44 所示。

图 11-43

图 11-44

7. 单击"是"按钮，保证在包中包含任何链接的文件。

8. 当打包完成时，单击"关闭"按钮。

9. 单击"Office 按钮"|"打开"命令。

此时，可以看到一个名为"水"的新文件夹已经建立。

10. 单击"取消"按钮，关闭该演示文稿（不保存）。

技巧演练

本次演练将进一步练习将演示文稿打包成文件夹。

1. 打开"销售"演示文稿。

2. 单击"Office 按钮"|"发布"|"CD 数据包"命令，弹出"打包成 CD"对话框。

3. 单击"添加文件"按钮。

4. 选择"附录"，然后单击"添加"按钮，如图 11-45 所示。

5. 单击"选项"按钮，弹出"选项"对话框。

6. 选中"嵌入的 TrueType 字体"复选框后，单击"确定"按钮。

7. 选中"检查演示文稿中是否有不适宜信息或个人信息"复选框后，单击"确定"按钮。

8. 在"修改每个演示文稿时所用密码"文本框中输入 Proposal，单击"确定"按钮，如图 11-46 所示。

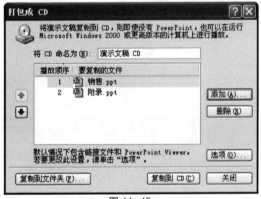

图 11-45

图 11-46

9. 在"重新输入修改权限密码"文本框中输入 Proposal，单击"确定"按钮，如图 11-47 所示。

10. 单击"复制到文件夹"按钮。

11. 在"文件夹名称"文本框中输入"销售演示文稿"，然后单击"确定"按钮。

12. 单击"是"按钮，保证在包中包含任何链接的文件。

13. 选择所有文档检查器选项，单击"检查"按钮。

14. 单击"关闭"按钮。

15. 单击"继续"按钮，包含批注，如图 11-48 所示。

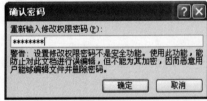

图 11-47

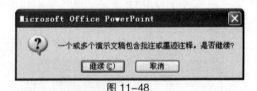

图 11-48

16. 单击"检查"按钮，弹出"文档检查器"对话框，如图 11-49 所示。

17. 依次单击"全部删除"按钮，结果如图 11-50 所示。

18. 单击"重新检查"按钮后。单击"关闭"按钮。

19. 打包完成后，单击"关闭"按钮。

图 11-49

图 11-50

20. 单击"Office 按钮"|"打开"命令，弹出"打开"对话框。此时，可以看到一个名为"销售演示文稿"的新文件夹已经建立。

如果选择将其发送到 CD，现在 CD 已经制作完成。

21. 单击"取消"按钮，关闭该演示文稿（不保存）。

11.5　小结

学完本课之后，应能熟练掌握以下概念：

☑ 显示标记　　　　　　　　　　　　　☑ 使用 CD 数据包功能

☑ 增加数字签名　　　　　　　　　　　☑ 插入、修改和删除批注

☑ 在以不同的文件格式保存时，检查可能丢　☑ 增加密码
　失的功能

☑ 避免演示文稿被修改　　　　　　　　☑ 从演示文稿中删除隐藏数据和个人信息

☑ 在 Web 服务器上发布演示文稿　　　　☑ 创建自运行演示文稿

　　　　　　　　　　　　　　　　　　☑ 压缩演示文稿图像

11.6　习题

1. 如何插入批注？

2. 如何删除演示文稿中的所有批注？

3. 如何添加数字签名？

4. 如何应用密码以防止未授权人员打开演示文稿？

5. 如何检查演示文稿中是否含有 PowerPoint 2003 不兼容的功能？

6. 如何删除演示文稿中的隐藏数据和个人信息？

7. 如何将用户限制为只读？

8. 如何将文档标记为最终状态？

9. 如何将演示文稿保存为 PowerPoint 97~2003 格式？

10. 如何将演示文稿保存为网页？

11. 如何压缩图片以减少演示文稿文件的大小？

12. 如何将多个演示文稿与 PowerPoint 查看器共同打包为一个文件夹？

12 Lesson

准备和排练演示

本章教学目标

本课的目标主要是将学习准备和排练演示文稿演示的各种方法。成功完成本课之后，应能完成下面的操作：

☑ 创建、修改、删除和显示自定义放映　　☑ 处理隐藏幻灯片

☑ 排练幻灯片放映　　☑ 具有或不具有旁白的幻灯片放映

本课内容将涉及下面的命令按钮：

"幻灯片放映"选项卡

"动画"选项卡

"视图"选项卡

12.1 自定义幻灯片放映

在同一演示文稿中，针对不同的观众，可以自定义以各种方式展示不同的幻灯片，包括仅放映指定的幻灯片，自定义放映和隐藏指定的幻灯片。

12.1.1 放映指定的幻灯片

用户有时创建了一个包含多页的演示文稿，而对于特定的观众或在特定的场合，只需要放映其中的一部分幻灯片。此时，用户便可以指定放映幻灯片的范围。

要放映指定的幻灯片，在"幻灯片放映"选项卡的"设置"组中，单击"设置幻灯片放映"按钮，弹出"设置放映方式"对话框，如图 12-1 所示。

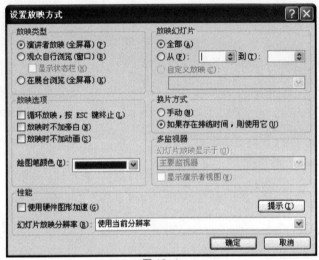

图 12-1

然后，在"放映幻灯片"选项组中指定要放映的幻灯片。

技巧课堂

在本次课堂中，将练习放映演示文稿中指定的幻灯片。

1. 打开"地理"演示文稿，并将其另存为"地理 1-学生"。
2. 在"幻灯片放映"选项卡的"设置"组中，单击"设置幻灯片放映"按钮。
3. 在"从"数值框中输入 1。
4. 在"到"数值框中输入 3，单击"确定"按钮。
5. 在"幻灯片放映"选项卡的"开始幻灯片放映"组中，单击"从头开始"按钮。
6. 单击放映演示文稿中的三张幻灯片后，幻灯片放映结束。

技巧演练

本次演练将进一步练习放映演示文稿中指定的幻灯片。

1. 打开"讨论会"演示文稿，并将其另存为"讨论会 1-学生"。
2. 在"幻灯片放映"选项卡的"设置"组中，单击"设置幻灯片放映"按钮。
3. 在"从"文本框中输入 1。
4. 在"到"文本框中输入 4，单击"确定"按钮。
5. 在"幻灯片放映"选项卡的"开始幻灯片放映"组中，单击"从头开始"按钮。
6. 单击向前放映演示文稿中的三张幻灯片后，幻灯片放映结束。

12.1.2　使用自定义放映

在 PowerPoint 中，用户可以在一个演示文稿中创建自定义放映，使该演示文稿适应于各种不同的观众观看，而不必复制、修改演示文稿，使其成为一个新的文件。自定义幻灯片放映就像是电子书中的章节。用户可以在 PowerPoint 中创建幻灯片放映，然后在放映期间选择不同的"章节"，从而使用户观看演示文稿中的不同部分。

用户可以对演示文稿中那些组合在一起的幻灯片创建自定义放映，并可以根据自己的需要将幻灯片分组成多个不同的自定义放映，并对各个自定义放映命名。在演讲时，可根据特定的观众选择不同的自定义放映。

用户使用自定义放映可向机构中的不同部门提供单独的演示文稿。例如，演示文稿包含六张幻灯片，可以创建名为"场所 1"的自定义放映，其中包括幻灯片 1、2 和 5。还可以创建名为"场所 2"的第二个自定义放映，其中包括幻灯片 1、3、4 和 5。在创建自定义放映后，仍然可以按照演示文稿的原始顺序放映整个演示文稿。

图 12-2

如果要创建一个新自定义放映，用户可以在"幻灯片放映"选项卡的"开始幻灯片放映"组中，选择"自定义幻灯片放映"|"自定义放映"命令，弹出"自定义放映"对放框，如图 12-2 所示。

- 单击"新建"按钮，弹出"定义自定义放映"对话框，如图 12-3 所示。在"幻灯片放映名称"文本框中输入新放映的名称，然后为该自定义放映选择幻灯片。

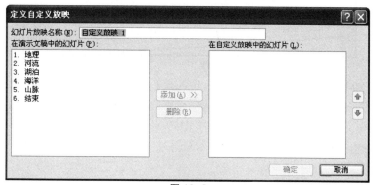

图 12-3

要选择多张连续的幻灯片，可单击第一张幻灯片，然后按住 Shift 键，单击所选的最后一张幻灯片。要选择多张不连续的幻灯片，可按住 Ctrl 键，单击所选的每张幻灯片。
要预览自定义放映，在"自定义放映"对话框中单击放映的名称，然后单击"放映"按钮。

- 要修改自定义放映，在"幻灯片放映"选项卡的"开始幻灯片放映"组中，选择"自定义幻灯片放映"|"自定义放映"命令，在弹出的"自定义放映"对话框中选择要修改的幻灯片，单击"编辑"按钮。
- 要删除自定义放映，在"幻灯片放映"选项卡的"开始幻灯片放映"组中，选择"自定义幻灯片放映"|"自定义放映"命令，然后选择要删除的放映，单击"删除"按钮。

要放映自定义放映，可使用下述方法之一：

- 在"幻灯片放映"选项卡的"开始幻灯片放映"组中，单击"自定义幻灯片放映"按钮后，单击自定义放映的名称。
- 在"幻灯片放映"选项卡的"开始幻灯片放映"组中，选择"自定义幻灯片放映"|"自定义放映"命令，然后选择幻灯片，单击"放映"按钮。
- 在"幻灯片放映"选项卡的"设置"组中，选择"设置幻灯片放映"|"自定义放映"命令，然后选择放映名称。

- 在"幻灯片放映"选项卡的"开始幻灯片放映"组中，单击"从头开始"按钮，或者按 F5 键。
- 右击幻灯片，在弹出的快捷菜单中选择"自定义放映"命令后，选择自定义放映的名称。

技巧课堂

在本次课堂中，将练习创建和播放自定义幻灯片放映。

1. 打开"地理 1-学生"演示文稿。

2. 在"幻灯片放映"选项卡的"开始幻灯片放映"组中，选择"自定义幻灯片放映"|"自定义放映"命令，弹出"自定义放映"对话框。

3. 单击"新建"按钮，弹出"定义自定义放映"对话框。

4. 在"幻灯片放映名称"文本框中输入"陆地"。

5. 在"在演示文稿中的幻灯片"列表框中选择"1.地理"，然后单击"添加"按钮。

6. 在"在演示文稿中的幻灯片"列表框中选择"5.山脉"，然后单击"添加"按钮。

7. 在"在演示文稿中的幻灯片"列表框中选择"6.结束"，然后单击"添加"按钮。
   设置后的效果如图 12-4 所示。

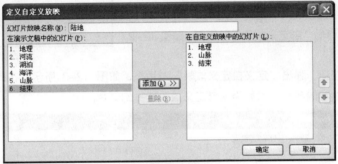

图 12-4

8. 单击"确定"按钮，然后单击"放映"按钮。用鼠标单击放映该自定义放映。

9. 在"幻灯片放映"选项卡的"开始幻灯片放映"组中，选择"自定义幻灯片放映"|"自定义放映"命令，弹出"自定义放映"对话框。

10. 单击"新建"按钮，弹出"定义自定义放映"对话框。

11. 在"幻灯片放映名称"文本框中输入"水"。

12. 添加下列幻灯片：

    1. 地理
    2. 河流
    3. 湖泊
    4. 海洋
    5. 结束

13. 在"在自定义放映中的幻灯片"列表框中选择"4.海洋"，然后单击"向上移动"按钮，将其移至"1.地理"下，如图 12-5 所示。

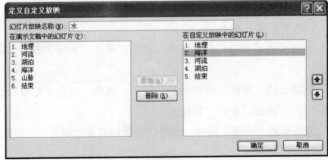

图 12-5

14. 单击"确定"按钮，然后单击"关闭"按钮。

15. 在"幻灯片放映"选项卡的"开始幻灯片放映"组中，单击"自定义幻灯片放映"按钮后，单击"水"。

16. 用鼠标单击，使幻灯片从头至尾放映。

17. 保存并关闭该演示文稿。

 技巧演练

本次演练将进一步练习创建、修改、删除和播放自定义放映。

1. 打开"讨论会1-学生"演示文稿。

2. 在"幻灯片放映"选项卡的"开始幻灯片放映"|"自定义幻灯片放映"|"自定义放映"弹出"自定义放映"对话框。

3. 单击"新建"按钮，弹出"定义自定义放映"对话框。

4. 在"幻灯片放映名称"文本框中输入"策略"。

5. 在"在演示文稿中的幻灯片"列表框中选择"1.知识讨论会"，按住Shift键后，单击"4.经营战略"幻灯片，然后单击"添加"按钮，效果如图12-6所示。

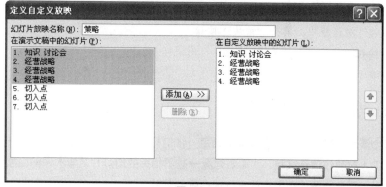

图 12-6

6. 单击"确定"按钮，然后单击"放映"按钮。单击鼠标播放该自定义放映。

7. 在"幻灯片放映"选项卡的"开始幻灯片放映"组中，选择"自定义幻灯片放映"|"自定义放映"命令。

8. 单击"新建"按钮，弹出"定义自定义放映"对话框。

9. 在"幻灯片放映名称"文本框中输入"起点"。

10. 在"在演示文稿中的幻灯片"列表框中选择"1.知识讨论会"，按住Ctrl键后，单击"5.切入点"、"6.切入点"和"7.切入点"幻灯片，然后单击"添加"按钮，如图12-7所示。

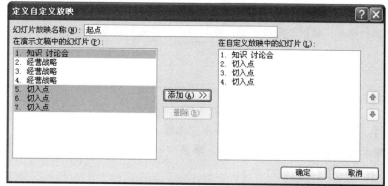

图 12-7

11. 单击"确定"按钮，然后单击"关闭"按钮。

12. 在"幻灯片放映"选项卡的"开始幻灯片放映"组中，单击"自定义幻灯片放映"按钮后，单击"策略"。

13. 用鼠标单击，从头至尾播放该幻灯片放映。

14. 在"幻灯片放映"选项卡的"开始幻灯片放映"组中，单击"自定义幻灯片放映"按钮后，单击"起点"。

15. 用鼠标单击，从头至尾播放该幻灯片放映。

16. 在"幻灯片放映"选项卡的"开始幻灯片放映"组中，选择"自定义幻灯片放映"|"自定义放映"命令，弹出"自定义放映"对话框。

17. 在"自定义放映"列表框中选择"策略"，然后单击"编辑"按钮。

18. 在"幻灯片放映名称"文本框中输入"经营策略"。

19. 在"在自定义放映中的幻灯片"列表框中选择"4.经营战略"，然后单击"向上移动"按钮，将其移至"2.经营战略"下。

20. 单击"确定"按钮，然后单击"关闭"按钮。

21. 在"幻灯片放映"选项卡的"开始幻灯片放映"组中，单击"自定义幻灯片放映"按钮后，单击"经营策略"。

22. 用鼠标单击，从头至尾播放该幻灯片放映。

23. 在"幻灯片放映"选项卡的"开始幻灯片放映"组中，选择"自定义幻灯片放映"|"自定义放映"。

24. 在"自定义放映"对话框中，单击"放映"按钮。

25. 单击"删除"按钮，然后单击"关闭"按钮。

26. 保存并关闭该演示文稿。

12.1.3　隐藏一张或多张幻灯片

用户在展示整个演示文稿时，不必显示其中的每一张幻灯片。例如，某公司制作了一个较长演示文稿，如果向一线的生产工人放映该演示文稿，就需要隐藏一些不相关的幻灯片。与本课前面所述相似，在放映某一范围内的幻灯片时，需要隐藏该范围内的一张或多张幻灯片。

要隐藏或显示幻灯片，可使用下述方法之一：
- 在普通视图中，在"幻灯片放映"选项卡的"设置"组中，单击"隐藏幻灯片"按钮。
- 在幻灯片浏览视图中，在"幻灯片放映"选项卡的"设置"组中，单击"隐藏幻灯片"按钮。
- 在幻灯片浏览视图中，右击幻灯片，在弹出的快捷菜单中选择"隐藏幻灯片"命令。

如果已经隐藏了幻灯片，"幻灯片"选项卡中所显示隐藏幻灯片的幻灯片编号四周带有边框，并且编号上有一道斜线，表明该幻灯片已被隐藏。

要选择并且隐藏多张连续的幻灯片，单击"幻灯片"选项卡中所选的第一张幻灯片，然后按住 Shift 键，单击所选的最后一张幻灯片。要选择多张不连续的幻灯片，需按住 Ctrl 键，单击选中所需幻灯片。然后开始各步骤，最后单击"隐藏幻灯片"按钮。

技巧课堂

在本次课堂中，将练习隐藏演示文稿中的幻灯片。

1. 打开"地理 1-学生"演示文稿，并将其另存为"地理 6-学生"。

2. 在"视图"选项卡的"演示文稿视图"组中，单击"幻灯片浏览"按钮。

3. 选择幻灯片 4，按住 Ctrl 键单击幻灯片 5。

4. 在"幻灯片放映"选项卡的"设置"组中，单击"隐藏幻灯片"按钮，效果如图 12-8 所示。

5. 在"幻灯片放映"选项卡的"设置"组中，单击"设置幻灯片放映"按钮，弹出"设置放映方式"对话框。

6. 在"放映幻灯片"选项组中，选择"全部"单选按钮，然后单击"确定"按钮。

图 12-8

7. 在"幻灯片放映"选项卡的"开始幻灯片放映"组中，单击"从头开始"按钮。

8. 用鼠标单击即可放映演示文稿中的三张幻灯片，直到幻灯片放映结束。

9. 选择幻灯片 4。

10. 在"幻灯片放映"选项卡的"设置"组中，单击"隐藏幻灯片"按钮，解除幻灯片 4 的隐藏。

11. 保存并关闭该文件。

技巧演练

本次演练将进一步练习隐藏演示文稿中的幻灯片。

1. 打开"讨论会 1-学生"演示文稿，并将其另存为"讨论会 2-学生"。

2. 在"视图"选项卡的"演示文稿视图"组中，单击"幻灯片浏览"按钮。

3. 选择幻灯片 2，按住 Ctrl 键单击幻灯片 3、幻灯片 4。

4. 在"幻灯片放映"选项卡的"设置"组中，单击"隐藏幻灯片"按钮，效果如图 12-9 所示。

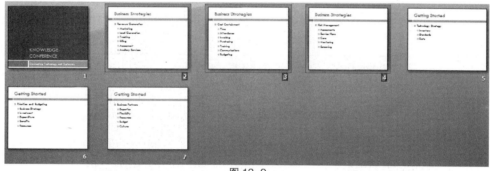

图 12-9

5. 在"幻灯片放映"选项卡的"设置"组中，单击"设置幻灯片放映"按钮，弹出"设置放映方式"对话框。

6. 在"放映幻灯片"选项组中，选择"全部"单选按钮，然后单击"确定"按钮。

7. 在"幻灯片放映"选项卡的"开始幻灯片放映"组中，单击"从头开始"按钮。

8. 用鼠标单击即可放映演示文稿中的三张幻灯片，直到幻灯片放映结束。

9. 保存并关闭该文件。

12.2　排练演示文稿

4.5

　　排练演示文稿可以确定演示文稿是否可以在某一个时间段内完成演示。排练时，使用排练计时功能可以记录展示每张幻灯片所需要的时间。然后在向观众播放演示文稿时，可按照该时间自动切换幻灯片。这非常接近于在观众面前手动播放演示文稿。

　　进行排练计时时，可以在"幻灯片放映"选项卡的"设置"组中，单击"排练计时"按钮，播放效果如图 12-10 所示。

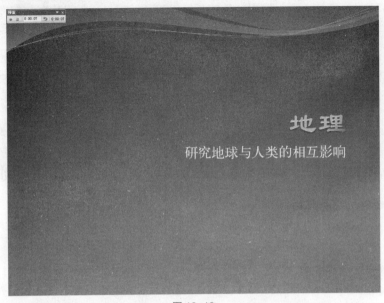

图 12-10

PowerPoint 将显示"预演"工具栏（见图 12-11），从而帮助管理该过程。

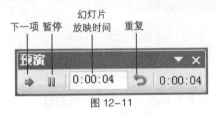

图 12-11

该"预演"工具栏上的各选项介绍如表 12-1 所示。

表 12-1

下一项	切换到幻灯片的下一项，或者按 ↓ 或 PgDn 键
重复	如果计时显示不正确，单击该按钮，或者需要重新计时
暂停	暂停计时

在幻灯片浏览视图中，计时显示在每张幻灯片的下面。

12.2.1 自定义排练计时

用户可以通过播放整个演示文稿来排练 PowerPoint 演示文稿，就像第一次观看一样。当用鼠标单击切换幻灯片时，可以记录在该幻灯片上花费的时间。在此之后，如果认为所记时间过短或过长，不必再次对整个演示文稿重新排练计时，而仅对一张或多张幻灯片自定义计时即可。

要修改幻灯片计时，在"动画"选项卡的"切换到此幻灯片"组中，单击"在此之后自动设置动画效果"中的按钮，增加或者减少时间。

要删除幻灯片的排练计时，在"动画"选项卡的"切换到此幻灯片"组中，取消选中"在此之后自动设置动画效果"复选框。

要在具有或者不具有排练计时的演示文稿中用鼠标切换幻灯片，在"动画"选项卡的"切换到此幻灯片"组中，选中"单击鼠标时"复选框。

要使用计时放映幻灯片，可使用下述方法之一：

- 在"幻灯片放映"选项卡的"设置"组中，选中"使用排练计时"复选框。
- 在"幻灯片放映"选项卡的"设置"组中，单击"设置幻灯片放映"按钮，选择"如果存在排练时间，则使用它"单选按钮。

技巧课堂

在本次课堂中，将练习演示文稿的排练计时。

1. 打开"地理"演示文稿，并将其另存为"地理排练-学生"。
2. 在"幻灯片放映"选项卡的"设置"组中，单击"排练计时"按钮。
3. 在"预演"工具栏中，等待幻灯片计时显示为 00:10。
4. 在"预演"工具栏中，单击"下一项"按钮。
5. 在"预演"工具栏中，等待幻灯片计时显示为 00:09。
6. 在"预演"工具栏中，单击"重复"按钮。
7. 在"预演"工具栏中，等待幻灯片计时显示为 00:06。
8. 在"预演"工具栏中，单击"下一项"按钮。在"预演"工具栏中，等待幻灯片计时显示为 00:04。
9. 在"预演"工具栏中，单击"暂停"按钮，暂停计时。
10. 在"预演"工具栏中，单击"暂停"按钮，继续计时。
11. 在"预演"工具栏中，等待幻灯片计时显示为 00:06。
12. 在"预演"工具栏中，单击"下一项"按钮。在"预演"工具栏中，等待幻灯片计时显示为 00:06。
13. 在"预演"工具栏中，单击"下一项"按钮。在"预演"工具栏中，等待幻灯片计时显示为 00:06。
14. 在"预演"工具栏中，单击"下一项"按钮。在"预演"工具栏中，等待幻灯片计时显示为 00:10。
15. 排练计时结束时，会弹出提示框，如图 12-12 所示。单击"是"按钮，保留幻灯片计时。

图 12-12

在幻灯片浏览视图中，在每一张幻灯片下面可以显示其计时，如图 12-13 所示。

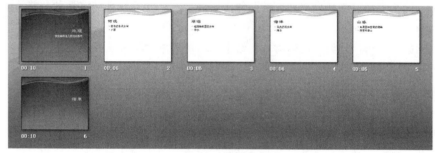

图 12-13

16. 在"幻灯片放映"选项卡的"开始幻灯片放映"组中，单击"从头开始"按钮，可以观看使用排练计时的演示文稿放映。

技巧演练

本次演练将进一步练习自定义排练计时。

1. 打开"讨论会"演示文稿，并将其另存为"讨论会 3-学生"。
2. 在"幻灯片放映"选项卡的"设置"组中，单击"排练计时"按钮。
3. 在"预演"工具栏中，等待幻灯片计时显示为 00:10。
4. 在"预演"工具栏中，单击"下一项"按钮。
5. 在"预演"工具栏中，等待幻灯片计时显示为 00:09。
6. 在"预演"工具栏中，单击"重复"按钮。
7. 在"预演"工具栏中，等待幻灯片计时显示为 00:10。

8. 在"预演"工具栏中，单击"下一项"按钮。在"预演"工具栏中，等待幻灯片计时显示为 00:05。

9. 在"预演"工具栏中，单击"暂停"按钮，暂停计时。

10. 在"预演"工具栏中，单击"暂停"按钮，继续计时。

11. 在"预演"工具栏中，等待幻灯片计时显示为 00:10。

12. 在"预演"工具栏中，单击"下一项"按钮。在"预演"工具栏中，等待幻灯片计时显示为 00: 10。

13. 在"预演"工具栏中，单击"下一项"按钮。在"预演"工具栏中，等待幻灯片计时显示为 00: 10。

14. 在"预演"工具栏中，单击"下一项"按钮。在"预演"工具栏中，等待幻灯片计时显示为 00: 10。

15. 在"预演"工具栏中，单击"下一项"按钮。在"预演"工具栏中，等待幻灯片计时显示为 00: 10。

16. 排练计时结束时，单击"是"按钮，保留幻灯片计时。

在幻灯片浏览视图中，每一张幻灯片下面会显示其计时，如图 12-14 所示。

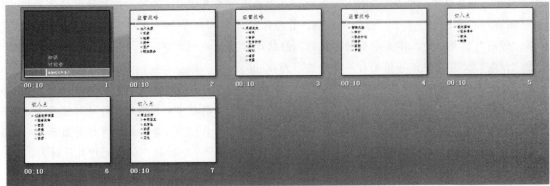

图 12-14

17. 在"幻灯片放映"选项卡的"开始幻灯片放映"组中，单击"从头开始"按钮，观看使用排练计时的演示文稿放映。

18. 选择幻灯片 2，按 Shift 键并且单击幻灯片 7。

19. 在"动画"选项卡的"切换到此幻灯片"组中，选中"在此之后自动设置动画效果"复选框，在其之后的微调框中，输入 5。

20. 在"动画"选项卡的"切换到此幻灯片"组中，取消选中"单击鼠标时"复选框。

21. 选择幻灯片 1。

22. 在"动画"选项卡的"切换到此幻灯片"组中，选中"在此之后自动设置动画效果"复选框，在其之后的微调框中，输入 8。

23. 在"动画"选项卡的"切换到此幻灯片"组中，取消选中"单击鼠标时"复选框。

24. 在"幻灯片放映"选项卡的"开始幻灯片放映"组中，单击"从头开始"按钮，观看使用排练计时的演示文稿放映。

25. 保存并关闭该演示文稿。

12.2.2　播放具有旁白的幻灯片放映

如果演示文稿有旁白，默认情况下，将会使用旁白播放幻灯片。要不用旁白播放演示文稿，在"幻灯片放映"选项卡的"设置"组中，单击"设置幻灯片放映"按钮后，弹出"设置放映方式"对话框，选中"放映时不加旁白"复选框，单击"确定"按钮。

演示文稿可以插入音频文件，或为该演示文稿加入录音旁白。用户需要适当的设备（如麦克风）录制声音或旁白。如果一张幻灯片上有多个声音，旁白将优先，除非使用其他动画自定义。如果在观众中包括听力有障碍的人员，或者对于自动播放的演示文稿，添加旁白是非常有好处的。需要注意的是，录制旁白可能会导致演示文稿文件变得非常大。如果希望将演示文稿发送给其他人，就需要用软件压缩旁白，使其变小。

技巧课堂

本次课堂中，将练习设置演示文稿中的旁白选项。

1. 打开"带旁白的讨论会"演示文稿，并将其另存为"带旁白的讨论会-学生"。

2. 在"幻灯片放映"选项卡的"设置"组中，单击"设置幻灯片放映"按钮后，弹出"设置放映方式"对话框。取消选中"放映时不加旁白"复选框，打开旁白，单击"确定"按钮。

3. 在"幻灯片放映"选项卡的"开始幻灯片放映"组中，单击"从头开始"按钮，观看带旁白的演示文稿放映。

4. 在"幻灯片放映"选项卡的"设置"组中，单击"设置幻灯片放映"按钮后，弹出"设置放映方式"对话框。选中"放映时不加旁白"复选框，关闭旁白，单击"确定"按钮。

5. 在"幻灯片放映"选项卡的"开始幻灯片放映"组中，单击"从头开始"按钮，观看不带旁白的演示文稿放映。

12.3　小结

学完本课之后，应能熟练掌握以下概念：

☑ 创建、修改、删除和显示自定义放映　　☑ 处理隐藏幻灯片

☑ 排练幻灯片放映　　☑ 具有或不具有旁白的幻灯片放映

12.4　习题

1. 如何在幻灯片放映中只放映一部分幻灯片？
2. 如何创建自定义放映？
3. 如何改变自定义放映中幻灯片的顺序？
4. 如何重命名自定义放映？
5. 如何从自定义放映中删除幻灯片？
6. 如何删除自定义放映？
7. 如何解除幻灯片隐藏？
8. 排练计时中，如何暂停？
9. 在排练计时过程中，如何重复记录时间？
10. 如何修改一张或者多张幻灯片的计时？
11. 如何停用鼠标单击切换幻灯片？
12. 如何设置手动或使用排练计时放映幻灯片？

Appendix A　基　础　回　顾

用户系统的处理过程和提示信息可能与下面介绍中所展示的有所区别。因为 PowerPoint 要求安装在硬盘上，本课程假定 C 盘是默认驱动器，其中包含 Windows 系统和 PowerPoint。

系统要求

根据 Microsoft Office System 用户手册，在使用该软件之前，必须满足下列各项要求：

- 个人计算机配备 500MHz 及以上的微处理器。
- 硬盘容量≥1GB，并配有 CD 或 DVD 驱动器。
- 内存≥256 MB。
- 显示器分辨率 1024x768。
- 操作系统版本为 Microsoft Windows XP SP2， Windows Server 2003 SP1 或更高。
- 鼠标或者其他 Windows 兼容的定位设备。

技术支持

作为 Microsoft Office System 的注册用户，能够获得免费的技术支持。在 Microsoft Office 参考手册前面，可以找到距离用户位置最近的 Microsoft Office 支持的地址和电话号码。如果找不到手册，可以使用帮助选项确定电话号码。

用户也可以从 Microsoft 网站 http://www.microsoft.com/support 上获得支持。

PowerPoint 设置

- 单击"Office 按钮"|"PowerPoint 选项"按钮，确保选项设置分别如图 A1～图 A5 所示。
- "常用"类别设置：　　　　　　　　　　　　　　　　"校对"类别设置：

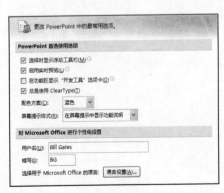

图 A1

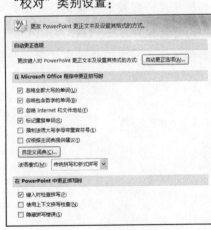

图 A2

–"保存"类别设置：

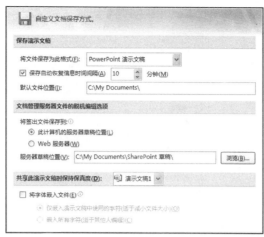

图 A3

–"高级"类别设置：

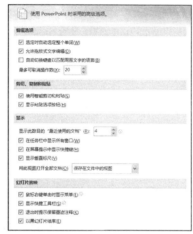

图 A4

–"自定义"类别设置：

图 A5

- 保持功能区、快速访问工具栏和状态栏处于活动状态。
- 保持状态栏的所有选项处于活动状态，如图 A6 所示。

图 A6

启动 PowerPoint

1. 单击"开始"标记。

2. 选择"所有程序" | Microsoft Office | Microsoft Office PowerPoint 2007 命令。

 如果安装了 Microsoft Office 的早期版本，也可以在 Microsoft Office 快捷工具栏或者快速启动工具栏单击 PowerPoint 图标。

Microsoft PowerPoint 开始启动，启动后的窗口如图 A7 所示。

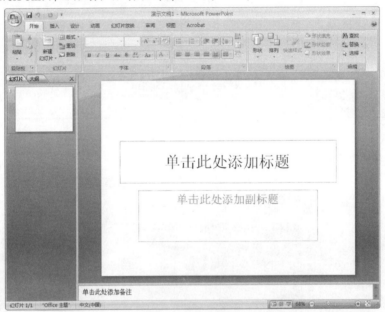

图 A7

使用帮助

Microsoft Office 2007 在其组件的任何一个软件中为用户提供帮助。单击 Microsoft Office PowerPoint 功能区右边的"PowerPoint 帮助"按钮，或者按 F1 键，将显示"PowerPoint 帮助"窗口。

Microsoft Office 的每一个软件都有单独的"帮助"窗口。这表示当从一个软件打开"帮助"窗口后，如（Microsoft Office PowerPoint），再在另一个软件（如 Microsoft Office Word）打开"帮助"窗口，将会有两个独立的"帮助"窗口。Microsoft Office 会为每个"帮助"窗口保留唯一的设置。例如，将保留 PowerPoint "帮助"窗口的不同位置、大小和前端显示等状态信息。

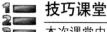 **技巧课堂**

本次课堂中，将练习激活和使用帮助。

1. 启动 PowerPoint 2007。

2. 单击"帮助"按钮，或者按 F1 键。

3. 将鼠标指针移至"PowerPoint 帮助"窗口的角上，当出现双箭头指针时，拖动鼠标，调整"PowerPoint 帮助"窗口的大小，直至满意为止。

4. 将鼠标指针移至"PowerPoint 帮助"窗口的标题栏（在窗口上方），然后拖动鼠标，移动"PowerPoint 帮助"窗口到合适的位置。

5. 要保持"PowerPoint 帮助"窗口前端显示，单击"PowerPoint 帮助"窗口工具栏中的"保持在最前面"按钮 。

 "PowerPoint 帮助"窗口的默认设置是保持在其他 Microsoft Office 程序窗口的前面。如果修改该设置，使得该窗口不在前面，或者如果不需要该窗口保持在最前，可根据需要调整设置。在"帮助"窗口工具栏上的"保持在最前面"按钮是切换键，单击它将保持"PowerPoint 帮助"窗口在最前，再次单击它将使程序窗口位于"PowerPoint 帮助"窗口前面。如果"PowerPoint 帮助"窗口被设置为保持在其他 PowerPoint 程序窗口前面，"保持在最前面"按钮看起来像从顶部看下去的图钉。如果"PowerPoint 帮助"窗口被设置为不保持在其他窗口前面，屏幕提示文本将变为"不在最前面"，并且该按钮看起来像从侧面看过去的图钉。

6. 要取消保持"PowerPoint 帮助"窗口前端显示，单击"PowerPoint 帮助"窗口工具栏中的"保持在最前面"按钮 。

7. 在"搜索"文本框中输入"幻灯片"。

8. 单击"搜索"按钮，或者按 Enter 键。也可以先单击"搜索"下拉按钮后，选择"PowerPoint 帮助"选项（见图 A8），指明在何处搜索信息，然后再单击"搜索"按钮。

PowerPoint 将在指定的搜索范围中进行搜索，然后将搜索结果分页显示在窗口右边的"搜索结果"窗格中。下面的按钮将在结果页面的顶部或底部显示。

　　"转到下一页"按钮 ：单击该按钮将向前移动到搜索结果的下一页。

　　"转到上一页"按钮 ：单击该按钮将向后移动到搜索结果的前一页。　　图 A8

　　页号按钮 页: 1 [2] 3 4 ：单击页号将直接移动到指定的页面。

　　结果标题按钮 添加新幻灯片 帮助 > 创建演示文稿 ：单击该按钮将查看帮助主题，如图 A9 所示。

图 A9

"后退"按钮 ⊙: 将向后返回到最近查看过的 PowerPoint 帮助页面。

"前进"按钮 ⊙: 将向前移动到最近查看过的 PowerPoint 帮助页面。

"开始"按钮 ⌂: 将移动到"PowerPoint 帮助和使用方法"页面。

每一个结果标题的左边都显示有各式图标。搜索结果的数目和类型取决于搜索关键字。

⊙: 指明该帮助主题通常会提供激活该功能的步骤。

⊡: 指明 PowerPoint 中存在相关功能，可用于创建或应用该主题功能。

⊡: 指明存在关于该主题或功能更多信息的文章。

⊡: 指明存在关于该主题或功能的在线训练模块，可以显示更多的信息。

⊡: 指明可去 Office 市场网站获取更多的信息。

⊡: 指明可单击搜索标题，访问 Microsoft 设计方案库网站查找与该帮助主题相似的更多项目的信息。

9. 滚动列表，查看找到的所有类型的结果。

10. 回滚结果列表，单击"添加新幻灯片"超链接，如图 A10 所示。

在"PowerPoint 帮助"窗口中，也可以看见用另一种颜色显示、并带有下画线的文本。这些文本是超链接，可以用来显示更多的信息，或者调整到另一个页面以显示更多的信息。

• 单击"全部显示"超链接，即可请求 PowerPoint 在本窗口中显示的所有链接内容。

• 单击"请参阅"区域中的超链接，这将显示与该主题相关的其他搜索主题。单击这些连接时，将跳转到包含有关链接文本更多信息的另一个窗口。

可使用下面的导航链接转到其他相关帮助项。使用"PowerPoint 帮助"窗口左边的目录也可导航到其他帮助主题。

11. 单击帮助工具栏上的"显示目录"按钮 ⊛ 显示目录。

12. 单击帮助工具栏上的"隐藏目录"按钮 ⊛ 隐藏目录。

13. 单击"将文本添加到幻灯片中"超链接，如图 A11 所示。

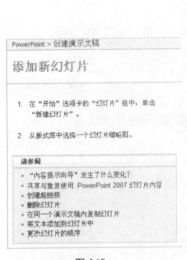

图 A10

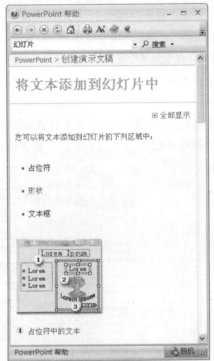

图 A11

14. 单击"PowerPoint 帮助"窗口顶部的"全部显示"超链接，向下滚动帮助窗口，查看扩展后的详细帮助信息。单击"全部隐藏"超链接，隐藏全部扩展的帮助信息。

15. 在帮助主题底部的"请参阅"区域单击"更改字体"超链接，如图 A12 所示。

16. 单击"帮助"工具栏中的"更改字号"按钮后，选择"最大"，增大帮助主题的字号。

17. 单击帮助工具栏中的"更改字号"按钮后，选择"中"，减小帮助主题的字号。

18. 单击帮助工具栏中的"打印"按钮后，单击"打印"按钮，打印帮助主题。

19. 在"搜索"文本框中使用其他的关键字进行试验。

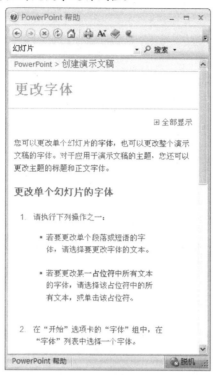

图 A12

如果在"搜索"文本框中输入的查询没有产生任何结果，或者没有产生需要的结果，可以在"搜索结果"任务窗格中切换到"查看其他位置"，然后使用这些链接搜索与搜索关键字相关的更多信息。这些链接可在 Microsoft 网站上找到，并提供对来自其他用户或者 Microsoft 的特定类型的信息或帮助进一步的选择。为了访问这些网站，要求用户连接 Internet。修改"搜索"文本框中的搜索查询文本后，单击"搜索"按钮或者按 [Enter] 键开始新的搜索帮助。

无法找到?
■ 获得更佳搜索结果的提示

可查找 "幻灯片" 的其他位置:
■ 整个 Microsoft Office Online
■ 从其他 Office 用户那里获取答案
■ 技术支持知识库
■ 剪贴画和多媒体
■ 所有 Microsoft.com 上的内容
■ Live Search

20. 单击帮助工具栏上的"返回"按钮

21. 单击"PowerPoint 帮助"窗口中的"关闭"按钮。

退出 PowerPoint

在使用 PowerPoint 完毕后，将其关闭。退出 PowerPoint 可使用下述方法之一：
• 单击"Office 按钮"|"退出 PowerPoint"标记。

- 单击 PowerPoint 窗口右上角的"关闭"按钮。
- 双击"Office 按钮"。
- 按 Alt + F4 组合键。

如果在退出之前没有保存当前打开的文档，PowerPoint 将要求确认是保存还是放弃更改。

Appendix B 技 巧 练 习

技巧应用

本次技巧应用将进一步练习创建以已安装主题为基础的演示文稿，浏览 PowerPoint，添加、删除和编辑文本，插入和删除幻灯片，修改幻灯片版式和保存演示文稿。

1. 以名为"介绍 PowerPoint 2007"的已安装模板为基础创建一个演示文稿。
2. 将该演示文稿保存为"改进计划 1-学生"。
3. 将幻灯片 1 的幻灯片版式改为"标题幻灯片"。
4. 将标题"介绍 PowerPoint 2007"修改为"咖啡公司简介"。
5. 将子标题"新功能概览"修改为"最美味咖啡的制造者"。

   注：幻灯片 1 的外观，如图 B1 所示。

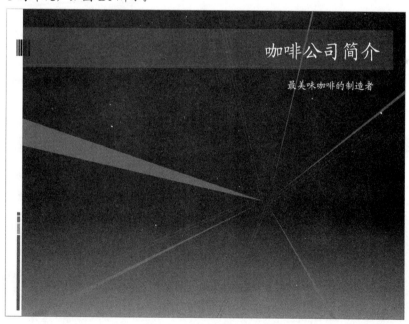

图 B1

6. 移动至幻灯片 2，将标题"PowerPoint 2007"修改为"概览"。
7. 使用文本"此演示文稿展示了对我们当前市场的状况调查和对未来的长期预测"替换标题下面的文本。
8. 删除文本"文本、图形和图片"，然后输入"当前的市场"。
9. 删除文本"SmartArt"，然后输入"改进"。
10. 删除文本"主题和快速样式"，然后输入"未来"。

11. 删除文本"新版式"，然后输入"结论"。

注：幻灯片 2 的外观，如图 B2 所示。

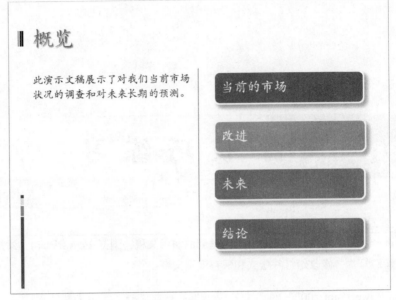

图 B2

12. 移动至幻灯片 3，将文本"文本、图形和图片"修改为"当前的市场"。

13. 在"幻灯片"选项卡中选择幻灯片 4，按住 Shift 键后单击幻灯片 6。删除所选择的三张幻灯片。

14. 将幻灯片 4 的标题修改为"改进"。

15. 在"幻灯片"选项卡中选择幻灯片 5，按住 Shift 键后单击幻灯片 7。删除所选择的三张幻灯片。

16. 将幻灯片 5 的标题修改为"未来"。

17. 在"幻灯片"选项卡中选择幻灯片 6，按住 Shift 键后单击幻灯片 9。删除所选择的四张幻灯片。

18. 将幻灯片 6 的标题修改为"结论"。

19. 在"幻灯片"选项卡中选择幻灯片 7，按住 Ctrl 键后单击幻灯片 8。删除所选择的两张幻灯片。

注：本练习结束时，"幻灯片"选项卡中显示六张幻灯片，如图 B3 所示。

图 B3

20. 保存该演示文稿。

技巧应用

在本次技巧应用中，将进一步练习插入和删除文本，设置文本格式，创建项目符号和项目编号并设置其格式，设置缩进和使用校对工具。确定正在使用上次练习中已经保存过的文件。

1. 将演示文稿另存为"改进计划2-学生"，并在幻灯片3之后插入"标题和内容"幻灯片。

2. 单击"单击此处添加标题"占位符，然后输入"烘焙类型"。

3. 单击"单击此处添加文本"占位符，然后应用编号。

4. 输入"中深度烘焙"，然后按 Enter 键。

5. 按 Tab 键后，输入"12-13分钟"，然后按 Enter 键。

6. 按 Shift + Tab 组合键后，输入"中度烘焙"，然后按 Enter 键。

7. 按 Tab 键后，输入"9-11分钟"，然后按 Enter 键。

8. 按 Shift + Tab 组合键后，输入"浅度烘焙"，然后按 Enter 键。

9. 按 Tab 键后，输入"7分钟"。

10. 选择编号文本"12-13分钟"，然后按 Ctrl 键，再选择编号文本"9-11分钟"和"7分钟"，将编号改为带填充效果的大方形项目符号。

  注：幻灯片4的外观，如图B4所示。

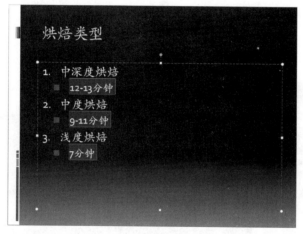

图 B4

11. 在幻灯片4之后插入"标题和内容"幻灯片。

12. 单击"单击此处添加标题"占位符，然后输入"当前产品"。

13. 单击"单击此处添加文本"占位符，然后输入"中深度烘焙"，按 Enter 键。

14. 按 Tab 键后，输入"法式烘焙"，然后按 Enter 键。

15. 输入"欧式烘焙"，然后按 Enter 键。

16. 输入"维也纳式烘焙"，然后按 Enter 键。

17. 按 Shift + Tab 组合键后，输入"浅度烘焙"，然后按 Enter 键。

18. 按 Tab 键后，输入"新英格兰式烘焙"，然后按 Enter 键。

19. 输入"Half-City 式烘焙"，然后按 Enter 键。

20. 输入"Cinnamon 式烘焙"，然后按 Enter 键。

21. 选择项目文本"中深度烘焙"后，然后按 Ctrl 键，再选择项目文本"浅度烘焙"，并设置为：星形项目符号，华文仿宋字体，字号为28pt。

22. 拖动鼠标，选择三行项目文本"法式烘焙"、"欧式烘焙"和"维也纳式烘焙"，然后按住 Ctrl 键，再选择三行项目文本"新英格兰式烘焙"、"Half-city 烘焙式"和"Cinnamon 式烘焙"，并设置为：箭头项目符号，文本前缩进 2.5cm，悬挂缩进 1.5cm，段前间距 12pt，华文楷体字体，字号为 24pt，黄色字体颜色，紧缩字符间距。

注：幻灯片 5 的外观，如图 B5 所示。

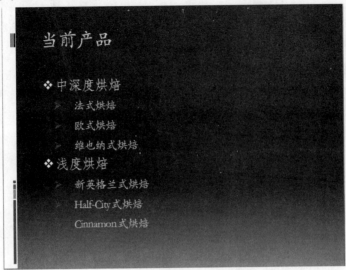

图 B5

23. 运行拼写检查器。

注：本练习结束时，"幻灯片"选项卡中显示八张幻灯片，如图 B6 所示。

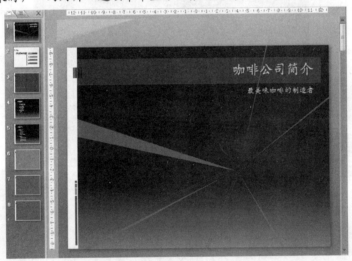

图 B6

24. 保存该演示文稿。

技巧应用

本次技巧应用将进一步练习插入和修改文本框，设置文本框格式，设置制表位，创建艺术字并设置其格式。确定正在使用上次练习中已经保存过的文件。

1. 将演示文稿另存为"改进计划 3-学生"，并在幻灯片 6 之后插入"标题和内容"幻灯片。

2. 单击"单击此处添加标题"占位符，然后输入"最新推出"。

3. 将"单击此处添加文本"占位符的宽度调整到当前的一半，并将其置于幻灯片的右边。

4. 单击"单击此处添加文本"占位符，输入"中度烘焙"，然后按 Enter 键。

5. 按 Tab 键后，输入"早餐式烘焙"，然后按 Enter 键。

6. 输入"美式烘焙"，然后按 Enter 键。

7. 输入"City 式烘焙"。

8. 在项目符号列表占位符的左边插入艺术字，输入"新产品"，并将其设置为："艺术字样式"为"填充-强调文字颜色 1，塑料棱台，映像"，形状效果为三维旋转-右向对比透视，高度为 5cm，宽度为 11cm。

9. 在项目符号列表占位符的下方插入文本框，输入"即将于六月推出"，并将其设置为："文本填充"为"深红，强调文字颜色 2"，"文本效果"为"强调文字颜色 2，8pt 发光"，"形状样式"为"中等效果，强调颜色 3"。

注：幻灯片 7 的外观，如图 B7 所示。

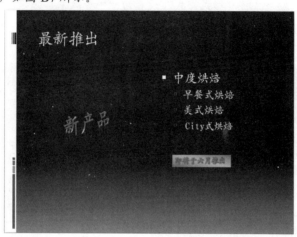

图 B7

10. 在幻灯片 7 之后插入"仅标题"幻灯片。

11. 单击"单击此处添加标题"占位符，然后输入"新销路"。

12. 在标题下方插入文本框，并设置制表位为：右对齐 5cm，小数点对齐 10cm，小数点对齐 15cm，左对齐 17.5cm。

13. 按 Tab 键后输入"地点"；按 Tab 键后输入"职员"，按 Tab 键后输入"预算"；按 Tab 键后输入"开始时间"。按 Enter 键后按照图 B8 所示输入其余的表格文本。

14. 选择所有的文本，将其字号改为 28pt。

15. 选择第一行文本，将其字体设置为加粗，文本颜色为黄色。

注：此时，演示文稿中已有 10 张幻灯片。

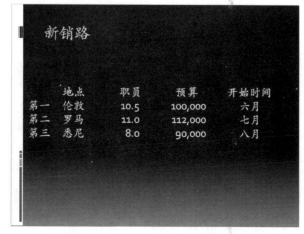

图 B8

16. 保存该演示文稿。

技巧应用

本次技巧应用将进一步练习添加、处理图形和形状，并设置其格式。确定正在使用上次练习中已经保存过的文件

1. 将演示文稿另存为"改进计划 4-学生"，选择幻灯片 1 后，插入"咖啡和报纸.jpg"图片。

2. 将图片的高度调整为 7.5cm，到幻灯片左上角的水平距离为 10cm，垂直距离为 7.5cm。

3. 将图片的白色背景重新着色为透明。

4. 在到幻灯片左上角的水平距离为 9cm，垂直距离为 16cm 处插入高 2.5cm、宽 7.5cm 的"前凸带形"形状，输入"优胜者奖励"。将"形式样式"设置为"中等效果，强调颜色 2"，将字体颜色设置为"深红，强调文字颜色 2，深色 50%"。

   注：幻灯片 1 的外观，如图 B9 所示。

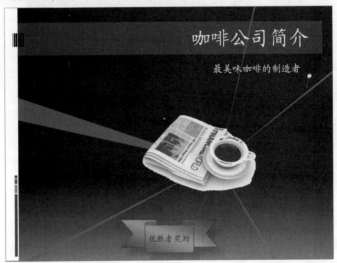

图 B9

5. 选择幻灯片 2 后，插入"咖啡杯.jpg"图片。

6. 将图片的高度调整为 7.5cm，到幻灯片左上角的水平距离为 1cm，垂直距离为 10cm。

7. 将图片格式设置为：图片样式为棱台透视，图片形状为椭圆，图片边框为"褐色，强调文字颜色 6，深色 50%"，图片阴影为右上对角透视，对比度为-10%。

   注：幻灯片 2 的外观，如图 B10 所示。

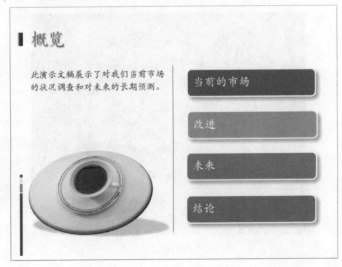

图 B10

8. 选择幻灯片 3 后，插入"大咖啡杯.jpg"图片。

9. 将图片置于幻灯片右上角，并水平翻转，然后应用"柔化边缘矩形"图片样式。

10. 选择幻灯片 4 后，插入"咖啡豆.jpg"图片。

11. 将图片移至幻灯片右上角，并调整其高度为 19cm，然后应用"柔化边缘椭圆"图片样式。

注：幻灯片 4 的外观，如图 B11 所示。

图 B11

12. 选择幻灯片 6 后，插入"咖啡新闻.jpg"图片。

13. 将图片置于幻灯片右上角，然后应用"柔化边缘矩形"图片样式。

14. 选择幻灯片 9 后，插入"咖啡杯和调羹.jpg"图片。

15. 将图片置于幻灯片右上角，并水平翻转，然后应用"柔化边缘矩形"图片样式。

16. 选择幻灯片 9 后，插入"咖啡影子.jpg"图片。

17. 将图片置于幻灯片右上角，然后应用"棱台透视"图片样式，并设置亮度"-20%"，对比度"+40%"。

18. 切换到幻灯片浏览视图。

注：演示文稿中有 10 张幻灯片，已经在幻灯片 1、2、3、4、6、9 和 10 上添加了图片，如图 B12 所示。

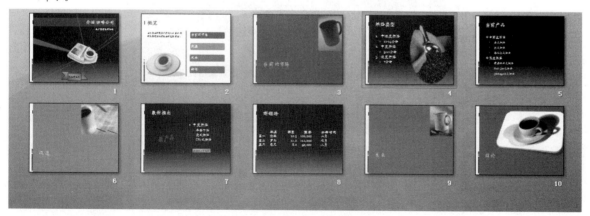

图 B12

19. 切换至普通视图。

20. 保存该演示文稿。

技巧应用

本次技巧应用将进一步练习创建、处理 SmartArt 图形，并设置其格式。确定正在使用上次练习中已经保存过的文件。

1. 将演示文稿另存为"改进计划 5-学生"，并在幻灯片 9"未来"之后插入"比较"幻灯片。

2. 单击"单击此处添加标题"占位符，然后输入"新组织结构"。

3. 单击"单击此处添加文本"占位符，输入"当前地域"。

4. 在左边的"单击此处添加文本"占位符中插入"层次结构列表"图表。

5. 在文本窗格中输入"玛丽 贝克北部区域"，按 ↓ 键。

6. 在文本窗格中输入"Tai Yee 生产"，按 ↓ 键。

7. 在文本窗格中输入"Felipe Gil 营销"，按 Enter 键。

8. 在文本窗格中输入"Brenda Diaz 销售"，按 ↓ 键。

9. 在文本窗格中输入"Michael Graff 南部区域"，按 ↓ 键。

10. 在文本窗格中输入"Larry Zhang 生产"，按 ↓ 键。

11. 在文本窗格中输入"David Ahs 营销"，按 Enter 键。

12. 在文本窗格中输入"Ann Beebe 销售"，关闭文本窗格。

13. 应用"粉末"SmartArt 样式，并且更改颜色到"彩色-强调文字颜色"。

14. 单击右边的"单击此处添加文本"占位符，输入"新的地域"。

15. 在右边的"单击此处添加文本"占位符中插入"层次结构列表"图表。

16. 在文本窗格中输入"Adam Barr 中部区域"，按 ↓ 键。

17. 在文本窗格中输入"Esther Valle 生产"，按 ↓ 键。

18. 在文本窗格中输入"Alan Steiner 营销"，按 Enter 键。

19. 在文本窗格中输入"William Vong 销售"。

20. 删除图表中的其他形状，然后关闭文本窗格。

21. 应用"卡通"SmartArt 样式，并且更改颜色到"彩色范围-强调文字颜色 2 至 3"。

    注：幻灯片 10 的外观，如图 B13 所示。

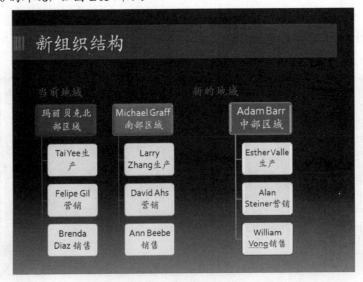

图 B13

22. 在幻灯片 9"未来"之后插入"标题和内容"幻灯片。

23. 单击"单击此处添加标题"占位符，然后输入"成果"。

24. 在"单击此处添加文本"占位符中插入"射线维恩图"图表。

25. 在文本窗格中输入"改善后的增长"，按 ⬇ 键。

26. 在文本窗格中输入"新产品"，按 ⬇ 键。

27. 在文本窗格中输入"新地区"，按 ⬇ 键。

28. 在文本窗格中输入"新组织结构"，按 ⬇ 键。

29. 删除图表中的剩余形状，然后关闭文本窗格。

30. 应用"优雅"SmartArt 样式，并且更改颜色为"彩色–强调文字颜色"。

　　注：幻灯片 10 的外观，如图 B14 所示。

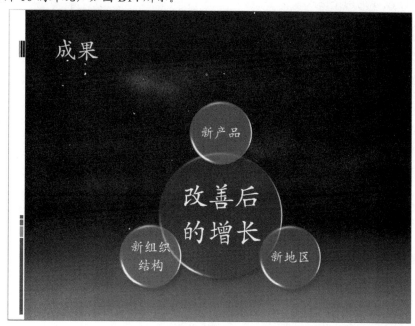

图 B14

31. 切换到幻灯片浏览视图。

　　注：演示文稿中有 12 张幻灯片，如图 B15 所示。

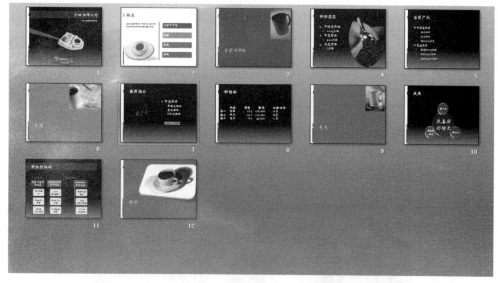

图 B15

32. 切换至普通视图，保存该演示文稿。

技巧应用

本次技巧应用将进一步练习创建、处理图表和表格，并设置其格式。确定正在使用上次练习中已经保存过的文件

1. 将演示文稿另存为"改进计划 6-学生"，并在幻灯片 11 之后插入"比较"幻灯片。
2. 单击"单击此处添加标题"占位符，然后输入"规划"。
3. 单击左边的"单击此处添加文本"占位符，输入"北"。
4. 单击右边的"单击此处添加文本"占位符，输入"南"。
5. 插入如图 B15 所示的两个图表。

   注：幻灯片 12 的外观，如图 B16 所示。

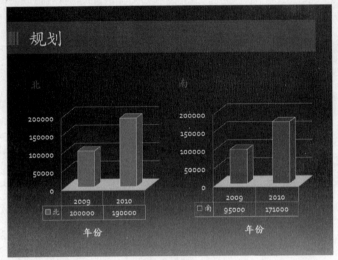

图 B16

6. 在幻灯片 12 之后插入"比较"幻灯片。
7. 单击"单击此处添加标题"占位符，然后输入"更详细规划"。
8. 单击左边的"单击此处添加文本"占位符，输入"中心"。
9. 单击右边的"单击此处添加文本"占位符，输入"整体"。
10. 在左边占位符中插入如图 B17 所示的图表，在右边占位符中插入应用了"主题样式 1，强调 4"主题样式的表格。

    注：幻灯片 13 的外观，如图 B17 所示。

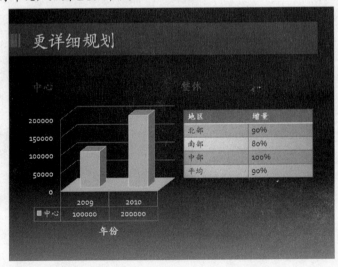

图 B17

11. 切换到幻灯片浏览视图。

注：演示文稿中有 14 张幻灯片，如图 B18 所示。

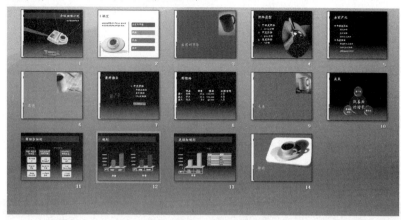

图 B18

12. 切换至普通视图。

13. 保存该演示文稿。

 ## 技巧应用

本次技巧应用将进一步练习在幻灯片母版上创建、修改、添加对象和设置其格式。确定正在使用上次练习中已保存过的文件。

1. 将演示文稿另存为"改进计划 7-学生"后，查看幻灯片母版，然后选择"幻灯片"选项卡中的第一张幻灯片。

2. 应用"流畅"主题，主题颜色为"跋涉"，主题字体为"Office 经典 2"。

3. 背景样式应用"样式 7"。

4. 单击"单击此处编辑母板标题样式"，应用字体"华文细黑"，字号"40pt"，加粗。

5. 保留并重命名该母版为"咖啡母版"。

6. 除"标题幻灯片"外，在其他幻灯片上插入幻灯片编号和页脚"咖啡公司"。

7. 将幻灯片编号的字号修改为"40pt"。

8. 单击幻灯片上方的图形，应用"橙色，强调文字颜色6，深色50%"和"擦除"动画。

9. 在幻灯片左下角插入图片"来杯咖啡.jpg"；将图片高度修改为 2.5cm，并应用"柔化边缘椭圆"图片样式。

设置后的效果如图 B19 所示。

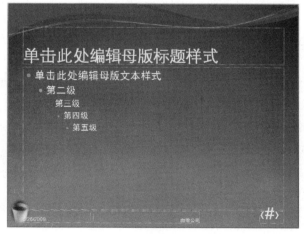

图 B19

10. 切换到普通视图，然后调整由于更换主题需要重新调整的对象的大小和位置。

11. 观看幻灯片放映，查看应用到顶部图片的动画和应用到除标题幻灯片外的其他幻灯片上的页脚。

12. 保存该演示文稿。

技巧应用

本次技巧应用将进一步练习添加、修改自定义动画。确定正在使用上次练习中已保存过的文件。

1. 将演示文稿另存为"改进计划 8-学生"后，对幻灯片 1 上的文本"咖啡公司简介"应用"上升"进入动画，如图 B20 所示。

2. 对幻灯片 1 上的文本"最美味咖啡的制造者"应用"上升"进入动画。

3. 对幻灯片 1 上的图片应用"上升"进入动画。

4. 对幻灯片 1 上的形状应用"上升"进入动画。

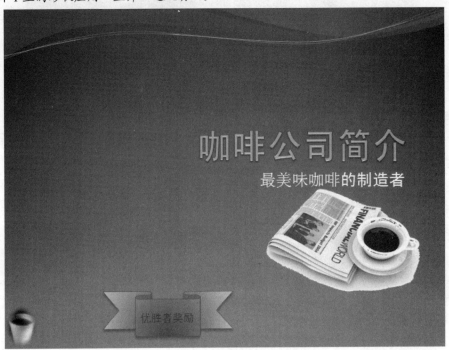

图 B20

5. 单击幻灯片 2 上的文本"概览"，按住 Shift 键后，单击幻灯片 2 上所有其他对象，然后应用"百叶窗"动画。

6. 单击幻灯片 3 上的文本"当前的市场"，按住 Shift 键后，单击幻灯片 3 上所有其他对象，然后应用"百叶窗"动画。

7. 单击幻灯片 4 上的文本"烘焙类型"，按住 Shift 键后，单击幻灯片 4 上所有其他对象，然后应用"百叶窗"动画。

8. 单击每张幻灯片上的文本，按住 Shift 键后，单击幻灯片上所有其他对象，然后应用"百叶窗"动画。

9. 单击幻灯片 14 上的图片，然后应用声音效果"鼓掌"。

10. 单击幻灯片 14 上的文本，按住 Shift 键后，单击幻灯片上的图片，然后应用退出动画"飞出"、速度为"中速"、方向为"到右下部"。

11. 单击幻灯片 12 上左边的图表，然后应用图表动画"按分类中的元素"。

12. 单击幻灯片 12 上右边的图表，然后应用图表动画"按分类中的元素"。
设置后的效果如图 B21 所示。

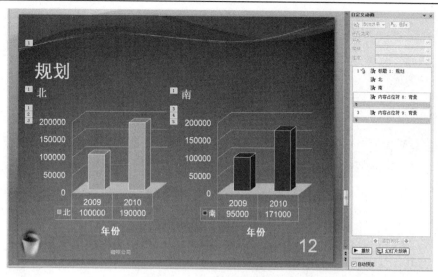

图 B21

13. 单击幻灯片 9 上的文本，按住 Shift 键后单击图片，然后应用退出动画"飞出"、速度为"中速"、方向为"到右下部"。

14. 单击幻灯片 6 上的文本，按住 Shift 键后单击图片，然后应用退出动画"飞出"、速度为"中速"、方向为"到右下部"。

15. 单击幻灯片 3 上的文本，按住 Shift 键后单击图片，然后应用退出动画"飞出"、速度为"中速"、方向为"到右下部"。

16. 单击幻灯片 13 上的图表，然后应用图表动画"按分类中的元素"，效果如图 B22 所示。

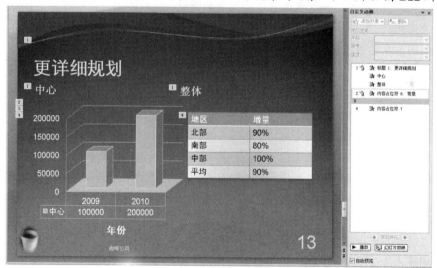

图 B22

17. 关闭"自定义动画"任务窗格。

18. 观看幻灯片放映，单击鼠标切换幻灯片，观看动画直到幻灯片放映结束。

19. 保存该演示文稿。

 技巧应用

本次技巧应用中，将进一步练习创建备注和讲义，浏览打印选项，应用切换方式，设置和播放幻灯片放映。确定正在使用上次练习中已保存过的文件。

1. 将演示文稿另存为"改进计划 9-学生"后，在幻灯片 1 的备注窗口中输入如图 B23 所示的备注：
欢迎。如果您喜欢咖啡，那么您来对了地方。我们的工作就是改进我们向全世界的顾客所提供的产品。

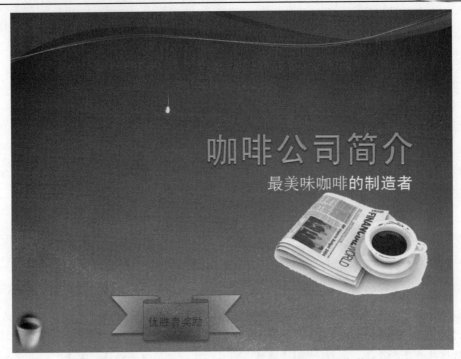

欢迎。如果您喜欢咖啡，那么您来对了地方。我们的工作就是改进我们向全世界的顾客所提供的产品。

图 B23

2. 在幻灯片 2 的备注页中输入如下备注：

我们目前的市场非常火爆，但是总还存在着改进的余地，所以我们将向您介绍这些改进，最终向公司提供改进意见。

3. 在幻灯片 3 的备注页中输入如下备注：

我们当前的市场状态如何？

4. 在幻灯片 4 的备注页中输入如下备注：

当前的市场被分为三种烘焙类别：中深度烘焙、中度烘焙和浅度烘焙。

5. 在幻灯片 5 的备注页中输入如下备注：

当前我们仅在中深烘焙市场上提供三种流行产品的服务：法、欧和维也纳式烘焙，在浅度烘焙市场上提供三种高要求的产品：新英格兰式烘焙，Half-City 式烘焙和 Cinnamon 式烘焙。

6. 在幻灯片 6 的备注页中输入如下备注：

我们应该如何提高我们当前的市场地位？

7. 在幻灯片 7 的备注页中输入如下备注：

我们对咖啡的热情使我们一致制定了迈向中度烘焙市场的计划，我们将在六月推出三种新产品：早餐式烘焙、美式烘焙和 City 式烘焙。

8. 在幻灯片 8 的备注页中输入如下备注：

除了新产品之外，我们还打算开辟三个新市场。第一个是伦敦，我们预计投资 100 000，将于六月开始。将雇用十个全职职员和一个非全职职员。

第二个位置将于七月在罗马开放，预算 112 000，雇用 11 个全职职员。

第三个位置开放将于八月在悉尼开放，预算 90 000，雇用八个全职职员。

9. 在幻灯片 9 的备注页中输入如下备注：

当前，我们在北部地区有了一个由 Mary Baker 管理的团队，在南部地区有了一个由 Michael Graff 管理的团队。随着新产品投放市场，以及伦敦、罗马和悉尼分店开始运营，我们将重组北部和南部地区，并增加由 Adam Barr 和他的团队管理的中部地区。

10. 在幻灯片 10 的备注页中输入如下备注：

随着新产品的推出，3 个新分店的建立，以及一个更有效率的三区域的结构，我们将在 2009 和 2010 年实现公司的快速发展。

11. 在幻灯片 11 的备注页中输入如下备注：

我们下一步期望什么呢？

12. 在幻灯片 12 的备注页中输入如下备注：

北部区域的收入将从 2009 年的 100 000 增加到 2010 年的 190 000。

北部区域的收入将从 2009 年的 95 000 增加到 2010 年的 171 000。

13. 在幻灯片 13 的备注页中输入如下备注：

预计中部地区的收入 2009 年将是 100 000、2010 年将是 200 000。

北部区域的收入将增长 90%。

南部区域的收入将增长 80% 。

中部区域的收入将增长 100%。

总之，三个地区预计增长 90%。

14. 在幻灯片 14 的备注页中输入如下备注：

对咖啡的热情是我们共同提出了这样一个扩张计划，推出新产品，开设新分店，雇用更多的员工，通过重组区域结构改善整个过程的管理。这是一个令人兴奋的计划，我们期望并提出宝贵意见。

15. 运行拼写检查器。

16. 自定义备注母版，使之包括自动更新的日期和时间。设置页眉为"改进后的增长"，页脚为"咖啡公司"，在所有幻灯片上添加页码。

17. 给幻灯片加上边框，打印所有备注页。

18. 将讲义母版修改为横向。

19. 以纯黑白方式打印所有讲义（每页 4 张幻灯片）。

20. 根据纸张调整大小，以灰度方式打印所有幻灯片。

21. 选择"从内到外垂直分割"切换方式，切换速度为"中速"，将其应用到所有幻灯片。

22. 设置幻灯片放映方式为"循环放映，按 Esc 键终止"，设置绘图的颜色为白色。

23. 设置演示文稿分辨率为 1024×768 像素。

24. 开始幻灯片放映，使用鼠标切换幻灯片，直到演示文稿结束。

25. 保存该演示文稿。

技巧应用

本次技巧应用将进一步练习操作大纲，创建动作按钮和超链接，插入和制作声音和影片剪辑。确定正在使用上次练习中已保存过的文件。

1. 将演示文稿另存为"改进计划 10-学生"后，直接在"大纲"选项卡中的文本"结论"后单击，然后按 Enter 键。

2. 输入"进步"，然后按 Enter 键。

3. 按 Tab 键后，输入"三个新产品"，然后按 Enter 键。

4. 输入"三个新分店"，然后按 Enter 键。

5. 输入"三个新区域"，然后按 Enter 键。

6. 删除幻灯片 1 上的图片，然后在"最美味的咖啡的制造者"文本下面插入影片"咖啡豆.wmv"。设置该影片随着前面"前凸带形"形状动画一起自动播放。

7. 在幻灯片右下方插入声音"浓咖啡.wav"。设置声音在动画开始时播放，并且在放映时隐藏，跨幻灯片循环播放直至放映结束。

8. 在幻灯片 15 上插入"单击此处访问我们的网站"屏幕提示及 www.thecoffeecompany.com 超链接。

9. 查看幻灯片母版，在"幻灯片"选项卡中单击第一张幻灯片。向左拖动页脚右边框中间的控制柄调整页脚"咖啡公司"的宽度。

10. 在页脚右边插入链接到开始幻灯片的动作按钮。

11. 在第一个动作按钮右边插入链接到上一张幻灯片的动作按钮。

12. 在第二个动作按钮右边插入链接到下一张幻灯片的动作按钮。

13. 在第三个动作按钮右边插入链接到最后一张幻灯片的动作按钮。

插入后的效果如图 B24 的所示。

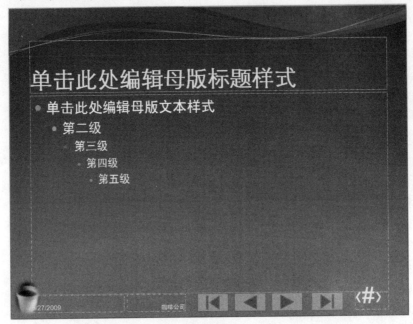

图 B24

14. 关闭母版视图。

15. 查看幻灯片放映，使用鼠标触发动画和使用动作按钮浏览演示文稿中的幻灯片。

16. 保存该演示文稿。

 技巧应用

在本次技巧应用中，将进一步练习创建和播放自定义放映，隐藏幻灯片和幻灯片排练计时。确定正在使用上次练习中已保存过的文件。

1. 将演示文稿另存为"改进计划 11-学生"后，创建名为"当前市场展示"的自定义放映，其中包括幻灯片 1 到 5。

2. 播放名为"当前市场展示"的自定义放映。

3. 创建名为"进步展示"的自定义放映，其中包括幻灯片 1、6、7、8、9、10、14～15。

4. 播放名为"进步展示"的自定义放映。

5. 创建名为"未来展示"的自定义放映，其中包括幻灯片 1、11、12 和 13。

6. 播放名为"未来展示"的自定义放映。

7. 对整个演示文稿进行排练计时。

8. 按下面要求自定义时间：

幻灯片 1 为 20 秒，幻灯片 2、4、5、14 和 15 均为 10 秒，幻灯片 3、6 和 11 为 7 秒，幻灯片 7、8、9、10、12 和 13 为 12 秒。

9. 使用排练计时进行幻灯片放映。

10. 隐藏幻灯片 15，然后手动进行幻灯片放映，如图 B25 所示。

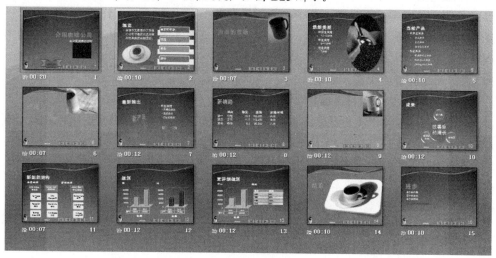

图 B25

11. 保存该演示文稿。

 ## 技巧应用

本次技巧应用将进一步练习插入批注，在演示文稿中添加数字签名和密码、运行兼容性检查器、删除隐藏数据和个人信息、标记演示文稿为最终状态、创建自运行演示文稿、压缩图片和打包演示文稿。确定正在使用上次练习中已保存过的文件。

1. 将演示文稿另存为 "改进计划 12-学生" 后，在幻灯片 1 的 "优胜者奖励" 形状上插入批注 "这个应该小一点"。

2. 在幻灯片 4 的项目符号列表上插入批注 "删除子项目符号"。

3. 在幻灯片 7 的文本框上插入批注 "设置清晰一点的格式"。

4. 在幻灯片 8 的文本框上插入批注 "表格调整一下"。

5. 运行兼容性检查器，如图 B26 所示。

6. 保存演示文稿，运行文档检查器并检查演示文稿中的所有信息，仅删除文档属性和个人信息。

7. 重新检查后，效果如图 B27 所示。

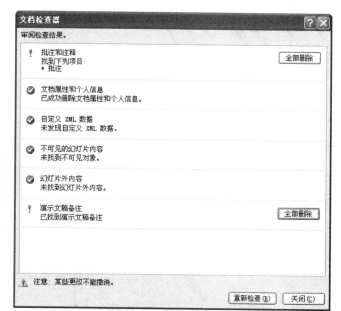

图 B26   图 B27

8. 关闭"文档检查器"对话框，保存该演示文稿。

9. 将该演示文稿保存为网页，标题为"咖啡公司改进"，不要在浏览器中打开。

10. 将该演示文稿保存为"发展计划回顾-学生"，然后以屏幕为目标输出压缩图片，在保存时不要自动删除作者信息，并添加修改权解密码 Improve。

11. 标记该演示文稿为最终状态。

12. 使用目的文本"For Review"添加数字签名。

13. 关闭"签名"任务窗格，关闭该演示文稿，并打开名为"改进计划 12-学生"的演示文稿。

14. 将该演示文稿以"发展计划展示-学生"名称保存为 PowerPoint 放映。

15. 关闭该演示文稿，然后打开名为"改进计划 12-学生"的演示文稿。

16. 包括链接文件，嵌入 truetype 字体，将该演示文稿打包至"咖啡"文件夹。

17. 关闭该演示文稿。

Appendix C 习题答案

Lesson 1

1. PowerPoint 2007 是什么?

   Microsoft Office PowerPoint 2007 是一个演示文稿管理软件,它提供各种工具和视图,使用户可以快速,方便地创建美观、超炫的动态演示文稿,在整合工作流程和工作方法时,更容易共享信息。

2. "幻灯片"选项卡的功能是什么?

   "幻灯片"选项卡用于显示幻灯片窗口中幻灯片的缩略图,使用户可以快速查看幻灯片的内容以及演示文稿中幻灯片的顺序。在"幻灯片"选项卡中可以快速移动幻灯片。

3. 快速访问工具栏可以放置在哪两个位置?

   它可以显示在功能区的上方或者下方。

4. 在 PowerPoint 中,创建演示文稿的五种不同方法是什么?

   它们是已安装的模板、已安装的主题、我的模板、根据现有内容新建和空白演示文稿。

5. 为什么创建演示文稿常用到模板?

   模板包括自定义的幻灯片母版、版式和主题的组合。用户可以将模板作为将来创建相同或者相似演示文稿的基础,模板中存储了设计信息,将其应用到演示文稿可使所有幻灯片中的内容格式保持一致。

6. 如何修改幻灯片的默认方向?

   可使用下述方法之一:
   - 在"设计"选项卡的"页面设置"组中,单击"幻灯片方向"按钮。
   - 在"设计"选项卡的"页面设置"组中,单击"页面设置"按钮,然后选择幻灯片方向。

7. 插入一张新幻灯片使用什么快捷键?

   按 Ctrl + M 组合键。

8. 如何改变幻灯片的版式?

   可使用下述方法之一:
   - 在"开始"选项卡的"幻灯片"组中,单击"版式"按钮,然后选择一个幻灯片版式。
   - 右击幻灯片窗口中的幻灯片,在弹出的快捷菜单中选择"版式"命令,然后单击一个幻灯片版式。
   - 右击"幻灯片"选项卡中的幻灯片,在弹出的快捷菜单中选择"版式"命令,然后单击一个幻灯片版式。

9. 什么是主题?

   应用文档主题可以快速设置整个演示文稿的格式,并使其具有专业的、现代的外观。主题是统一设计的各元素,如颜色、字体和图形的集合,为演示文稿提供精美的外观。主题也是选择的格式的集合,包括主题颜色的集合,主题字体的集合和主题效果的集合。

10. 通常使用什么视图调整演示文稿中幻灯片的顺序?

    幻灯片浏览视图。

11. 普通视图中有哪四个工作区？

    它们是"幻灯片"选项卡，"大纲"选项卡，幻灯片窗口，注释窗口。

12. 在幻灯片窗口中如何查看整张幻灯片？

    在"视图"选项卡的"显示比例"组中，单击"适应窗口大小"按钮。

Lesson 2

1. 使用哪一个格式命令可以设置度数符号（如360°）格式？

   上标。

2. 如何改变演示文稿中拼写检查器所用的语言？

   可使用下述方法之一：

   - 双击状态栏上显示的语言。如果在状态栏上看不见的语言，右击状态栏，然后选择"语言"选项。
   - 在"审阅"选项卡的"校对"组中，单击"语言"按钮。

3. 如何用相似的词（同义词）替换一个词？

   可使用下述方法之一：

   - 单击演示文稿中的词、短语或占位符，然后在"审阅"选项卡的"校对"组中，单击"同义词库"按钮。
   - 单击演示文稿中的词、短语或占位符，然后在"审阅"选项卡的"校对"组中，单击"信息检索"按钮。

4. 在列表中，编号文本或项目符号最多有几级？

   五级。

5. 要增大项目符号列表的字号，同时保持各级的字号的相对大小，单击哪一个按钮？

   在"开始"选项卡的"字体"组中，单击"增大字号"按钮。

6. 列出 PowerPoint 中的四种文本对齐方式？

   左对齐、右对齐、居中、两端对齐。

7. 什么是快速样式？

   快速样式是各种格式选项的组合，在快速样式库中显示为各种缩略图。

8. 列出 PowerPoint 中的三种文本缩进方式？

   首行缩进、悬挂缩进和左缩进。

9. 如何将格式从一个段落复制到另一个段落？

   ① 选择需要复制格式的文本。

   ② 在"开始"选项卡的"剪贴板"组中，单击"格式刷"按钮。

   ③ 选择需要粘贴格式的文本。

10. 如何剪切多个项目，并在稍后同时粘贴它们？

    ① 在"开始"选项卡的"剪贴板"组中，单击"对话框启动器"按钮。

    ② 选择并剪切多个项目。

    ③ 单击"剪贴板"任务窗格中的"全部粘贴"按钮。

11. 如何将项目从一张幻灯片移动到另一张幻灯片？

    剪切和粘贴。

12. 如何紧缩标题上字符间的空隙？

    在"开始"选项卡的"字体"组中，单击"字符间距"按钮。

Lesson 3

1. 除了幻灯片版式占位符外，如何在幻灯片中添加文本？

   在"插入"选项卡的"文本"组中，单击"文本框"按钮。

2. 如何选择一张幻灯片中的所有对象?

可使用下述方法之一:

- 在"开始"选项卡的"编辑"组中,选择"选择"|"全选"命令。
- 按 Ctrl + A 组合键选择一张幻灯片上的全部文本框。
- 在所有文本框四周拖动鼠标。
- 按住 Shift 或 Ctrl 键后单击每个文本框。

3. 如何将文本框的宽度和高度精确地设置为5cm?

可使用下述方法之一:

- 在"绘图工具|格式"选项卡的"大小"组中,在"形状高度"微调框中,选择5cm,然后按 Enter 键。
- 右击文本框,然后在弹出的快捷菜单上选择"大小和位置"命令。
- 在"绘图工具|格式"选项卡的"大小"组中,单击"对话框启动器"按钮。

4. 如何左对齐一组文本框?

可使用下述方法之一:

- 在"绘图工具|格式"选项卡的"排列"组中,单击"对齐"下拉按钮。
- 在"绘图工具|开始"选项卡的"绘图"组中,单击"排列"下拉按钮,然后单击对齐方式。

5. PowerPoint 中,文本框中的文本有哪六种对齐方式?

顶端对齐、中部对齐、底部对齐、顶部居中、中部居中、底部居中。

6. 如何将文本框旋转90°?

可使用下述方法之一:

- 在"开始"选项卡的"绘图"组中,选择"排列"|"旋转"|"向右旋转90°"命令。
- 拖动旋转控制柄(圆形的绿色手柄)呈旋转移动90°。
- 在"绘图工具|格式"选项卡的"排列"组中,选择"旋转"|"向右旋转90°"命令。

7. 如何增加文本框的内部边距?

可使用下述方法之一:

- 右击文本框后,在弹出的快捷菜单中选择"设置形状格式"命令,在"设置形状格式"对话框的左侧窗格中,选择"文本框"类别。
- 在"开始"选项卡的"段落"组中,选择"文字方向"|"其他选项"命令。
- 在"开始"选项卡的"段落"组中,选择"对齐文本"|"其他选项"命令。
- 在"格式"选项卡的"艺术字样式"组中,选择"文本填充"|"渐变"|"其他渐变"命令后,在"设置文本效果格式"对话框的左侧窗格中,选择"文本框"类别。
- 在"格式"选项卡的"艺术字样式"组中,选择"文本填充"|"纹理"|"其他纹理"命令后,在"设置文本效果格式"对话框的左侧窗格中,选择"文本框"类别。

8. 在 PowerPoint 中,有哪四种制表位?

左对齐、右对齐、居中、小数点对齐。

9. 如何清除文本框中的所有制表位?

在"开始"选项卡的"段落"组中,单击"对话框启动器"按钮,然后单击"制表位"按钮。在"制表位"对话框中单击"全部清除"标记。

10. 如何增加文本框中两列之间的间距?

可使用下述方法之一:

- 右击文本框后,在弹出的快捷菜单中选择"设置形状格式"命令。在"设置形状格式"对话框的左侧窗格中,选择,"文本框"类别后,单击"分栏"按钮。在"分栏"对话框中的"间距"微调框中设置。
- 在"开始"选项卡的"段落"组中,选择"文字方向"|"其他选项"命令。在"设置形状格式"对话框的左侧窗格中,选择"文本框"类别后,单击"分栏"按钮,在"分栏"对话框中的"间距"微调框中设置。

- 在"开始"选项卡的"段落"组中，选择"对齐文本"|"其他选项"命令。在"设置形状格式"对话框的左侧窗格中，选择"文本框"类别后，单击"分栏"按钮，在"间距"微调框中设置。
- 在"绘图工具|格式"选项卡的"艺术字样式"组中，选择"文本填充"|"渐变"|"其他渐变"命令后，在"设置文本效果格式"对话框的左侧窗格中，选择"文本框"类别，然后单击"分栏"按钮。在"分栏"对话框中的"间距"微调框中设置。
- 在"绘图工具|格式"选项卡的"艺术字样式"组中，选择"文本填充"|"纹理"|"其他纹理"命令后，在"设置文本效果格式"对话框的左侧窗格中，选择"文本框"类别，然后单击"分栏"按钮。在"分栏"对话框中的"间距"微调框中设置。

11. 如何改变艺术字对象的形状？

   在"绘图工具|格式"选项卡的"艺术字样式"组中，选择"文本效果"|"转换"命令，然后选择一个效果。

12. 如何对艺术字对象应用快速样式？

   在"开始"选项卡的"绘图"组中，单击"快速样式"按钮。

Lesson 4

1. 为何链接图片而不插入图片？

   在下列情况下对图片使用"链接到文件"：
   - 每张图片大于等于 100 KB。
   - 准备改变源图片文件。
   - 准备使用打包成 CD 功能将演示文稿打包放进 CD，或者是放进另一个文件夹或计算机。

2. 如何给幻灯片上的形状命名，以便更容易区别和处理它们？

   可使用下述方法之一：
   - 在"开始"选项卡的"编辑"组中，选择"选择"|"选择窗格"命令。
   - 在"开始"选项卡的"绘图"组中，选择"排列"|"选择窗格"命令。
   - 在"图片工具|格式"选项卡的"排列"组中，单击"选择窗格"按钮。

   要添加名称标识形状，单击形状或按 F2 键，输入一个名称后按 Enter 键。

3. 如何将形状从椭圆修改为矩形，而不必删除椭圆后再插入矩形？

   在"绘图工具|格式"选项卡的"插入形状"组中，选择"编辑形状"|"更改形状"命令。

4. 如何对于照片应用棕褐色？

   在"图片工具|格式"选项卡的"调整"组中，单击"重新着色"下拉按钮。

5. 如何快速删除图片上的所有插图效果？

   在"图片工具|格式"选项卡"调整"组中，单击"重新着色"下拉按钮。

6. 什么是参考线？

   参考线是禁止打印的垂直和水平的直线，可以用来对齐幻灯片上对象。不管网格打开与否，参考线都可以将对象排列整齐。

7. 什么是网格线？

   网格线是一组纵横交错的直线，它使对齐形状和其他对象非常容易。使用网格线对齐对象更为精确，特别是相互关联的对象。

8. 如何显示或隐藏参考线？

   可使用下述方法之一：
   - 在"开始"选项卡的"绘图"组中，选择"排列"|"对齐"|"网格设置"命令，在"网格线和参考线"对话框中选中"屏幕上显示绘图参考线"复选框。
   - 在"图片工具 | 格式"或"绘图工具 | 格式"选项卡的"排列"组中，选择"对齐"|"网格设置"命令，在"网格线和参考线"对话框中选中"屏幕上显示绘图参考线"复选框。

- 按 Alt + F9 组合键。
- 在幻灯片对象之外右击，在弹出的快捷菜单中选择"网格和参考线"命令，在"网格线和参考线"对话框中选中"屏幕上显示绘图参考线" 复选框。

9. 在选择了形状占位符后，绿色圆圈的作用是什么？

旋转该形状。

10. 上移一层和置于顶层有何区别？

置于顶层使对象位于所有其他重叠对象的前面，上移一层仅使对象在重叠对象中向上移动一层。

11. 为何要将形状组合？

在创建了一组形状后，必须将其分组以便整组地调整其大小和位置。

12. 如何将形状与最右边的形状对齐？

可使用下述方法之一：

- 在"图片工具 | 格式"或"绘图工具 | 格式"选项卡的"排列"组中，选择"对齐" | "右对齐"命令。
- 在"开始"选项卡的"绘图"组中，选择"排列" | "对齐" | "右对齐"命令。

Lesson 5

1. 在演示文稿中为何常使用 SmartArt 图形？

SmartArt 图形可以将信息可视化表示，并且可作为演示文稿中信息交流的有效形式。绘制高质量的插图可能是个难题；需要花大量的时间来绘制图形、调整其大小、将形状对齐、手动设置形状格式。手动绘制图表所花费的大量时间分散了观众对演示文稿内容的关注。使用 SmartArt 图形功能，可快速创建高质量的插图。

2. 如何降低文本窗格中项目文本的级别？

要创建一个下级符号，选择需要缩进的行，然后在"SmartArt 工具|设计"选项卡的"创建图形"组中，单击"降级"按钮。另外，也可按 Tab 键。

3. 如何将文本转换为 SmartArt 图形？

在"开始"选项卡的"段落"组中，单击"转换为 SmartArt"按钮。

4. 如何隐藏文本窗格？

- 在"SmartArt 工具 | 设计"选项卡的"创建图形"组中，单击"文本窗格"按钮。
- 单击 SmartArt 图形占位符左边的箭头按钮。默认情况下，只有文本窗格没有紧靠 SmartArt 图形占位符时，箭头按钮才会显示。
- 单击文本窗格中的"关闭"按钮。
- 右击 SmartArt 图形占位符，在弹出的快捷菜单中选择"隐藏文本本窗格"命令。

5. 如何对 SmartArt 图形应用主题？

在"SmartArt 工具 | 设计"选项卡的"主题"组中，单击"其他"按钮，查看所有主题，然后选择一个。

6. 如何快速删除 SmartArt 图形的格式？

要删除所有格式变化，在"SmartArt 工具|设计"选项卡上的"重设"组中，单击"重设图形"按钮。

7. 最适合表示时间安排中各步骤的 SmartArt 图形是什么？

流程图。

8. 如何修改 SmartArt 图形的布局？

在"SmartArt 工具 | 设计"选项卡的"布局"组中，单击"其他"按钮。

9. 在改变 SmartArt 图形的方向时，如何保持其中的文本水平？

可使用下述方法之一：

- 在"开始"选项卡的"绘图"组中，选择"形状效果" | "三维旋转"，然后选择旋转按钮，或选择"三维旋转选项"命令，选中"保持文本平面状态"复选框。

- 在 "SmartArt 工具|格式" 选项卡的 "形状样式" 组中，选择 "形状效果" | "三维旋转"，然后选择旋转按钮，或选择 "三维旋转选项" 命令，选中 "保持文本平面状态" 复选框。

10. 在 SmartArt 图形中，如何在一个形状前面添加形状？
- 在 "SmartArt 工具|设计" 选项卡的 "创建图形" 组中，选择 "添加形状" | "在前面添加形状" 命令。
- 右击形状，在弹出的快捷菜单中选择 "添加形状" | "在前面添加形状" 命令。

11. 在 SmartArt 图形中，如何删除形状？
可使用下述方法之一：
- 按 Delete 键。
- 使用从 SmartArt 图形中剪切形状的方法。

12. 如何快速修改 SmartArt 图形的颜色？
在 "SmartArt 工具|设计" 选项卡的 "SmartArt 样式" 组中，单击 "更改颜色" 按钮。

Lesson 6

1. 如何将柱形图改为折线图？
可使用下述方法之一：
- 在 "图表工具 | 设计" 选项卡 "类型" 组中，单击 "更改图表类型" 按钮后，选择一种图表类型。
- 右击图表，在弹出的快捷菜单中选择 "更改图表类型" 命令。

2. 如何在图表上添加主要水平坐标轴标题？
在 "图表工具|布局" 选项卡的 "标签" 组中，选择 "坐标轴标题" | "主要横坐标轴标题" 命令。

3. 如何隐藏图表中的图例？
在 "图表工具|布局" 选项卡的 "标签" 组中，选择 "图例" | "无" 命令。

4. 如何在图表中添加数据表格？
在 "图表工具|布局" 选项卡的 "标签" 组中，单击 "数据表" 按钮。

5. 如何在图表中显示次要横网格线？
在 "图表工具|布局" 选项卡的 "坐标轴" 组中，选择 "网格线" | "主要横网格线" | "次要网格线" 命令。

6. 如何删除图表的动画？
单击选中 "自定义动画" 任务窗格中已经设定的动画项目，然后单击 "删除" 按钮，可以删除其动画。

7. 如何编辑图表数据？
在 "图表工具|设计" 选项卡的 "数据" 组中，单击 "编辑数据" 按钮。

8. 如何在幻灯片中插入 Microsoft Office Excel 表格？
在 "插入" 选项卡的 "表格" 组中，选择 "表格" | "Excel 电子表格" 命令。

9. 如何清除表格的边框？
在 "表格工具|设计" 选项卡的 "绘图边框" 组中，单击 "擦除" 按钮。

10. 在改变表格的宽度和高度时，如何锁定宽高比？
在 "表格工具|布局" 选项卡的 "表格尺寸" 组中，选中 "锁定纵横比" 复选框。

11. 如何垂直地合并表格单元格？
在 "表格工具|布局" 选项卡的 "合并" 组中，单击 "合并单元格" 按钮。

12. 如何将单元格中的文本旋转 90°？
在 "表格工具|布局" 选项卡的 "对齐方式" 组中，选择 "文字方向" | "所有文字旋转 90°" 命令。

13. 如何将表格样式应用到表格？
在 "表格工具|设计" 选项卡的 "表格样式" 组中，选择一种表格样式。

Lesson 7

1. 如何创建幻灯片母版?

   在幻灯片母版视图中，使用下述方法之一:
   - 在"幻灯片母版"选项卡的"编辑母版"组中，单击"插入幻灯片母版"按钮。
   - 右击"幻灯片"选项卡中的幻灯片，在弹出的快捷菜单中选择"插入幻灯片母版"命令。
   - 按 Ctrl + M 组合键。

2. 如何对幻灯片母版重命名?

   在幻灯片母版视图中，使用下述方法之一:
   - 在"幻灯片母版"选项卡的"编辑母版"组中，单击"重命名"按钮。
   - 右击"幻灯片"选项卡中的幻灯片，在弹出的快捷菜单中选择"重命名母版"命令。

3. 如何保留幻灯片母版?

   在幻灯片母版视图中，使用下述方法之一:
   - 在"幻灯片母版"选项卡的"编辑母版"组中，单击"保留"按钮。
   - 右击"幻灯片"选项卡中的幻灯片母版，在弹出的快捷菜单中选择"保留母版"命令。

4. 如何插入新幻灯片版式?

   在幻灯片母版视图中，使用下述方法之一:
   - 在"幻灯片"选项卡中，在要加入新版式的幻灯片母版下面单击幻灯片。在"幻灯片母版"选项卡的"编辑母版"组中，单击"插入版式"按钮。
   - 右击在"幻灯片"选项卡中的幻灯片，在弹出的快捷菜单中选择"插入版式"命令。

5. 如何在背景中添加图片?

   在"插入"选项卡的"插图"组中，单击"图片"按钮。

6. 如何隐藏指定幻灯片中的图形?

   可使用下述方法之一:
   - 在幻灯片母版视图下，在"幻灯片母版"选项卡的"背景"组中，选中"隐藏背景图形"复选框。
   - 在普通视图下，在"设计"选项卡的"背景"组中，选中"隐藏背景图形"复选框。
   - 在幻灯片母版视图下，在"幻灯片母版"选项卡的"背景"组中，单击"对话框启动器"按钮后，选中"隐藏背景图形"复选框。
   - 在普通视图下，在"设计"选项卡的"背景"组中，单击"对话框启动器"按钮后，选中"隐藏背景图形"复选框。
   - 在幻灯片母版视图或普通视图下，右击幻灯片后，在弹出的选择快捷菜单中的选择"设置背景格式"命令，然后选中"隐藏背景图形"复选框。

7. 如何对演示文稿中的幻灯片进行自动编号?

   可使用下述方法之一:
   - 在幻灯片母版视图下，在"插入"选项卡的"文本"组中，单击"页眉和页脚"按钮。在"页眉和页脚"对话框中选中"幻灯片编号"复选框。
   - 在普通视图下，在"插入"选项卡的"文本"组中，单击"页眉和页脚"按钮，在"页眉和页脚"对话框中选中"幻灯片编号"复选框。

8. 如何在演示文稿中的每一张幻灯片上插入自动更新的日期?

   可使用下述方法之一:
   - 在幻灯片母版视图下，在"插入"选项卡的"文本"组中，单击"页眉和页脚"按钮。
   - 在普通视图下，在"插入"选项卡的"文本"组中，单击"页眉和页脚"按钮。
   - 在幻灯片母版视图下，在"插入"选项卡的"文本"组中，单击"日期和时间"按钮。
   - 在普通视图下，在"插入"选项卡的"文本"组中，单击"日期和时间"按钮。

9. 如何将键盘上不存在的字符插入到幻灯片的占位符中？

　　在"插入"选项卡的"文本"组中，单击"符号"按钮。

10. 如何在每张幻灯片上插入组织的标志？

　　用户可以在幻灯片母版上插入图片，该图片就会自动显示在所有已存在幻灯片和稍后新创建的幻灯片上。标志图片插入到幻灯片母版后，就不必在每张幻灯片上重复插入，这样可减小演示文稿文件的大小。

11. 如何在幻灯片版式上插入占位符？

　　在"幻灯片母版"选项卡的"母版版式"组中，单击"插入占位符"按钮，选择一种占位符。

12. 如何改变背景颜色？

　　使用下述方法之一：

- 在幻灯片母版视图下，在"幻灯片母版"选项卡的"背景"组中，选择"背景样式"|"设置背景格式"命令。
- 在幻灯片母版视图下，在"幻灯片母版"选项卡的"背景"组中，单击"对话框启动器"按钮。
- 在幻灯片母版视图或普通视图下，右击幻灯片后，在弹出的快捷菜单中选择"设置背景格式"命令。
- 在普通视图下，在"设计"选项卡的"背景"组中，选择"背景样式"|"设置背景格式"命令。
- 在普通视图下，在"设计"选项卡的"背景"组中，单击"对话框启动器"按钮。

Lesson 8

1. 如何添加动画？

　　用户可先选择占位符或对象，然后在"动画"选项卡的"动画"组中，单击"动画"下拉按钮。

2. 可以添加到对象上的四种自定义动画效果是什么？

　　它们是进入、退出、强调和动作路径。

3. 如何添加强调动画？

　　用户可先选择一个对象，在"自定义动画"任务窗格中单击"添加效果"|"强调"，然后选择一种效果。

4. 什么是动作路经？

　　动作路径可使对象在播放幻灯片时运动。可对对象添加动作路径，使其沿着路径在幻灯片上运动。这不仅包括使对象简单地从幻灯片的一边运动到另一边，还包括使对象沿着复杂的曲线或路径运动。一旦将动作路径添加到对象上，移动该对象也会将其路径移动。

5. 如何添加任意多边形动作路经？

　　选择一个对象，在"自定义动画"任务窗格中单击"添加效果"|"动作路径"|"其他动作路径"命令，然后选择任意多边形。

6. 如何修改自定义动画？

　　在"自定义动画"任务窗格中单击"更改"按钮。

7. 如何删除自定义动画？

　　在"自定义动画"任务窗格，然后单击"删除"按钮。

8. 如何为动画添加声音文件？

　　在"自定义动画"任务窗格中，单击项目的下拉按钮后，选择"效果选项"命令，然后单击"声音"下拉按钮。

9. 如何修改动画的方向？

　　在"自定义动画"任务窗格中，单击项目后，单击"路径"下拉按钮。

10. 如何改变动画的速度？

　　在"自定义动画"任务窗格中，单击项目后，单击"速度"下拉按钮。

11. 如何重新排列动画的顺序？

　　在"自定义动画"任务窗格中，单击项目后，单击任务窗格底部的"重新排序"按钮。

12. 如何在前一动画结束后立即开始动画?

　　在"自定义动画"任务窗格中，单击项目的下拉按钮后，选择"从上一项之后开始"命令。

Lesson 9

1. 创建备注所用的两种视图是什么?

　　普通视图中的备注窗口和备注页视图。

2. 如何在讲义上添加页脚文本?

　　使用下述方法之一:

- 在讲义母版中，在"插入"选项卡的"文本"组中，单击"页眉和页脚"按钮。
- 当打印预览讲义时，在"打印预览"选项卡的"打印"组中，单击"选项"按钮。

3. 如何在打印预览中给幻灯片加上边框?

　　在"打印预览"选项卡的"打印"组中，单击"选项"按钮。

4. 如何打印演示文稿的大纲视图?

　　可使用下述方法之一:

- 在"打印预览"选项卡的"打印"组中，选择"打印内容"|"大纲视图"命令后，单击"打印"按钮。
- 单击"Office 按钮"|"打印"命令后，在"打印"对话框中单击"打印内容"下拉按钮，选择"大纲视图"后，单击"确定"按钮。

5. 在讲义上最多可以打印多少张幻灯片?

　　最多可以打印 9 张。

6. 如何以纯黑白方式打印?

　　可使用下述方法之一:

- 在"打印预览"选项卡的"打印"组中，选择"选项"|"颜色/灰度"|"纯黑白"命令。
- 单击"Office 按钮"|"打印"后，选择"颜色/灰度"|"纯黑白"命令，单击"确定"按钮。

7. 如何将幻灯片和备注发送给 Microsoft Office Word?

　　单击"Office 按钮"|"发布"|"使用 Microsoft Office Word 创建讲义"命令。

8. 如何自动从幻灯片 1 开始幻灯片放映，而不用考虑当前正在查看的幻灯片?

　　可使用下述方法之一:

- 在"幻灯片放映"选项卡的"开始放映幻灯片"组中，单击"从头开始"按钮。
- 按 F5 键。

9. 如何循环放映幻灯片，直至按 Esc 键结束?

　　在"幻灯片放映"选项卡的"设置"组中，单击"设置幻灯片放映"按钮，在"设置放映方式"对话框中选中"循环放映，按 Esc 键终止"复选框。

10. 如何改变幻灯片放映中所用绘图笔的默认颜色?

　　在"幻灯片放映"选项卡的"设置"组中，单击"设置幻灯片放映"按钮，在"设置放映方式"对话框中单击"绘图笔颜色"下拉按钮。

11. 如何将切换效果应用到全部幻灯片?

　　在"动画"选项卡的"切换到此幻灯片"组中，选择一种切换效果，然后单击"全部应用"按钮。

12. 如何以不同分辨率观看幻灯片反映?

　　使用下述方法之一:

- 在"幻灯片放映"选项卡的"监视器"组中，单击"分辨率"下拉按钮。
- 在"幻灯片放映"选项卡的"设置"组中，单击"设置幻灯片放映"按钮，在"设置放映方式"对话框中单击"幻灯片放映分辨率"下拉按钮，然后选择一种分辨率。

Lesson 10

1. 在大纲视图中创建演示文稿时，如何降低文本级别?

   可使用下述方法之一:

   - 按 `Tab` 键。
   - 按 `Alt`+`Shift`+`→`组合键。
   - 在"开始"选项卡的"段落"组中，单击"提高列表级别"按钮。

2. 在大纲视图中，如何对幻灯片重新排序?

   - 按 `Alt`+`Shift`+`↑`组合键。
   - 按 `Alt`+`Shift`+`↓`组合键。
   - 单击幻灯片标题左边的幻灯片图标，选中该幻灯片所有文本，然后在大纲中上下拖动幻灯片图标和文本，将其移至演示文稿中的新位置。

3. 在 PowerPoint 中，如何从 Word 大纲创建幻灯片?

   单击"Office 按钮"|"打开"命令。在"打开"对话框中单击"文件类型"下拉按钮，选择"所有大纲"，然后打开需要的 Microsoft Office Word 文档。

4. 如何重用其他演示文稿中的所有幻灯片?

   在"开始"选项卡的"幻灯片"组中，选择"新建幻灯片"|"重用幻灯片"命令。在"重用幻灯片"任务窗格中，选择"浏览"|"浏览文件"命令。选择文件，然后单击"打开"按钮。

5. 如何插入链接到另一个演示文稿的超链接?

   可使用下述方法之一:

   - 在"插入"选项卡的"链接"组中，单击"超链接"按钮。
   - 按 `Ctrl`+`K` 组合键。
   - 右击，在弹出的快捷菜单中选择"超链接"。

   在链接列表框中，选择文件。

6. 如何删除超链接?

   可使用下述方法之一:

   - 在"插入"选项卡的"链接"组中，单击"超链接"按钮后，在"编辑超链接"对话框中，单击"删除链接"按钮。
   - 在"插入"选项卡的"链接"组中，单击"动作"按钮后。在"在动作设置"对话框中选择"无动作"单选按钮。
   - 按 `Ctrl`+`K` 组合键后，单击"删除链接"按钮。
   - 右击，在弹出的快捷菜单中选择"取消超链接"命令。

7. 如何创建切换到演示文稿中最后一张幻灯片的动作按钮?

   在"插入"选项卡的"插图"组中，单击"形状"按钮后，选择"动作按钮:结束"。

8. 如何删除动作按钮中的动作?

   使用下述方法之一:

   - 在"插入"选项卡的"链接"组中，单击"超链接"按钮后，在"编辑超链接"对话框中，单击"删除链接"按钮。
   - 在"插入"选项卡的"链接"组中，单击"动作"按钮后，在"动作设置"对话框中选择"无动作"。
   - 按 `Ctrl`+`K` 组合键后，单击"删除链接"按钮。
   - 右击，在弹出的快捷菜单中"取消超链接"命令。

9. 如何从文件插入影片?

   在"插入"选项卡的"媒体剪辑"组中，选择"影片"|"文件中的影片"命令。

10. 如何从剪辑管理器中插入一个声音？

在"插入"选项卡的"媒体剪辑"组中，选择"声音"|"剪辑管理器中的声音"命令。

11. 如何将声音修改为跨所有幻灯片播放？

在"声音工具|选项"选项卡的"声音选项"组中，选择"播放声音"|"跨幻灯片播放"命令。

12. 如何将影片从一张幻灯片复制到另一张幻灯片？

使用下述方法复制影片：

- 在"开始"选项卡的"剪贴板"组中，单击"复制"按钮。
- 按 Ctrl + C 组合键。
- 右击，在弹出的快捷菜单中选择"复制"命令。

要粘贴影片，先单击目标位置，然后可使用下述方法之一：

- 在"开始"选项卡的"剪贴板"组中，单击"粘贴"按钮。
- 按 Ctrl + V 组合键。
- 右击，在弹出的快捷菜单中选择"粘贴"命令。

Lesson 11

1. 如何插入批注？

使用下述方法之一：

- 在"审阅"选项卡的"批注"组中，单击"新建批注"按钮。
- 右击批注，在弹出的快捷菜单中选择"插入批注"命令。

2. 如何删除演示文稿中的所有批注？

在"审阅"选项卡的"批注"组中，选择"删除"|"删除此演示文稿中的是所有标记"命令。

3. 如何添加数字签名？

单击"Office 按钮"|"准备"|"添加数字签名"命令。

4. 如何应用密码以防止未授权人员打开演示文稿？

在"另存为"对话框中，单击"工具"|"常规选项"命令。在"常规选项"对话框中的"打开权限密码"文本框中输入密码。

5. 如何检查演示文稿中是否含有 PowerPoint 2003 不兼容的功能？

单击"Office 按钮"|"准备"|"运行兼容性检查器"命令。

6. 如何删除演示文稿中的隐藏数据和个人信息？

单击"Office 按钮"|"准备"|"检查文档"命令。

7. 如何将用户限制为只读？

单击"Office 按钮"|"准备"|"限制权限"|"限制访问"命令。

8. 如何将文档标记为最终状态？

单击"Office 按钮"|"准备"|"标记为最终状态"命令。

9. 如何将演示文稿保存为 PowerPoint 97～2003 格式？

使用下述方法之一：

- 单击"Office 按钮"|"另存为"|"其他格式"命令。在"另存为"对话框中，单击"保存类型"下拉按钮，然后选择"PowerPoint 97-2003 演示文稿"文件类型。
- 单击"Office 按钮"|"另存为"|"PowerPoint 97-2003 演示文稿"命令。
- 单击"Office 按钮"|"另存为"命令，在"另存为"对话框中单击"保存类型"下拉按钮，选择"PowerPoint 97-2003 演示文稿"文件类型。
- 按 F12 键，然后单击"保存类型"下拉按钮，选择"PowerPoint 97-2003 演示文稿"文件类型。

10. 如何将演示文稿保存为网页？

　　使用下述方法之一：

- 单击"Office 按钮"|"另存为"|"其他格式"命令，然后单击"保存类型"下拉按钮，选择"网页"文件类型。
- 单击"Office 按钮"|"另存为"命令，在"另存为"对话框中单击"保存类型"下拉按钮，选择"网页"文件类型。
- 按 F12 键，在"另存为"对话框中单击"保存类型"下拉按钮，选择"网页"文件类型。

11. 如何压缩图片以减少演示文稿文件的大小？

　　单击"Office 按钮"|"另存为"命令，在"另存为"对话框中单击"工具"|"压缩图片"命令。

12. 如何将多个演示文稿与 PowerPoint 查看器共同打包为一个文件夹？

　　单击"Office 按钮"|"发布"|"CD 数据包"命令，单击"添加文件"按钮后，选择多个文件添加，然后单击"复制到文件夹"按钮。

Lesson 12

1. 如何在幻灯片放映中只放映一部分幻灯片？

　　在"幻灯片放映"选项卡的"设置"组中，单击"设置幻灯片放映"按钮。

2. 如何创建自定义放映？

　　在"幻灯片放映"选项卡的"开始幻灯片放映"组中，选择"自定义幻灯片放映"|"自定义放映"命令。在"自定义放映"对话框中单击"新建"按钮，在弹出的"定义自定义放映"对话框中创建。

3. 如何改变自定义放映中幻灯片的顺序？

　　在"定义自定义放映"对话框的"在自定义放映中的幻灯片"列表框中，选择幻灯片后，单击"上移"或"下移"按钮移动幻灯片。

4. 如何重命名自定义放映？

　　在"幻灯片放映"选项卡的"开始幻灯片放映"组中，单击"自定义幻灯片放映"按钮后，单击"自定义放映"。在"自定义放映"对话框中单击"编辑"按钮，在"幻灯片放映名称"文本框中输入一个名称。

5. 如何从自定义放映中删除幻灯片？

　　在"定义自定义放映"对话框中单击"删除"按钮。

6. 如何删除自定义放映？

　　在"幻灯片放映"选项卡的"开始幻灯片放映"组中，单击"自定义幻灯片放映"按钮后，单击"自定义放映"。在"自定义放映"对话框中，然后选择要删除的放映，单击"删除"按钮。

7. 如何解除幻灯片隐藏？

　　使用下述方法之一：

- 在普通视图中，在"幻灯片放映"选项卡的"设置"组中，单击"隐藏幻灯片"按钮。
- 在幻灯片浏览视图中，在"幻灯片放映"选项卡的"设置"组中，单击"隐藏幻灯片"按钮。
- 在幻灯片浏览视图中，右击幻灯片，在弹出的快捷菜单中选择"隐藏幻灯片"命令。

8. 排练计时中，如何暂停？

　　在"预演"工具栏中，单击"暂停"按钮。

9. 在排练计时过程中，如何重复记录时间？

　　在"预演"工具栏中，单击"重复"按钮。

10. 如何修改一张或者多张幻灯片的计时？

　　在"动画"选项卡的"切换到此幻灯片"组中，单击"在此之后自动设置动画效果"复选框后的微调框按钮，增加或者减少时间。

11. 如何停用鼠标单击切换幻灯片？

　　在"动画"选项卡的"切换到此幻灯片"组中，选中"单击鼠标时"复选框。

12. 如何设置手动或使用排练计时放映幻灯片？

　　使用下述方法之一：

- 在"幻灯片放映"选项卡的"设置"组中，选中"使用排练计时"复选框。
- 在"幻灯片放映"选项卡的"设置"组中，单击"设置幻灯片放映"按钮。在"设置放映方式"对话框中选择"如果存在排练时间，则使用它"单选按钮。

Appendix D 测试目标导航

Microsoft Office PowerPoint 2007 专业级认证测试目标。

	测 试 目 标	课 程
1	**创建演示文稿，并设置其格式**	
1.1	创建新演示文稿	1、10
1.2	自定义幻灯片母版	7
1.3	在幻灯片母版上添加元素	7
1.4	创建和修改演示文稿元素	1、9
1.5	重新排列幻灯片	1
2	**创建幻灯片内容，并设置其格式**	
2.1	插入文本框并设置格式	3
2.2	处理文本	2、3
2.3	在演示文稿中添加和链接已存在的内容	10
2.4	应用、自定义、修改和删除动画	8
3	**处理可视化内容**	
3.1	创建 SmartArt 图形	5
3.2	修改 SmartArt 图形	5
3.3	插入插图和形状	4
3.4	修改插图	4
3.5	重新排列插图和其他内容	4
3.6	插入和修改图表	6
3.7	插入和修改表格	6
4	**协作和传递演示文稿**	
4.1	审阅演示文稿	11
4.2	保护演示文稿 Protect presentations	11
4.3	保护和共享演示文稿	11
4.4	准备打印材料	9
4.5	预演和排练演示文稿	9、11、12

Appendix E 术 语 表

.potm　基于 XML 的文件格式，PowerPoint 2007 将其用于启用了宏的模板。

.potx　基于 XML 的文件格式，PowerPoint 2007 将其用于演示文稿模板。

.pptm　基于 XML 的文件格式，PowerPoint 2007 将其用于启用了宏的演示文稿，因此，可以直接告知文件能够运行嵌入的宏。

.pptx　基于 XML 的默认文件格式，PowerPoint 2007 将其用于演示文稿，它使用压缩技术减少文件尺寸，模块化地组织文件，使得不同组件保持独立，便于更好地恢复。它还能很容易地与支持 XML 标准的程序集成。

.ppsx　基于 XML 的默认文件格式，PowerPoint 2007 将其用于 PowerPoint 放映演示文稿。打开该文件时，将自动运行幻灯片放映。

动画效果　一种允许在当前幻灯片中的对象上添加动画效果的功能。

加粗　使文本变黑并突出显示文本。

按钮　功能区中代表特定功能的图片。单击按钮可激活相应的功能。

文字居中　将文字放置在幻灯片窗口中间。

字符　字符可以是字母、数字或其他类型的数据。

单击　使鼠标指针指向某个项目，然后快速按下和松开鼠标按钮。

剪贴画图形　可以插入到幻灯片中的图片。

剪贴画任务窗格　只要想插入剪贴画图片就会显示的一个任务窗格。插入的图片既可以来自于该任务窗格，也可以从其他软件导入，还可以从 Internet 上下载。

剪贴板　保存从应用程序中剪切或复制的数据的临时位置。

兼容性检查器　列在 Office 早期版本中不支持的或不能以同样方式运转的文档中的元素功能。在文档以早期版本文件格式保存之前，显示这些元素。

兼容模式　允许在 Office 2007 中创建不包含仅限于 Office 2007 的新功能或增强功能的文档，使用 Office 早期版本的用户将可以完全编辑该文档。

复制　用于复制所选文本或者对象的编辑功能。

上下文拼写检查　拼写检查器中的一个选项，用于检查和纠正拼写检查器没有查出的错误类型，它是指拼写正确的词在上下文中不一定正确（例如在 their 的位置误用了 there）。

上下文选项卡　根据在文档中输入的或选择的对象类型，在功能区显示的选项卡。

对话框启动器　在功能区的一些组中显示的小图标，单击它可以打开一个对话框，以提供与该组相关的更多选项。

文档信息面板　在处理文档时，允许用户方便地查看和编辑文档属性的功能。

文档检查器　帮助用户查找和删除 Office 文档，电子表格和演示文稿中的隐藏数据和个人信息。例如，批注和审阅信息、元数据、页眉页脚信息、隐藏文本和自定义 XML 数据。

编辑限制　允许用户控制其他人在文档中可以执行的编辑类型。例如，只允许编辑批注）。

默认值	除非为个别幻灯片更改，否则一直有效的标准设置。
删除	从演示文稿中去除文本或对象的功能。
对话框	屏幕上显示的矩形框，其中包括目前可以更改的信息，必须通过对话框才能修改这些信息。
双击	将鼠标指针指向某个项目，然后快速连续单击鼠标左键两次。
拖动	将鼠标指针指向选择区域的一个角，然后按住鼠标左键，将鼠标指针移动到对面的角。选择区域后，松开鼠标按钮。常被用于移动对象或调整对象的大小。
编辑	操作（如添加、删除、设置格式等）文本或对象的过程。
字体	明确的字样和磅值。
格式设置限制	允许用户限制其他用户改变部分或全部演示文稿的格式或样式，但允许其他用户改变内容。
图形	剪辑管理器中的，或者保存为图形文件的图片或图像。
讲义	PowerPoint 提供的功能，允许打印幻灯片的缩略图以便分发给观众。
帮助	一种参考功能，是对软件功能的总结，帮助用户查找关于软件使用方法问题的答案。
超链接	允许用户从一个地方跳转到另一个地方的功能，例如从一张幻灯片到另一张幻灯片。
信息权限管理	一种文档保护技术，与 Microsoft's Windows 权限管理服务协同工作。它使用户可以控制演示文稿的接收人可以进行的操作。它可以限制接收人进行修改、复制、存储演示文稿的内容，设置期限，该期限过后就不能查看演示文稿内容。
导入	将数据从一个软件拿到另一个软件中的过程。
插入点	这是一个指示器，指明在屏幕上的工作位置。在 PowerPoint 中，插入点看起来像大写字母 I。

不可见的数字签名	一种确保内容完整性的或者鉴别演示文稿作者或发送者的加密方法。该方法使用具有公钥/私钥对的数字加密。不可见的数字签名在文档的内容中不显示，但接收者可在演示文稿中查看。
键提示	通过按 Alt 键，用户可以显示功能区元素上的键提示，它指明访问特定功能需要按哪一个键。
母版	包含全部协调一致的格式或元素的幻灯片，PowerPoint 将会在演示文稿中的所有幻灯片上使用这些格式或元素。它可以创建幻灯片母版、备注母版、讲义母版和大纲母版。
备注	PowerPoint 的功能，在创建演示文稿时，允许用户在当前幻灯片上输入备注作为参考。
标记为最终状态	允许用户将文档标记为最终状态，使该文档只读，并且防止其他人修改该文档。
元数据	描述其他数据的数据；Office 文档的属性，如字数、作者、主题、创建日期等。一些元数据会由 Office 软件自动保留，用户可手动添加其他元素据，如批注、关键字和类别。
浮动工具栏	在选择演示文稿中的文本时所显示的工具镜像。在将鼠标指针移至该镜像工具栏上时，它成为具有文本格式选项的正常工具栏。
打开	使文件从磁盘中打开并在屏幕上显示的功能。
组织结构图	显示流程或过程的图表，如公司中职位权力的排列。
磅值	用于识别成比例打印字符大小的垂直度量，如72磅等于1英寸（1英寸≈2.54cm）。
打印	将文件，包括文本格式和类型等打印机指令发送到打印机的过程。
快速访问工具栏	默认在 Office 窗口顶部，Microsoft Office 按钮右边的小工具栏，它提供快速访问用户频繁使用的工具（默认包括保存，撤销和重复输入）。它可以自定义，也可根据用户快速访问的需要，添加其他工具。

快速样式集	使用户可以在样式库中选择，预览并对文档应用样式集合。	演讲者备注	一个 PowerPoint 功能，该功能允许用户为演示文稿中的每张幻灯片创建备注，然后打印出来供演讲时参考。
信息检索选项	用于参考书和搜索网站。Office 2007 软件通过"审阅"选项卡中的"校对"组可以访问它。	拼写检查	检验文档的拼写，并为它找到的每一个拼写错误提供正确拼写的单词列表。
功能区	选项卡式的界面。在此界面中，将 PowerPoint 工具按任务分组，以便可以很方便地找到最频繁使用的那些工具。	模板	由 Microsoft 创建的预设模板，为演示文稿提供背景和样式。
保存	在存储在内存中的数据被复制到磁盘中时，它就被保存在磁盘上。如果没有保存到磁盘就关闭计算机，输入到内存中的所有数据都将丢失。	切换	允许用户确定如何构建幻灯片上的文本和对象，以及每一张幻灯片如何切换到下一张幻灯片。
幻灯片版式	确定幻灯片上将包含什么内容的过程（如标题文本、文本和图表、组织结构图等）。PowerPoint 提供许多预设的版式，用户可从中选择。	查看器	PowerPoint 提供的软件，允许用户在没有安装 PowerPoint 软件的情况下播放演示文稿。
幻灯片浏览	该功能允许用户切换到显示演示文稿中全部幻灯片缩略图的视图。	网页	设计为在浏览器中查看的页面，例如，通过 Microsoft IE 浏览器到 Internet 或 Intranet 查看。
		网站	网页、图片和其他支持文件的集合。